U0813108

计算机组装与维护

主　编　刘金广　吴淑婷　贾振环

電子工業出版社
Publishing House of Electronics Industry
北京·BEIJING

内 容 简 介

本书以培养学生的职业能力为核心，从实用角度出发，阐述了计算机的硬件选配、组装、维护和软件系统的优化等基础知识，并运用“教、学、做”一体化的教学方法，将理论与实训相结合，培养学生的计算机应用能力和解决实际问题的能力。本书简明通俗、图文并茂，便于学生理解与学习。

本书既可以作为职业院校计算机相关专业的教材，也可以作为计算机爱好者的自学参考书。

未经许可，不得以任何方式复制或抄袭本书之部分或全部内容。
版权所有，侵权必究。

图书在版编目(CIP)数据

计算机组装与维护 / 刘金广，吴淑婷，贾振环主编. — 北京 ：电子工业出版社，2024.1
ISBN 978－7－121－46891－9

Ⅰ. ①计… Ⅱ. ①刘… ②吴… ③贾… Ⅲ. ①电子计算机－组装②计算机维护 Ⅳ. ①TP30

中国国家版本馆 CIP 数据核字(2023)第 246225 号

责任编辑：祁玉芹
印　　刷：中国电影出版社印刷厂
装　　订：中国电影出版社印刷厂
出版发行：电子工业出版社
　　　　　北京市海淀区万寿路 173 信箱　　　邮编：100036
开　　本：787×1092　1/16　印张：16.5　字数：390 千字
版　　次：2024 年 1 月第 1 版
印　　次：2024 年 1 月第 1 次印刷
定　　价：49.00 元

凡所购买电子工业出版社图书有缺损问题，请向购买书店调换。若书店售缺，请与本社发行部联系，联系及邮购电话：(010)88254888,88258888。

质量投诉请发邮件至 zlts@phei.com.cn，盗版侵权举报请发邮件至 dbqq@phei.com.cn。

本书咨询联系方式：qiyuqin@phei.com.cn。

PREFACE 前言

随着信息技术的发展，计算机已经成为各行各业不可缺少的工具之一。同时，计算机的软件和硬件也发生着日新月异的变化。在移动互联网、云计算、大数据、物联网、人工智能迅速发展的今天，学生应该与时俱进，紧跟时代步伐，掌握新知识、新技术、新应用，从而获得更多就业（如硬件技术工程师、硬件维护工程师、硬件维修工程师及系统运维工程师等）的机会。

中国共产党第二十次全国代表大会（以下简称党的二十大）报告指出："完善人才战略布局，坚持各方面人才一起抓，建设规模宏大、结构合理、素质优良的人才队伍。"本书为强化现代化建设人才支撑，秉持"尊重劳动、尊重知识、尊重人才、尊重创造"的思想，以人才岗位需求为目标，突出知识与技能的有机融合，让学生在学与用的过程中举一反三，学得懂、做得来、用得上，以适应职业教育人才建设需求。

本书共分九个项目，项目一介绍计算机基础；项目二介绍计算机的配置与选购；项目三介绍计算机的组装；项目四介绍系统安装前的准备工作；项目五介绍软件系统的安装；项目六介绍系统的备份与还原；项目七介绍计算机的硬件检测、性能测试与系统优化；项目八介绍计算机的日常维护和故障处理；项目九介绍实训拓展。

本书具有以下特点。

1."教、学、做"一体化的教学方法

本书按"教、学、做"一体化的教学方法对教学过程进行设计，以"人文素养""学习目标""思维导图"和"项目导读"为主线，以"任务需求""任务计划""任务学习"和"任务实施"为基本框架，将知识点与操作技能融入各个任务和实训。在教学过程中，以学生的技能培养为目标，培养学生的实践能力，调动学生的学习积极性，这有利于学生对知识的理解和掌握，从而提高教学质量。

2.体例新颖，强化思政

本书采用"理论＋实践"的模式，体例新颖，结构合理。"人文素养"是课程思政的体现，本书牢牢把握教材建设的政治方向和价值导向，帮助学生坚定政治立场，培养学生爱岗敬业、勇于奉献、吃苦耐劳的工作精神，帮助学生树立正确的世界观、人生观和价值观。

3."岗、课、赛、证"融通的人才培养模式

当前职业院校以提高学生未来的职业能力为出发点，注重培养学生综合应用知识的能力，大力推行"岗、课、赛、证"融通的人才培养模式。"岗"即工作岗位，本书呈现了工作岗位所需的知识技能、实操技能；"课"即课程体系，本书结合多媒体技术来讲解理论知识；"赛"即

职业技能大赛，学生可以通过参加各种职业技能大赛来达到"以赛促学"的目的；"证"即职业技能等级证书，可以促进"产教融合"，使院校的人才培养方式更加契合行业或企业需求。

4.立体化特征明显

本书是融媒体创新式立体化教材，利用信息技术，将纸质教材与音频、视频等线上资源相结合，以二维码为载体，让教师与学生可以通过移动终端获取丰富的学习资源。

本书由刘金广、吴淑婷、贾振环担任主编。其中刘金广编写项目一～项目三，吴淑婷编写项目四～项目七，贾振环编写项目八和项目九。本书在编写过程中参考了部分专家和学者的著作，在此向他们表示衷心的感谢！由于编者水平有限，书中难免有不足之处，欢迎广大专家、读者予以批评指正。

编　者

2023 年 9 月

CONTENTS

目录

01 项目一 计算机基础

人文素养

1956年,国家制定了《1956—1967年科学技术发展远景规划》,其中把计算技术列为科学技术发展的重点任务之一。虽然中国的计算机行业起步较晚,但是经过科学家的艰苦努力,中国的计算机技术正在以飞快的速度发展。

党的二十大报告提出"完善科技创新体系",这告诉我们,只有掌握芯片、操作系统等核心技术,并坚持自主创新之路,中国的科学技术包括计算机技术才有坚实的基础,才能稳固长远地发展。作为新时代青年,我们要坚持不懈地努力奋斗,争取成为全面发展的社会主义建设者和接班人。

学习目标

知识目标

了解计算机的产生与发展历程。

了解计算机的分类和应用领域。

了解计算机系统的组成。

技能目标

学会区分不同类型的计算机。

素养目标

弘扬以爱国主义为核心的民族精神和以改革创新为核心的时代精神。

思维导图

- 计算机基础
  - 计算机的发展历程
    - 第一代计算机——电子管计算机（1946—1958 年）
    - 第二代计算机——晶体管计算机（1958—1964 年）
    - 第三代计算机——中小规模集成电路计算机（1964—1971 年）
    - 第四代计算机——大规模、超大规模和特大规模集成电路计算机（1971 年至今）
  - 计算机的分类与应用领域
    - 计算机的分类
    - 计算机的应用领域
  - 计算机系统的组成
    - 计算机硬件系统
    - 计算机软件系统

项目导读

随着科技的发展和社会信息化程度的提高，计算机作为功能强大的信息处理工具，已经成为人们日常生活中不可或缺的一部分。虽然使用计算机上网、查资料、看新闻、聊天等已经足以满足人们的日常需要，但是对计算机的软件和硬件有一定的了解，将有助于我们根据自身的需求自由、灵活地组装个人办公用品。本项目将介绍计算机的基础知识，为后续组装计算机奠定基础。

任务一　计算机的发展历程

任务需求

计算机是一种能自动、高速且精确地对信息进行存储、传送和加工的电子设备。本任务要求学生了解计算机的发展历程，以提升学生的信息技术素养。

任务计划

了解每一代计算机的发展历程、主要特点，以及每一代计算机的诞生对计算机行业发展产生的影响。

任务学习

计算机的诞生是20世纪人类最伟大的科技成就之一，它标志着人类开始进入信息化时代。在第一台通用电子计算机ENIAC（Electronic Numerical Integrator And Computer）诞生后，计算机经过电子管、晶体管、中小规模集成电路和超大规模集成电路四个阶段的发展，体积越来越小，功能越来越强，价格越来越低，应用越来越广泛。

计算机的发展

一、第一代计算机——电子管计算机（1946—1958年）

早期计算机的诞生及发展过程如表1-1所示。

表1-1 早期计算机的诞生及发展过程

时间	事件
1906年	美国的发明家德·福雷斯特（Lee De Forest）发明了电子管。电子管的发明为电子计算机的发展奠定了基础
1911年	IBM（International Business Machines Corporation，国际商业机器公司）成立，它是一个具有划时代意义的公司
1935年	IBM推出IBM 601机，它是一台能在一秒内计算出乘法的穿孔式卡片计算机。IBM 601机无论是在自然科学领域还是在商业领域，都具有重要的地位
1937年	英国的艾伦·麦席森·图灵（Alan Mathison Turing）发表了题为“论数字计算在决断难题中的应用”的论文，提出了被后人称为“图灵机”的数学模型
1937年	美国贝尔实验室的乔治·斯蒂比兹（George Stibitz）制作出用继电器进行二进制运算的模型，虽然它只是一个模型，但却是一台真正的电子计算机
1941年	约翰·文森特·阿塔纳索夫（John Vincent Atanasoff）和克利福德·贝瑞（Clifford Berry）制作了能解线性代数方程的计算机，取名“ABC计算机”（Atanasoff-Berry Computer）
1946年	ENIAC在美国宾夕法尼亚大学诞生

电子管计算机的基本元件由电子管构成，计算机语言从人工手编的机器语言（“0”“1”组成的二进制数），过渡到符号语言（汇编语言），电子管计算机是计算工具革命性发展的开端，它采用的进位制、程序存储等基本技术思想，为计算机技术的发展奠定了基础。其中，约翰·冯·诺伊曼（John von Neumann）起到了关键性作用。

1.主要特点

◇ 逻辑元件——电子管。

◇ 主存——磁鼓。

◇ 辅存——磁带。

◇ 软件——机器语言、汇编语言。

◇ 应用——科学与军事计算。

2.主要成就

(1)电子管计算机的出现,揭开了人类历史新篇章。

(2)被誉为"计算机之父"的约翰·冯·诺依曼,提出了计算机的基本工作原理是存储程序和程序控制。

二、第二代计算机——晶体管计算机(1958—1964年)

20世纪50年代中期,晶体管的出现使计算机技术得到了根本性的进步。第二代计算机由晶体管作为计算机的主要器件,磁芯和磁盘作为计算机的存储设备,它与第一代计算机相比,整体性能有了很大的提高。

1.主要特点

◇ 逻辑元件——晶体管。

◇ 主存——磁芯。

◇ 辅存——磁鼓、磁盘。

◇ 软件——高级程序设计语言,操作系统雏形。

◇ 应用——除科学计算外,还应用于数据处理、过程控制。

2.主要成就

(1)首次将晶体管用于计算机,使得计算机的体积缩小、功耗降低,速度和可靠性提高。

(2)开发出高级程序设计语言。

(3)首次提出计算机的兼容性问题,包括硬件兼容性和软件兼容性。

三、第三代计算机——中小规模集成电路计算机(1964—1971年)

20世纪60年代中期,随着半导体技术的发展,科学家们提出了基于半导体的集成电路的构想,并发明了集成电路。计算机开始以集成电路为主要器件,主存储器也由磁芯过渡到半导体存储器,这使得计算机的体积缩小,大大降低了计算机的功耗。由于减少了焊点和接插件,因而计算机的可靠性得到了进一步提高。

1.主要特点

◇ 逻辑元件——集成电路。

◇ 主存——半导体存储器。

◇ 辅存——磁盘。

◇ 软件——高级程序设计语言，操作系统逐步成熟。

◇ 应用——科学计算、数据处理、过程控制。

2.主要成就

(1)IBM 公司首次提出了“系列机”的概念，圆满地解决了计算机兼容性的问题，典型代表是 System/360(或称 IBM 360)。

(2)微程序控制技术使控制器的设计规整化。

(3)结构化程序设计思想成熟，软件、硬件设计趋向标准化。

四、第四代计算机——大规模、超大规模和特大规模集成电路计算机(1971 年至今)

第四代计算机采用大规模集成电路(Large Scale Integrated Circuit，LSI)、超大规模集成电路(Very Large Scale Integrated Circuit，VLSI)和特大规模集成电路(Ultra Large Scale Integrated Circuit，ULSI)为主要器件，它不仅使用半导体存储器作为主存储器，而且发展了并行技术和多机系统，还出现了精简指令集计算机(Reduced Instruction Set Computer，RISC)。它的软件系统工程化、理论化，程序设计自动化。

1.主要特点

◇ 逻辑元件——大规模/超大规模/特大规模集成电路(LSI/VLSI/ULSI)。

◇ 主存——LSI/VLSI/ULSI 半导体芯片。

◇ 辅存——磁盘、光盘、内盘。

◇ 软件——高级程序设计语言，操作系统完善。

◇ 应用——科学计算、数据处理、过程控制，并进入以计算机网络为特征的应用时代。

2.主要成就

(1)1971 年 Intel(英特尔)公司成功研制出了 4004 微处理器。从此，随着 LSI/VLSI/ULSI 技术的发展，微处理器每隔 2 ~ 3 年就有一个新的产品问世，至今已发展到酷睿(Core)和至强(Xeon)。

(2)出现微型计算机。

(3)面向对象、可视化程序设计概念出现；软件产业高度发达，各种应用软件层出不穷，极大地方便了用户使用。

(4)计算机技术与通信技术相结合，计算机网络把世界紧密地联系在一起。

(5)随着多媒体技术的崛起，计算机将图像、图形、声音、文字等集于一体，在信息处理领域掀起了一场革命，与之对应的“信息高速公路”正在紧锣密鼓地筹划实施中。

任务二　计算机的分类与应用领域

任务需求

随着计算机的普及,其在人们生活中的应用范围越来越广泛,影响着人们生活的方方面面。计算机技术的应用也给人类社会带来了很大的进步。本任务要求学生了解计算机的分类,能够在不同应用场景下选择计算机的类型。

任务计划

了解计算机的分类以及计算机在生活中的应用。

计算机的分类与应用领域

任务学习

一、计算机的分类

1.按原理分类

按照计算机处理的对象及其数据的表示形式来分类,计算机可分为数字计算机、模拟计算机和数字模拟混合计算机。

(1)数字计算机。数字计算机输入、处理、输出和存储的数据都是数字量,这些数据在时间上是离散的。

(2)模拟计算机。模拟计算机输入、处理、输出和存储的数据都是模拟量(如电压、电流等),这些数据在时间上是连续的。

(3)数字模拟混合计算机。数字模拟混合计算机将数字技术和模拟技术相结合,兼有数字计算机和模拟计算机的功能。

2.按用途分类

按照计算机的用途及其使用的范围来分类,计算机可分为通用计算机和专用计算机。

(1)通用计算机。通用计算机具有广泛的用途和使用范围,可应用于科学计算、数据处理、过程控制等领域。

(2)专用计算机。专用计算机适用于某个特殊的领域(如智能仪表、军事装备的自动控制等)。

3.按性能指标分类

按照计算机的性能指标来分类,计算机可分为巨型计算机、大/中型计算机、小型计算机和微型计算机。

（1）巨型计算机。巨型计算机主要应用于复杂的科学和军事计算等领域。

（2）大/中型计算机。大/中型计算机具有较快的运算速度、较大的存储容量和较好的通用性，但价格较贵，通常用作银行、铁路等大型应用系统中计算机网络的主机。

（3）小型计算机。小型计算机的运算速度和存储容量略低于大/中型计算机，它与终端、各种外围设备连接比较容易，适合作为联机系统的主机，或者工业生产过程的自动控制主机。

（4）微型计算机。微型计算机由大规模集成电路制作的微处理器、存储器和接口组成硬件系统，在配置相应的软件系统后，就构成了完整的微型计算机系统，它的问世推动了计算机的普及与应用。

二、计算机的应用领域

1.科学计算

科学计算是指利用计算机完成科学研究和工程技术中提出的数值计算问题，它是计算机应用最早的领域。科学计算的任务是庞大而复杂的，而利用计算机可以解决人工无法完成的各种科学计算问题。例如，工程设计、地震预测、气象预报、火箭发射等都需要由计算机承担其庞大而复杂的计算量。

2.信息管理

信息管理是指以数据库管理系统为基础，辅助管理者提高其决策水平，改善运营策略的计算机技术。信息管理具体包括数据的采集、存储、加工、分类、排序、检索、发布等流程。目前，信息管理已成为计算机的主要任务，它是现代化管理的基础。据统计，80%以上的计算机主要应用于信息管理，信息管理已成为计算机应用的主要方向。

3.过程控制

过程控制是指利用计算机及时采集检测数据，按最优值迅速对控制对象进行自动调节或自动控制的计算机技术。采用计算机进行过程控制，不仅可以提高自动化水平，而且可以提高及时性和准确性，从而改善员工的劳动条件，提高产品质量及合格率。目前，采用计算机进行过程控制已广泛应用于机械、冶金、石油、化工、纺织、水电、航天、铁路、交通等部门。例如，在汽车工业方面，利用计算机控制机床、装配流水线等，不仅可以实现精度要求高、形状复杂的零件加工自动化，而且可以使车间或工厂实现自动化。

4.人工智能

人工智能是指利用计算机模拟人类的智能活动，如感知、判断、理解、学习、问题求解、图像识别等。现在人工智能的研究已取得不少成果，有些已进入实用阶段。例如，能模拟高水平医学专家进行疾病诊疗的专家系统、具有一定思维能力的智能机器人等。

5.辅助技术

计算机辅助技术包括计算机辅助设计(Computer Aided Design,CAD)、计算机辅助制造(Computer Aided Manufacturing,CAM)、计算机辅助测试(Computer Aided Testing,CAT)、计算机辅助工程(Computer Aided Engineering,CAE)和计算机辅助教学(Computer Aided Instruction,CAI)。

有些国家已经将CAD、CAM、CAT和CAE组成一个集成系统,使设计、制造、测试和管理有机地结合,形成一个高度自动化的系统。

CAI是指在计算机辅助下进行的各种教学活动,并以对话的方式与学生讨论教学内容、安排教学进度、进行教学训练的方法和技术。教师可以利用计算机设计的课件进行教学,课件可以使用著作工具或高级语言开发制作,它能引导学生循序渐进地学习,使学生轻松自如地从课件中学到需要的知识。CAI的主要特点是交互教育、个别指导和因材施教。

任务三　计算机系统的组成

任务需求

随着计算机的普及,使用计算机的人越来越多,了解计算机的基本组成,也逐渐成为现代人一项必备的基本能力。本任务要求学生初步了解计算机系统的组成。

任务计划

了解计算机系统的组成,并认识计算机的各个硬件。

任务学习

一台完整的计算机包括硬件和软件两部分,另外还有一部分固化的软件称为固件,固件兼具软件和硬件的特性,常见的如个人计算机中的BIOS。硬件与软件结合能使计算机正常运行并发挥作用。因此,对计算机的理解不能仅局限于硬件部分,应该把它看作一个包含软件系统与硬件系统的完整系统。

计算机的组成

一、计算机硬件系统

硬件系统是指组成计算机系统的各种物理设备的总称,它是计算机系统的物质基础。在计算机中看得见、摸得着的物理实物就是计算机的硬件。

1.计算机的主机

在现实生活中,我们通常说的主机是指机箱以及安装在机箱中的计算机部件的集合,主要由中央处理器(Central Processing Unit,CPU)(包括散热装置)、主板、内存、显卡(包括散热装置)、硬盘(机械硬盘或固态硬盘)、主机电源、机箱等部件组成,如图 1-1 所示。

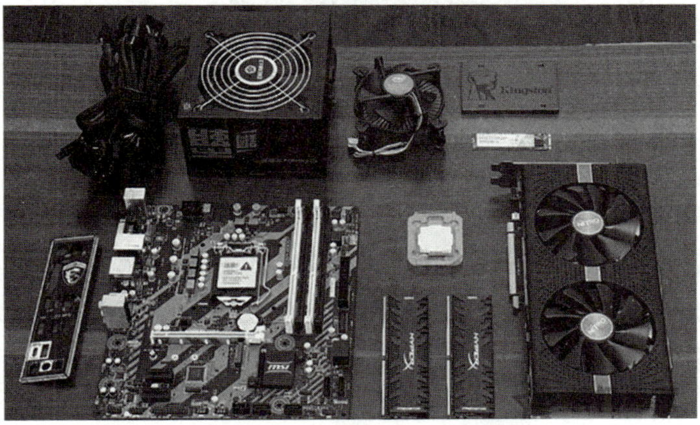

图 1-1　计算机的主机部件

(1)CPU。CPU 安装在主板上,它和人体的大脑类似,具有非常强的记忆能力和精确、快速的运算功能,负责处理、运算计算机内部的所有数据,并按照预先编译的程序迅速地完成各项指令。CPU 是计算机的核心,主要由运算器、控制器、寄存器组、内部总线等构成。CPU 外观如图 1-2 所示。

图 1-2　CPU 外观

(2)主板。主板是计算机中体积最大的电路板,它是计算机的躯干,是计算机硬件的组织和控制核心。从外观上看,主板是一块方形的电路板,上面布满了电子元器件、插槽和外部接口。主板可以为计算机的所有部件提供插槽和接口,并负责统一协调所有部件的工作。主板外观如图 1-3 所示。

图 1-3　主板外观

(3)内存。内存是计算机中的重要部件之一,也称内存储器或主存储器,是计算机的内部存储器。内存既是计算机临时存放数据和指令的地方,也是 CPU 处理数据的中转站。内存的容量和存取速度直接影响 CPU 处理数据的速度。内存外观如图 1-4 所示。

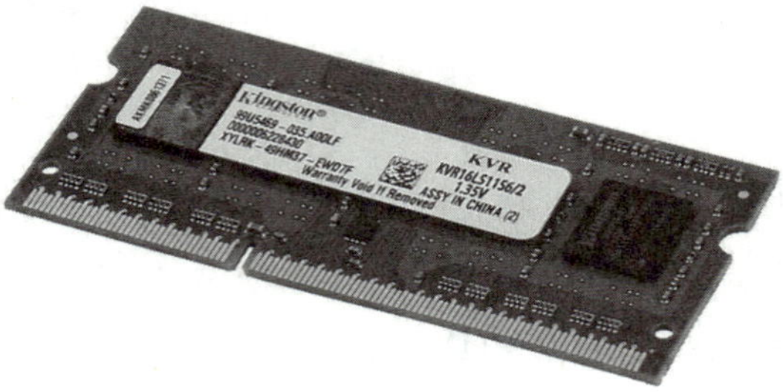

图 1-4　内存外观

(4)显卡。显卡也称显示卡、显示适配器或图形加速卡,是计算机的组成部件之一。显卡的主要功能是将计算机中的数字信号转换成显示器能识别的信号(模拟信号或数字信号),并将这种信号进行处理和输出。显卡外观如图 1-5 所示,图中显卡外面的风扇是散热装置。

图 1-5　显卡外观

（5）硬盘。硬盘是计算机中主要的存储设备之一。按照工作原理来分类，硬盘可分为机械硬盘（Hard Disk Drive，HDD）、固态硬盘（Solid State Disk，SSD）和混合硬盘（Hybrid Hard Disk，HHD）。

①机械硬盘。机械硬盘是传统硬盘，由一片或多片铝合金材质的盘基上覆磁介质涂层的碟片组成，所有数据以磁场形式记录在盘片涂层上，碟片被密封在盘仓内。一个机械硬盘实例如图 1-6 所示。

（a）机械硬盘外观

（b）机械硬盘内部结构

图 1-6　一个机械硬盘实例

②固态硬盘。固态硬盘是目前比较热门的硬盘，它是由固态电子存储芯片（Flash 芯片）阵列而制成的硬盘。与机械硬盘相比，固态硬盘的读取速度更快，能够加快操作系统和软件的启动速度。一个固态硬盘实例如图 1-7 所示。

（a）固态硬盘外观

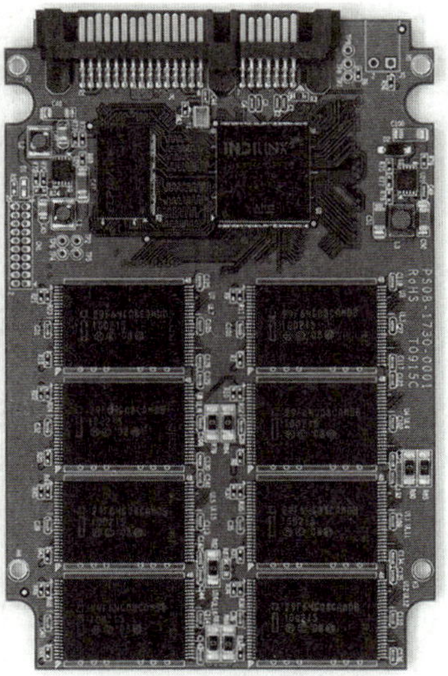

（b）固态硬盘内部结构

图 1-7　一个固态硬盘实例

③混合硬盘。混合硬盘是基于传统机械硬盘诞生出来的新硬盘，也是把磁性材料和闪存集成到一起的一种硬盘。从理论上来说，一块混合硬盘可以结合闪存（Flash 芯片）和机械硬盘的优势，完成“HDD+SSD”的工作。一个混合硬盘实例如图 1-8 所示。

(a)混合硬盘外观

(b)混合硬盘内部结构

图 1-8　一个混合硬盘实例

（6）主机电源。主机电源也称电源供应器，它为计算机的正常运行提供动力。主机电源能够通过不同的接口为主板、硬盘、显卡、光驱等计算机部件提供动力。主机电源外观如图 1-9 所示。

图 1-9　主机电源外观

（7）机箱。机箱是安装和放置各种计算机部件的装置。机箱将计算机部件整合在一起，并起到保护的作用。机箱外观如图 1-10 所示。

图 1-10　机箱外观

2.计算机的外围设备

人们通常所说的外围设备是指显示器、鼠标、键盘和打印机等与计算机相连的设备。对于普通用户来说,外围设备加上计算机的主机就能满足基本的上网需求。

(1)显示器。显示器是计算机的主要输出设备之一,它的作用是将显卡输出的信号显示在屏幕上,供人观看。目前,显示器主要采用液晶技术,在屏幕尺寸一样的情况下,分辨率越高,其显示效果越好。液晶显示器外观如图 1-11 所示。

图 1-11　液晶显示器外观

(2)鼠标。鼠标是计算机的主要输入设备之一,当初为了取代由键盘输入的烦琐指令,而发明了鼠标,鼠标的出现使计算机的操作变得更加简便。鼠标的外观如图 1-12 所示。

图 1-12　鼠标外观

(3)键盘。键盘也是计算机的主要输入设备之一,它是用户与计算机进行交流的工具。用户通过键盘向计算机输入各种指令,指挥计算机完成规定的工作。键盘外观如图 1-13 所示。

图 1-13　键盘外观

3.常见的计算机周边设备

计算机的周边设备一般是通过主机上的接口(机箱上的接口)连接到计算机上的。这些设备通常是可选装的硬件,不安装这些设备并不会影响计算机的基本功能。随着计算机技术的发展,部分周边设备已经成为计算机的标准配置,如声卡等。

(1)声卡和音箱。声卡和音箱是计算机声音系统的主要组成部分。

声卡用于实现声波数字信号与模拟信号之间的相互转换。大多数声卡以芯片的形式焊接在主板上或集成在主板 I/O 芯片之中,并且具有很高的性能。如果用户对音效有特殊要求,则可以选择使用独立声卡。独立声卡外观如图 1-14 所示。

图 1-14　独立声卡外观

音箱作为播放声音的设备可以直接连接声卡的音频输出接口,并将声卡传输的数字信号输出为人们可以听到的声音。音箱外观如图 1-15 所示。

图 1-15 音箱外观

(2)打印机。打印机的主要功能是打印输出文字和图像,它是一种负责输出的设备。常见的打印机外观如图 1-16 所示。

图 1-16 常见的打印机外观

(3)投影仪。投影仪是一种可以将图像或视频投射到幕布上的设备,它可以通过专业的接口与计算机连接,并播放图像或视频,是一种负责输出的设备。投影仪外观如图 1-17 所示。

图 1-17 投影仪外观

(4)扫描仪。扫描仪是一种捕获影像或文字的设备。作为一种光机电一体化的计算机外围设备,扫描仪是继鼠标和键盘之后的第三种计算机输入设备,它用于将影像或文字转换为计算机可以显示、编辑、存储和输出的数字格式,是一种功能强大的输入设备。扫描仪外观如图 1-18 所示。

图 1-18 扫描仪外观

二、计算机软件系统

软件系统是为了运行、管理和维护计算机而编写的各种程序、数据和相关文档的总称。按功能的不同,软件系统通常可分为系统软件和应用软件。

1.系统软件

(1)操作系统。操作系统是最接近硬件系统的底层软件,也是对硬件系统功能的重要扩充,更是其他系统软件和应用软件能够在计算机上运行的基础。操作系统实际上是一组程序,主要用于统一管理计算机中的各种硬件和软件资源,合理地组织计算机的工作流程,协调计算机系统各部分之间、系统与用户之间、用户与用户之间的关系。操作系统在计算机系统中占有非常重要的地位。常用的操作系统有 Windows、UNIX、Linux、Mac 等。

(2)语言处理程序。程序设计语言是用于编写程序的语言,它是人类与计算机交换信息的渠道。程序设计语言是软件系统的重要组成部分,各种语言处理程序属于系统软件。程序设计语言一般分为机器语言、汇编语言和高级语言。语言处理程序是将用程序设计语言编写的程序转换为操作系统可支持形式的专用程序。

(3)服务程序。服务程序有编辑程序、计算机硬件初始化程序、测试排错程序等,主要为计算机设备自身的应用服务。例如,内存检测,优化管理,磁盘格式化、查错,光盘写入,网络连接等软件都属于服务程序。

(4)数据库管理系统。随着计算机在信息处理、情报检索及各种管理系统中的发展,计算机被要求处理大量的数据,建立和检索大量的表格。如果将这些数据和表格按一定的规律组织起来,则处理这些数据和表格时将更快捷,用户使用时也更方便,于是出现了数据库。

数据库就是相关数据的集合,数据库和管理数据库的软件构成了数据库管理系统,数据库管理系统目前有多种类型,常见的关系型数据库管理系统有 Oracle、SQL Server、DB2、MySQL 等。

2.应用软件

(1)专用应用软件。专用应用软件是指专为某些单位和行业开发的软件,是用户为了解决特定的问题而开发的,其使用范围限定在某些特定的单位和行业。例如,火车站或汽车站的票务管理系统、人事管理部门的人事管理系统和财务部门的财务管理系统等。

(2)通用应用软件。通用应用软件是为实现某种特殊功能而精心设计的、结构严密的独立软件,是一套满足通用的、许多用户需求的软件。通用应用软件适应信息社会各个领域的应用需求,每一领域的应用有许多共同的属性和要求,具有普遍性。例如,Microsoft Office 通用应用软件包。

知识加油站

目前 64 位的操作系统只能应用于 64 位 CPU 的计算机中,这样基于 64 位操作系统开发的软件才能发挥出最佳的性能;而 32 位的操作系统能应用于 32 位 CPU 的计算机中,虽然它们也能应用于 64 位 CPU 的计算机中,但是无法最大限度地发挥出 64 位 CPU 的性能。

拓展练习

一、选择题

1.世界上第一台通用电子计算机是(　　)年研制成功的。

A.1936　　B.1946　　C.1956　　D.1949

2.世界上第一台通用电子计算机采用的主要逻辑部件是(　　)。

A.电子管　　B.晶体管　　C.集成电路　　D.超导元件

3.(多选)计算机硬件系统是由(　　)、主板、存储器、输入设备、输出设备等部件构成的。

A.硬盘　　B.软盘　　C.键盘　　D.中央处理器

4.完整的计算机系统由(　　)组成。

A.运算器、控制器、存储器、输入设备和输出设备

B.主机和外围设备

C.硬件系统和软件系统

D.主机箱、显示器、键盘、鼠标、打印机

5.在微型计算机中,控制器的基本功能是(　　)。

A.存储各种控制信息　　B.传输各种控制信号

C.产生各种控制信息　　D.控制系统各部件正确地执行程序

6.在以下软件中,(　　)不是系统软件。

A.Windows XP　　B.UNIX　　C.Linux　　D.Microsoft Office

7.下列设备属于输出设备的是(　　)。

A.显示器　　B.键盘　　C.鼠标　　D.光笔

8.组成计算机的 CPU 的两大部件是(　　)。

A. 控制器和寄存器　　B. 运算器和控制器

C. 运算器和内存　　D. 控制器

9.关于计算机硬件系统和软件系统的概念,以下说法中不正确的是(　　)。

A.计算机硬件系统的基本功能是接受计算机程序的管控,并在程序控制下完成数据输入和数据输出任务

B.计算机软件系统建立在硬件系统的基础上,它使硬件功能得以充分发挥,并为用户提供一个操作方便、工作轻松的环境

C.没有安装软件系统的计算机不能做任何工作,没有实际的使用价值

D.只要在一台计算机中装入系统软件,就可进行文字处理或数据处理工作

二、判断题

1.计算机软件系统分为系统软件和应用软件两部分。(　　)

2.汇编程序就是用多种语言混合编写的程序。(　　)

3.20 世纪 60 年代中期至 70 年代初期的计算机主要使用的元器件是晶体管。(　　)

4.打印机、扫描仪等计算机周边设备不是计算机必须配置的。(　　)

5.世界上第一台通用电子计算机 ENIAC 首次实现了“存储程序”方案。(　　)

6. 约翰·冯·诺伊曼提出的计算机的设计思想奠定了现代计算机的设计基础。(　　)

三、思考与练习

1.简述计算机的发展历程及每一代计算机的特点。

2.奠定现代计算机组成与工作原理基础的核心思想是什么?

02 项目二 计算机的配置与选购

人文素养

党的二十大报告指出:"培养造就大批德才兼备的高素质人才,是国家和民族长远发展大计。"依据计算机选购工作的任务要求,构建计算机选配的教学情境,以"教、学、做"一体化的任务作为课程试验平台,将计算机组装与维护作为岗位技术人员应知应会的基本知识和基本技能融入教学过程。互动式和体验式教学过程,有助于引导学生深刻理解并自觉实践职业精神和职业规范,增强职业责任感,培养遵纪守法、爱岗敬业、无私奉献、诚实守信、公道办事、开拓创新的职业品格和行为习惯。

学习目标

知识目标

了解计算机的配置需求。

掌握选购计算机各部件的技巧。

技能目标

学会根据实际需求制定合理的选购方案。

学会识别计算机的各个部件并了解它们的作用。

素养目标

激发学生学习的积极性,为培养新时代的接班人奠定基础。

思维导图

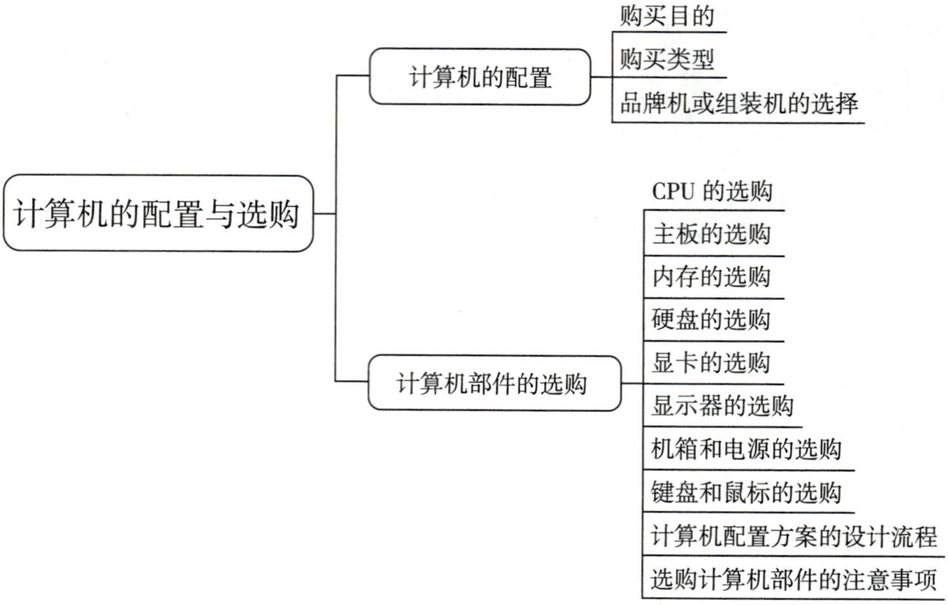

项目导读

计算机作为一种信息化工具,在人们的日常生活中发挥着越来越重要的作用,它改变了人们的交流方式和生活节奏。随着网络技术的发展和应用,计算机的应用领域迅速扩大,组装计算机也不再是少数人才能掌握的技术,越来越多的人选择自行组装适合自己使用的计算机。

任务一　计算机的配置

任务需求

选购计算机的关键是要满足用户的使用需求。在明确用户使用需求的前提下,根据经济能力、性能优劣、价格高低、商家服务质量的好坏等具体问题来确定计算机的配置方案。

任务计划

确定购买目的、购买预算、购买类型等。

任务学习

一、购买目的

用户在购买计算机时,需要提前了解计算机的用途、功能和价格。在确定用途后,既不要盲目地追求高档配置,也不要为省钱而选购性能较低的部件。

(1)商务办公类型。在商务办公中,计算机主要用于处理文件、收发邮件等,因此需要稳定性较高的计算机。由于用户长时间使用计算机,因此可优先选择配置一款液晶显示器,以减轻因使用计算机造成眼睛或身体的疲劳。

(2)家庭上网类型。对于一般家庭而言,计算机主要用于浏览新闻、处理简单的文字、玩简单的小游戏、观看网络视频等,用户无须配置性能太高的计算机,选择一台中等或普通配置的计算机即可。

(3)图形图像设计类型。对于从事图形图像设计工作的用户而言,计算机主要用于设计图形或处理图像、处理专业摄影照片等,所做的工作量较大,因此应选择运算速度快、整体配置高的计算机。这种类型的计算机对 CPU、内存、显卡的要求较高,同时需要配置高性能的计算机系统,以达到更好的设计和使用效果。

(4)娱乐游戏类型。市场上的大型电脑游戏基本都采用了三维(3D)动画技术,这种游戏对计算机的整体性能要求更高,尤其对 CPU、内存、显卡、显示器、声卡等方面有特殊要求。

二、购买类型

随着微型计算机技术的迅速发展,笔记本电脑的价格也在不断下降,用户在购买台式机和笔记本电脑之间犹豫不决,台式机和笔记本电脑外观分别如图 2-1 和图 2-2 所示。用户可以从以下 3 个方面判断购买台式机还是笔记本电脑。

(1)使用环境。台式机移动不方便,对于普通用户或者固定办公的用户而言,购买台式机比较合适。而笔记本电脑的优点是体积小、携带方便,对于经常出差或移动办公的用户而言比较合适。

(2)性能需求。在相似价格下,台式机和笔记本电脑在性能上有一定的差距,笔记本电脑的可升级性较差,对于性能需求更高的用户而言,购买台式机比较合适。

(3)价格方面。当配置相同、性能接近时,笔记本电脑比台式机的价格要高一些,因此笔记本电脑的“性价比”低于台式机。

图 2-1　台式机外观

图 2-2　笔记本电脑外观

三、品牌机或组装机的选择

市场上的台式机主要有两大类:一种是品牌机,另一种是组装机(也称兼容机)。

(1)品牌机。品牌机是指由具有一定规模和技术实力的计算机厂商生产,有注册商标和独立品牌的计算机,如联想、戴尔、惠普等都是知名的计算机品牌。品牌机出厂前已经过严格的性能测试,其特点是性能稳定、质量有保障、易于使用、售后服务较好。

(2)组装机。组装机是指计算机部件销售商根据用户的需求,将各种计算机部件组装在一起的计算机。组装机的特点是,其配置较为灵活、升级方便、性价比略高于品牌机。因此,在性能接近的情况下,品牌机的价格要高一些。

选择品牌机还是组装机,主要取决于用户。如果用户是一个计算机初学者,对计算机知识掌握得不够熟悉,那么选择品牌机比较合适;如果用户对计算机知识很熟悉,并且平时会根据需要升级自己的计算机,那么选择组装机比较合适。

任务二　计算机部件的选购

任务需求

计算机是由多种不同的部件组装在一起的一个整体。在了解计算机的配置后,还需要选购计算机部件,最后才可以组装计算机。

任务计划

了解计算机部件的选购原则和技巧,掌握计算机部件的分类和主要性能参数。

任务学习

一、CPU 的选购

硬件介绍和选购建议

CPU 是计算机系统中最重要的部件，通常被形象地比喻为计算机的“大脑”。在选购计算机时，首先要确定 CPU 的类型，进而确定其他部件的配置方案。

1. CPU 的类型

在选购 CPU 之前，应先详细了解 CPU 的类型及其参数信息，再根据用户的使用需求确定选购的 CPU，避免浪费。目前，CPU 的生产厂商主要有 Intel 公司和 AMD（Advanced Micro Devices）公司。为满足不同用户的需求，这两家公司分别发布了不同系列、不同型号的 CPU。

（1）Intel 公司的 CPU 产品。目前，Intel 公司的 CPU 产品主要有酷睿（Core）和至强（Xeon）系列。其中，酷睿系列为 Intel 公司的主打产品，性能较强，又分为 i9、i7、i5 和 i3 等子系列，i9 和 i7 系列对应高端市场，i5 和 i3 系列分别对应中端、低端市场。2023 年 1 月 11 日，Intel 公司发布了第四代至强可扩展处理器、至强 CPU Max 系列以及英特尔数据中心 GPU Max 系列。

（2）AMD 公司的 CPU 产品。AMD 公司的 CPU 产品主要是指锐龙（Ryzen）系列处理器。

根据用户的使用需求，可以选择的 CPU 类型如表 2-1 所示。

表 2-1 CPU 类型

定位	使用需求	Intel 公司	AMD 公司
入门	商务办公、浏览网页、观看网络直播、LOL 级别的电竞游戏等	酷睿 i3-12100	锐龙 R3-3100
		酷睿 13-12100F	锐龙 R3-3200G
中端	视频剪辑、游戏直播、玩“3A 大作”级别的游戏等	酷睿 i5-12400F	锐龙 R5-5600
		酷睿 i5-12400	锐龙 R5-5600G
		酷睿 i5-12600KF	锐龙 R5-5600X
高端	视频渲染、设计建模、制作“3A 大作”级别的游戏、深度学习等	酷睿 i7-12700KF	锐龙 R7-5800X
		酷睿 i7-12700K	锐龙 R7-5800X3D
旗舰	“发烧友”、机器学习、神经网络构建等	酷睿 i9-12900KF	锐龙 R9-5900X
		酷睿 i9-11900K	锐龙 R9-5950X

2. CPU 的主要性能参数

如果用户在 Intel 公司和 AMD 公司的 CPU 产品之间难以做出选择，则可以按照 CPU 的主要性能参数进行选择，CPU 的主要性能参数有主频、外频、倍频系数、CPU 高速缓存、内核、前端总线频率、制造工艺、接口类型等。

(1)主频。主频即 CPU 的工作时钟频率,单位是 MHz,当前主频已发展到 GHz。主频描述了 CPU 的运行速度,主频与外频和倍频系数有关,关系式为:主频=外频×倍频系数。

(2)外频。外频即 CPU 的基准频率,单位是 MHz。CPU 的外频决定了 CPU 与主板的同步运行速度。超频即人为提高 CPU 的外频和倍频系数,超频会导致系统不稳定、系统温度升高,甚至损毁硬件,因此一般情况下,CPU 的倍频系数都是被锁住的。对于服务器的 CPU 而言,超频是绝对不允许的。

(3)倍频系数。倍频系数即 CPU 的主频与外频之间的相对比例关系。在外频相同的情况下,倍频系数越高,CPU 的主频越高。

(4)CPU 高速缓存。CPU 高速缓存(简称缓存)即用于减少 CPU 访问内存所需平均时间的部件。缓存的容量远小于内存,但存取速度接近于 CPU 的主频。缓存容量是 CPU 的重要指标之一,而且缓存的结构和容量对 CPU 速度的影响非常大。缓存的运行频率极高,一般是和 CPU 同频运作的,工作效率远大于内存和硬盘。根据读取数据顺序和与 CPU 结合的紧密程度,缓存可以分为一级缓存(L1 cache)、二级缓存(L2 cache)和三级缓存(L3 cache)。

一级缓存是 CPU 的第一层高速缓存,位于 CPU 内核的旁边,是与 CPU 结合最为紧密的 CPU 缓存,也是历史上最早出现的 CPU 缓存。由于制造一级缓存的技术难度和成本最高,提高容量带来的技术难度和成本增加,性能提升却不明显,性价比很低,因此一级缓存是所有缓存中容量最小的。

二级缓存是 CPU 的第二层高速缓存,主要用于存放计算机运行时操作系统的指令、程序、地址指针等数据。二级缓存分为内部和外部两种芯片。内部芯片的二级缓存运行速度与主频相同,而外部芯片的二级缓存只有主频的一半。二级缓存容量也会影响 CPU 的性能,原则是越大越好。

三级缓存是 CPU 的第三层高速缓存,它是为读取二级缓存"未命中"的数据设计的一种缓存,在拥有三级缓存的 CPU 中,只有约 5% 的数据需要从内存中调用,降低了内存延迟时间,提升了 CPU 在计算大数据量时的性能。

(5)内核。CPU 内核也称 CPU 核心,是 CPU 最重要的组成部分。CPU 所有的计算、控制/存储命令、处理数据都由核心执行。目前,CPU 普遍采用了"多核技术",即在一个 CPU 中集成多个内核,使其同时工作。在 CPU 性能的提升上,多核技术虽然不能成倍地提高 CPU 的性能,但是随着内核数的增加,CPU 的性能仍有极大的提高,尤其是在处理多任务时。

(6)前端总线频率。前端总线频率直接影响 CPU 与内存进行数据交换的速度。在实际应用中,数据传输带宽取决于同时传输的数据宽度和前端总线频率,即数据传输带宽=(前端总线频率×数据宽度)/8。前端总线频率与外频的区别是,前端总线的速度是指数据传输的速度,外频则是指 CPU 与主板同步运行的速度。

(7)制造工艺。制造工艺是指在生产 CPU 的过程中,CPU 内部版图设计(电路结构、原理及其实现)、电子元器件采用和线径控制技术。CPU 的生产精度常以线径纳米数(nm)来表示。例如,几年前的 28 nm,现在的 14 nm,将来的 7 nm 甚至更低。通常,线径越细,精度越高,制造工艺越先进,利用同样的材料可以制造更多的电子元器件,连接线也越细。这就意味着 CPU 的集成度更高、功耗更小、热耗散也降低。

(8)接口类型。不同的 CPU,其接口类型也不同,因此需要匹配不同插槽的主板。如果不匹配或不兼容,则 CPU 不能正常安装和使用。目前,Intel 公司主流的 CPU 接口有 LGA1151、LGA1200、LGA1700、LGA2011、LGA2066 等;AMD 公司主流的 CPU 接口有 Socket AM3、Socket AM3+、Socket AM4、Socket TR4 等。

3.CPU 的选购要点

在选购 CPU 时,需要根据市场行情和实际应用需求,确定 CPU 的型号。选购时应注意以下 5 点。

(1)同等价位的主流 CPU 的总体性能差别不大。

(2)当选购中端、低端 CPU 时,AMD 公司的 CPU 产品性价比较高。

(3)当选购高端 CPU 时,Intel 公司的 CPU 产品性价比高于 AMD 公司的 CPU 产品。

(4)同等价位下,Intel 公司的 CPU 产品多用于 CAD、多媒体等领域,AMD 公司的 CPU 产品则在 3D 游戏中占有优势。

(5)CPU 主频与缓存的取舍。对于同一个系列的 CPU 而言,其性能的高低主要通过主频和缓存来区分,从对 CPU 性能的影响程度来看,缓存容量对 CPU 产生的影响要大于主频高低对 CPU 产生的影响。因此在同等价位下,应优先选择缓存容量更大的 CPU。

二、主板的选购

主板也称主机板(Mainboard)、系统板(Systemboard)或母板(Motherboard),它安装在机箱中,是计算机的基本部件之一。主板一般为矩形电路板,上面安装了组成计算机的主要电路系统,一般有主机硬件启动、自检和基本硬件驱动程序,简称 BIOS(Basic Input Output System)、输入/输出(Input/Output,I/O)控制芯片、指示灯接插件、扩展插槽等电子元器件。

1.主板的工作原理及分类

主板的主体是一整块印刷电路板(Printed Circuit Board,PCB),一般采用 4 层 PCB 或 6 层 PCB。低档主板多为 4 层 PCB,包括主信号层、接地层、电源层、次信号层,而 6 层 PCB 则增加了辅助电源层和中信号层。因此,采用 6 层 PCB 的主板抗电磁干扰能力更强,稳定性更高。PCB 下面为错落有致的电路布线,PCB 上面则为分工明确的各个部件。当主机通电时,电流会瞬间通过 CPU、南北桥芯片、内存插槽、AGP(Accelerate Graphical Port,加速图形端口)插槽、PCI(Periheral Component Interconnect,外设部件互联标准)插槽、IDE(Integrated Drive Electronics,集成驱动电子设备)接口及主板边缘的串口、并口。随后,主板会自动执行 BIOS 中的程序来识别各个硬件,并进一步引导启动操作系统,随后由其管理和控制系统平台的工作。

根据结构的不同，主板的板型结构可分为 AT(Advanced Technology)结构、Baby AT 结构、ATX(Advanced Technology Extended)结构、Micro-ATX 结构。目前市场上主板的板型结构主要是 ATX 和 Micro-ATX。

(1)AT 结构。AT 结构的主板是 IBM 公司于 1984 年推出的，规格为 12 in×(11～13) in (1 in=25.4 mm)，相当于 305 mm×(279～330)mm，AT 结构的主板上集成有控制芯片和 8 个 I/O接口。由于 AT 结构的主板尺寸较大，因此机箱在宽度和高度上有所增加。AT 结构的主板现在已被淘汰。

(2)Baby AT 结构。Baby AT 结构的主板是 AT 结构的主板的改良型，它的规格为 8.5 in×(10～13) in，相当于 216 mm×(254～330)mm。Baby AT 结构的主板沿袭了 AT 结构的主板的 I/O 接口、键盘接口等外设接口及电子元器件的摆放位置，而对内存插槽等内部电子元器件结构进行紧缩，再加上大规模集成电路使内部电子元器件减少，这使得 Baby AT 结构的主板比 AT 结构的主板布局更合理。Baby AT 结构的主板现在也已被淘汰。

(3)ATX 结构。ATX 结构的主板是目前市场上最常见的主板，如图 2-3 所示，其规格由 Intel 公司制定。在 ATX 结构的主板上，CPU 插槽位于主板的右侧，总线扩展插槽位于主板的左侧，PCI 插槽的数量一般为 4～6 个，内存插槽位于主板的右下方，I/O 接口都集成在主板上。ATX 结构的主板，其电源接口采用新的规格，支持 3 V、5 V、12 V 输出，同时还能实现软件关机、指令远程关机等功能。

图 2-3　ATX 结构的主板

(4)Micro-ATX 结构。Micro-ATX 结构也称 M-ATX 结构，它保留了 ATX 结构的主板的外设接口位置，与 ATX 结构的主板兼容，如图 2-4 所示。这种板型将 ATX 结构的主板的 PCI 扩展插槽数量减少至 3～4 个，内存插槽减少至 2～3 个，从而使主板变窄，结构更紧凑。目前，这种板型主要用于品牌机，但在市场上也有售卖。

图 2-4 Micro-ATX 结构的主板

2.主板的构成

(1)芯片部分。主板的芯片部分主要由以下两种芯片构成。

①BIOS 芯片。BIOS 芯片是一块方块状的存储器,其存储着与该主板搭配的基本输入输出系统程序,它不仅可以让主板识别各种硬件,还可以设置引导系统的设备、调整 CPU 外频等。最初的 BIOS 芯片采用只读存储器(ROM),其中程序烧结完成后不能再修改。现在多采用电可擦除只读存储器(EPROM),其支持写入数据,它的优点是方便用户更新 BIOS 芯片的版本,以获取更好的性能以及对计算机最新硬件的支持;缺点是可能会让主板遭受恶意的人为袭击。

②南北桥芯片。AGP 插槽左右两边的两块芯片就是南北桥芯片。南桥芯片多位于 PCI 插槽的上方位置,而在 CPU 插槽的旁边,被散热装置覆盖的就是北桥芯片。南桥芯片和北桥芯片统称为芯片组。芯片组以北桥芯片为核心,一般情况下,主板都是以北桥芯片的名称命名的(如 Intel 公司的 P45 主板使用的是 P45 北桥芯片)。北桥芯片主要负责处理 CPU、内存、显卡三者之间的“交通”,它处理的数据量越大,发热量也越大,因而需要外加散热装置。南桥芯片主要负责 I/O 总线之间的通信。芯片组在很大程度上决定了主板的性能。现在由于某些主板中内置了内存控制器,因此北桥芯片无须集成内存控制器,采用这种方法不仅减少了芯片组的制作难度,而且降低了制作成本。现在某些高端主板将南北桥芯片封装在一起,只有一个芯片,大大提高了芯片组的性能。

(2)总线插槽。在计算机中,用于连接扩展板卡的总线插槽主要有 3 种:传统的 PCI 插槽、显卡用的 AGP 8X 插槽,以及可以全面取代 PCI 插槽和 AGP 插槽的 PCI-Express(简称 PCI-E)插槽。

①PCI 插槽。PCI 插槽多为乳白色，是主板的必备插槽之一，可以插接声卡、股票信息接收卡、网卡、多功能卡等。

②AGP 插槽。AGP 插槽多为深棕色，位于北桥芯片和 PCI 插槽之间。AGP 标准分为 AGP 1.0(AGP 1X 插槽和 AGP 2X 插槽)、AGP 2.0(AGP 4X 插槽)和 AGP 3.0(AGP 8X 插槽)。AGP 4X 插槽中间没有间隔，而 AGP 2X 插槽中间有间隔。在 PCI-E 插槽出现之前，AGP 显卡较为流行，其传输带宽可达到 2133 MB/s(AGP 8X)。

③PCI-E 插槽。随着 3D 技术的迅速发展，AGP 显卡已经不能满足处理视频的带宽要求。目前主流主板的显卡接口多为 PCI-E 插槽。PCI-E 插槽分为 X1、X2、X4、X8 和 X16。PCI-E 是最新的总线和接口标准，它原来的名称为“3GIO”，意为第三代输入/输出接口，是由 Intel 公司提出的，交由 PCI-SIG(Peripheral Component Interconnect Special Interest Group，外围部件专业兴趣组)认证发布后才改名为“PCI-Express”。这个新标准全面取代了 PCI 标准和 AGP 标准，最终实现总线标准的统一。

与 PCI 总线及早期计算机总线的共享并行架构不同，PCI-E 总线采用点对点串行连接，每个设备都有自己的专用连接，不需要向整个总线请求带宽，并且它可以极大地提高数据传输率，达到 PCI 总线所不能提供的高带宽。传统 PCI 总线在单一时间周期内只能实现单向传输，与之相比，PCI-E 总线的双单工连接能提供更高的传输速率和质量，它们之间的差异与半双工和全双工类似。

④内存插槽。内存是安装在主板上的，因此主板上也有相应的内存插槽。不同类型(如 DDR3、DDR4、DDR5 等)的内存对应的内存插槽结构是不同的，不可混插，这不仅关系到内存的外形结构，还关系到内存的电源、信号引脚分布等方面的问题。双通道的 DDR3 内存插槽、DDR4 内存插槽和 DDR5 内存插槽分别如图 2-5 至图 2-7 所示。

图 2-5　双通道的 DDR3 内存插槽

图 2-6　DDR4 内存插槽

图 2-7 DDR5 内存插槽

(3)主板上的外设接口。目前,市场上的主流主板都提供了较为丰富的接口,主板的外设接口用于连接外围设备,主要有 USB 接口、网络接口、音频接口等。早期的主板有 COM 接口(串口)、LPT 接口(并口),集成显卡的主板有 VGA 接口、DVI 接口等,如图 2-8 所示。

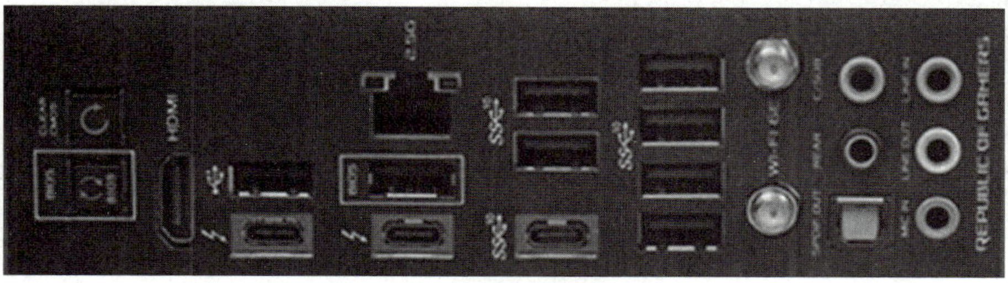

图 2-8 主板上的外设接口

①USB 接口。USB 接口是目前最为流行的接口,该接口标准最多可以支持 127 个外围设备,并且可以独立供电,应用非常广泛。USB 接口可以从主板上获得 500 mA 的电流,支持热插拔,真正做到了即插即用。一个 USB 接口可同时支持高速和低速 USB 外围设备的访问,它由一条四芯线缆连接,其中两条是正、负电源线,另外两条是数据传输线。高速 USB 外围设备的传输速率为 12 Mb/s,低速 USB 外围设备的传输速率为 1.5 Mb/s。此外,USB 2.0 标准的最高传输速率可达 480 Mb/s,USB 3.0 的最高速率可达 5 Gb/s。

②网络接口。网络接口通常用于数据传输,即双绞线接口,广泛应用于局域网和 ADSL(Asymmetric Digital Subscriber Line,非对称数字用户线路)宽带上网用户的网络设备间的连接。

③音频接口。一般有 3 个音频接口,它们有不同的颜色。蓝色的接口为音频设备的输入端;绿色的接口为音频设备的输出端,用于连接音箱或耳机;粉色的接口用于连接麦克风。

④其他接口。VGA 接口或 HDMI 接口用于视频输出,可以连接显示器、投影仪等设备;COM 接口用于连接串行鼠标、外置 Modem(调制解调器)等设备,目前基本被淘汰;LPT 接口一般用于连接打印机或扫描仪;MIDI 接口用于连接各种 MIDI 设备,如电子乐器的键盘等。

3.主板的选购要点

主板主要用于连接计算机部件及外围设备。在选购主板时,应注意主板对各种部件的支持情况。具体包括以下 6 个方面。

(1)主板对 CPU 的支持情况。主板中 CPU 插槽的类型直接决定了 CPU 的类型,随着计算机技术的不断发展,CPU 插槽的类型也在不断发生变化,目前市场上的 CPU 插槽主要有两类。

①Intel 公司的 CPU 插槽。Intel 公司的 CPU 插槽主要有 3 类,即 LGA 1151、LGA 1200 和 LGA 1700,分别支持 Intel 公司各个系列的 CPU。3 类插槽分别如图 2-9 至图 2-11 所示。

图 2-9　LGA 1151 插槽

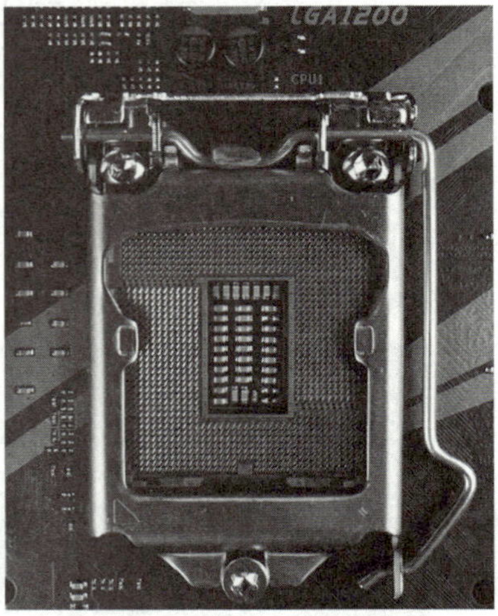

图 2-10　LGA 1200 插槽

图 2-11　LGA 1700 插槽

②AMD 公司的 CPU 插槽。AMD 公司的 CPU 插槽主要是 Socket AM4 插槽,如图 2-12 所示。

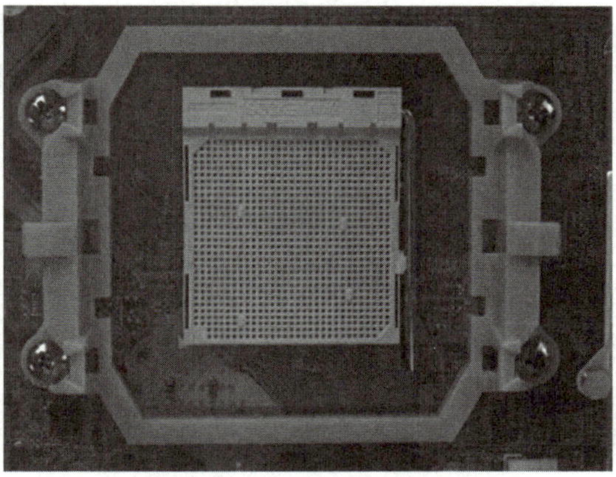

图 2-12　Socket AM4 插槽

在选购主板前,用户通常已经确定好了 CPU 的类型和型号,因此选择与之匹配的主板即可,不可混用。

(2)主板对内存的支持情况。

①主板支持的内存类型。目前的主板主要支持 DDR4 和 DDR5 内存,通常支持 DDR4 内存的主板即可满足一般用户的需求,但对于追求高性能的用户而言,则应该选择支持 DDR5 内存的主板。

②主板对内存工作频率的支持情况。用户在选购主板时,主板支持的工作频率应大于或等于所选内存的工作频率。其中,DDR4 内存的工作频率可达到 3200 MHz,DDR5 内存的工作频率则可达到 4800 MHz,甚至更高。

③主板对内存通道的支持情况。在组建多通道内存时,必须选择支持多通道技术的主板。

(3)主板的稳定性和可靠性。一般来说,主板的稳定性和可靠性与不同厂商的设计水平、制作工艺、电子元器件质量等有较大的关系,常用的测试主板稳定性和可靠性的方法有以下 3 种。

①负荷测试。负荷测试是指在主板上尽可能多地加入外围设备,如插满内存,使用可用频率最高的 CPU 等。在重负荷情况下,主板功率消耗和发热量均增大,主板稳定性和可靠性方面的问题容易暴露。

②"烧机"测试。"烧机"测试是指让主板长时间运行(一般是 72 小时连续开机运行较大程序),并查看系统是否能持续稳定运行。

③物理环境下的测试。物理环境下的测试是指通过改变环境变量(如温度、湿度、震动等)测试主板在不同环境中的表现。

(4)主板的兼容性。主板兼容性的测试方法比较特殊,因为出现的问题可能不是主板的品质问题。例如,有时主板不能使用某个功能卡或外围设备,可能是功能卡或外围设备本身的设计就有缺陷,与主板自身品质无关。所以,主板的兼容性问题一般可以通过更换其他部件来解决。对于自己动手组装计算机的用户而言,主板的兼容性问题是必须考虑的因素。

(5)主板的升级和扩展能力。用户购买主板时,需要考虑主板将来升级和扩展的能力。例如,扩充内存、增加扩展卡或升级 CPU。一般情况下,主板的插槽越多,扩展能力越好,但是价格也越贵。

(6)主板的品牌。大品牌的产品虽然性能较好,但是价格较贵,如华硕、微星、技嘉等。而有的产品用料不像大品牌讲究,因而成本和价格较低。在组装计算机时,用户应优先选择大品牌的产品,因为一般大品牌都有固定的代理商,能够提供比较好的技术支持和售后服务。

三、内存的选购

内存在计算机中的作用相当于一座“桥梁”,主要负责存放 CPU 中的运算数据,以及与硬盘等外部存储器交换的数据。与硬盘不同的是,内存属于临时存储,速度较快,计算机内的程序都是在内存中运行的。

1.内存的分类

(1)按照工作原理来分类,内存可分为以下 3 种。

①只读存储器(Read Only Memory,ROM)。在制造 ROM 时,信息(数据或程序)就被存入并永久保存在 ROM 中。这些信息一般只能读出,不能写入,即使计算机电源关闭,这些数据也不会丢失。

②动态随机存取存储器(Dynamic Random Access Memory,DRAM)。用户既可以从 DRAM 中读取数据,也可以向 DRAM 中写入数据。当计算机电源关闭时,存于其中的数据会丢失。同步式动态随机存取存储器(Synchronous Dynamic Random Access Memory,SDRAM)是为提高存取速度而加入同步控制技术的 DRAM。

人们通常购买或升级的内存条就是用作计算机的内存的,内存条就是将 DRAM 集成块集中在一起的一小块电路板,它插在计算机中的内存插槽上,减少了 DRAM 集成块占用的空间。

③高速缓冲存储器(cache)。cache 是指平常看到的一级缓存、二级缓存、三级缓存,它位于 CPU 与内存之间,是一个读写速度比内存更快的存储器。

(2)按照内存技术标准来分类,当前主流内存可分为以下两种。

①DDR4 SDRAM(Double Data Rate4 SDRAM)。DDR4 SDRAM 采用 1.2 V 工作电压,内存位宽为 64 位,16 位数据预读取,工作频率最高可达 3200 MHz。它取消了双通道机制,一条内存即为一条通道。

②DDR5 SDRAM(Double Data Rate5 SDRAM)。DDR5 SDRAM 的工作电压降低到 1.1 V,其基础工作频率也更高,起步即可达到 4800 MHz。此外,与 DDR4 将 PMIC 电源管理芯片集成在主板上不同,DDR5 将 PMIC 电源管理芯片从主板集成到内存 PCB 板上,从而能够智能调节电压的变化,在监控电流的同时促进电压斜坡和电平的可配置性,减轻主板电源管理的负担,而将芯片集成在内存上路径更短,调控速度也更快。DDR5 将双通道实作于单模组,过

去 DDR 都是 72 位(64 位数据+8 位 ECC),但现在 DDR5 变成两组 40 位(32 位数据+8 位 ECC)。两个较小独立通道可提高存储器存取效率,特别是缩短存取延迟。这种分开的结构,也提高了信号完整性。可以说,DDR5 较之 DDR4,整体性能有较大提高。

2.内存的性能参数

内存对整个计算机的性能影响非常大,它负责计算机 CPU 与其他外部存储器之间的数据交换,内存的性能指标较多,常用的性能指标如下。

(1)内存频率。内存频率用于衡量内存的数据读取速度,单位为 MHz。内存频率越大,数据的读取速度越快。内存类型不同,最大内存频率也不同。

(2)内存容量。计算机的内存容量通常是指 RAM 的容量,是内存的关键性参数。内存容量以 MB 或 GB 为单位,多用 GB。内存的容量一般都是 2 的整数幂,如 2 GB、4 GB、8 GB 等。通常内存容量越大,越有利于系统的运行。

3.内存的选购要点

(1)确定内存容量和数量。虽然内存容量越大越好,但是还需要根据实际需求来选择内存,在满足需求的前提下,适当增大内存容量。对于一般的应用而言,4 GB 的内存即可满足需求。若要使用更大容量的内存,并且主板也支持双通道或三通道内存,则内存的个数应选择 2 或 3 的倍数。例如,在支持三通道的主板上,若要使用 6 GB 的内存,则应选择 3 条 2 GB 的内存。

(2)确定内存的类型。目前市场上的内存主要有 DDR4 和 DDR5 两种类型,根据主板的支持情况和对内存存取速度的要求来确定内存的类型。

(3)注重内存的质量和售后。内存有盒装与散装之分,散装内存由于运输、进货渠道等因素,容易出现故障,所以应尽量选择盒装内存。而内存品牌也比较多,应尽量选择大品牌的内存,如金士顿、威刚等,这类内存质量有保障,售后服务也较好。

四、硬盘的选购

硬盘是计算机主要的存储器之一,用于存放操作系统、游戏、软件、文档等,相当于一个“库房”。

1.硬盘的分类

机械硬盘和固态硬盘区别

根据硬盘的发展和使用环境的不同,硬盘有不同的类型。按照硬盘的工作原理来分类,硬盘可分为机械硬盘、固态硬盘和混合硬盘 3 种。由于混合硬盘使用者较少,因此,市场上常见的硬盘是机械硬盘和固态硬盘。

(1)机械硬盘。机械硬盘是一种传统硬盘,在没有固态硬盘之前,都是机械硬盘,而现在机械硬盘多作为存储副盘。机械硬盘的结构主要由一个或多个铝制或者玻璃制成的磁性碟片、磁头、转轴、磁头控制器、控制电机、数据转换器、接口等部分组成。在机械硬盘工作时,磁头悬浮在高速旋转的磁性碟片上读写数据。

机械硬盘最大的优势是容量大,价格便宜。传统的机械硬盘采用高速旋转的磁性碟片存储数据,通过磁头读写数据,但由于在机械运动过程中会存在延迟问题,并且无法同时进行多向读写数据,因而目前的机械硬盘已经遇到了性能瓶颈。

目前,机械硬盘的主流接口都是 SATA 3.0 类型的,SATA 1.0 接口、SATA 2.0 接口都属于机械硬盘的旧接口。其中,SATA 1.0 接口、SATA 2.0 接口虽然可以互相兼容,但是传输速率不同,SATA 1.0 接口的理论传输速率为 1.5 Gb/s,SATA 2.0 接口的理论传输速率为 3 Gb/s,而 SATA 3.0 接口的理论传输速率则为 6 Gb/s。

(2)固态硬盘。固态硬盘是在机械硬盘之后推出的新型硬盘,它是由多个闪存芯片、主控芯片和缓存组成的阵列式存储器,属于以固态电子存储芯片阵列制成的一种硬盘,它完全突破了传统机械硬盘的性能瓶颈。由于固态硬盘具备高速读写数据的能力,因此通常将操作系统安装在固态硬盘中,以提升开机速度和流畅性。将游戏或者软件安装在固态硬盘中也会提升加载速度,久而久之,固态硬盘也成了组装计算机的首选硬盘,也是未来硬盘的发展趋势。

固态硬盘与机械硬盘相比主要优点在于,其读写速度快,能够提升操作系统、软件、游戏等的读写速度。固态硬盘与机械硬盘的结构不同,固态硬盘是非机械式的,类似 U 盘,没有噪声,防震抗摔,功耗低、发热小,轻便小巧。而其缺点是,与同容量的机械硬盘相比价格偏贵,所以通常会选择容量较小的固态硬盘,一般主流硬盘的容量为 512 GB。

固态硬盘的接口有很多种,常见的接口有 SATA 接口、M.2 接口、PCI-E 接口和 U.2 接口。目前最流行、选用最多的就是 SATA 接口和 M.2 接口。

①SATA 接口。SATA 接口是十分普遍的接口,传统机械硬盘、光驱也采用这种类型的接口。目前,SATA 接口最高版本是 SATA 3.0,理论上最大传输速率为 6 Gb/s,实际速率约为 600 MB/s。SATA 接口的固态硬盘尺寸通常比机械硬盘尺寸小。

②M.2 接口。M.2 接口是固态硬盘的新接口,M.2 接口的固态硬盘的优势在于,其体积比普通的 SATA 接口的固态硬盘更小。M.2 接口有两种类型,分别是 Socket 2(也称 B-key)接口和 Socket 3(也称 M-key)接口。B-key 接口支持 SATA 和 PCI-E X2 标准(但不支持 NVMe 协议),M-key 接口支持 PCI-E X4 标准和 NVMe 协议。理论上,M-key 接口的固态硬盘向下兼容 B-key 接口的固态硬盘(以厂商的规划说明为准),即 B-key 接口的固态硬盘可以插在 M-key 接口上,反之不行。M.2 固态硬盘的数据直接通过总线与 CPU 连接,接近最大传输速率和最大数据量,由于省去了内存调用硬盘的过程,所以速度更快,但价格偏贵,因此选购 M.2 固态硬盘时,要尽量选择支持 NVMe 协议的。M.2 固态硬盘有 3 种规格,即 2242、2260 和 2280,使用较多的是 2280 规格。

③PCI-E 接口。PCI-E 接口的固态硬盘主要在企业级市场使用,因为它需要不同的主控,所以在性能提升的基础上,成本也较之提高。至于消费级市场,对该产品并没有太大需求,只是在近些年,PCI-E 接口的固态硬盘才开始在高端消费市场流行起来。

④U.2 接口。U.2 接口也称 SFF-8639 接口,是由固态硬盘形态工作组织(SSD Form

Factor Work Group)推出的接口类型。U.2 接口不仅支持 SATA-Express 标准，而且支持 SAS、SATA 等标准。U.2 接口的外形与 SATA 接口的外形类似，U.2 接口的长度和 SATA 接口的电源、数据接口的长短总和基本相当，但 U.2 接口取消了 SATA 接口中的分隔部分，并增加了数据传输触点。U.2 接口包含了 SAS 接口、SATA 接口的特征以保证向下兼容，还支持PCI-E 标准。U.2 接口的速度更快，而采用 2.5 in 设计的 U.2 接口可以更好地与 SATA 3.0 接口的固态硬盘兼容，适合主流笔记本电脑、台式机，未来潜力较大。

2.硬盘的主要性能参数

(1)容量。作为计算机系统的数据存储器，容量是硬盘的主要性能参数之一。硬盘的容量以 MB 或 GB 为单位，1 GB = 1024 MB。硬盘的容量指标还包括硬盘的单碟容量。单碟容量是指硬盘单片盘片的容量，单碟容量越大，单位成本越低，平均访问时间越短。

(2)转速。转速是指机械硬盘中电机主轴的旋转速度，即硬盘盘片在 1 min 内的最大转数。转速的快慢是决定硬盘内部数据传输率的关键因素之一，硬盘的转速越快，硬盘寻找文件的速度越快，相应地，硬盘的传输速率越快。硬盘转速的单位是 r/min，即 RPM(Revolutions Per Minute，转每分)，RPM 值越大，内部数据传输率越快，访问时间越短，硬盘的整体性能越好。

(3)缓存。缓存是硬盘控制器上的一块内存芯片，具有极快的存取速度，它是硬盘内部存储和外界接口之间的缓冲器。缓存的大小与硬盘的传输速率有直接关系，缓存越大，越能提高硬盘的整体性能。当硬盘存取零碎数据时，需要不断地在硬盘与内存之间交换数据，较大的缓存可以将零碎数据暂存在缓存中，以减小系统的负荷，提高数据的传输速率。

(4)数据传输率。硬盘的数据传输率是指硬盘读写数据的速度，单位为 MB/s。硬盘的数据传输率包括内部数据传输率和外部数据传输率。内部数据传输率反映了硬盘缓冲区未用时的性能，内部数据传输率主要依赖于硬盘的转速和读写操作的速度；外部传输率是系统总线与硬盘缓冲区之间的数据传输率，外部数据传输率与硬盘接口类型和硬盘缓存的大小有关。

3.硬盘的选购要点

在购买硬盘时，除了要注意硬盘的性能指标，还需要注意以下 3 个方面。

(1)硬盘的用途。如今组装计算机的首选都是读写性能更好的固态硬盘，因此在存储空间足够的情况下，应优先选择固态硬盘。但是如果用户对存储要求较高，如玩游戏较多、平时有存储电影的习惯或者行业需要，那么应选择固态硬盘和机械硬盘组合的方案，将固态硬盘设置为主硬盘，而将机械硬盘设置为辅硬盘，形成“双剑合璧”的效果，既满足速度需要，又满足存储需要。

(2)性价比。硬盘的性价比可以通过计算每款产品“每 GB 的价格”得出衡量值，计算方法为用产品市场价格除以产品容量得出“每 GB 的价格”，衡量值越低，性价比越高。

(3)硬盘的品牌与售后。市场上硬盘的品牌很多,如三星、东芝、希捷、日立、西部数据、IBM、金士顿等,知名品牌的硬盘一般会有品质保障。另外,硬盘中保存的都是相当重要的数据,因此硬盘的售后服务也特别重要。目前,硬盘的质保期一般为 2~3 年,有些甚至长达5年。

知识加油站

建议开启主板的高级主机控制接口(Advanced Host Controller Interface,AHCI)选项,目前的主流主板基本都是默认开启 AHCI 选项的,但是少数主板需通过 BIOS 设置,手动将默认的 IDE 选项修改为 AHCI 选项。在对固态硬盘进行分区时,应采用"4 K 对齐"工作方式(即按照"4 K 扇区"的规则写入数据),这样有利于提高固态硬盘的性能。

五、显卡的选购

显卡是承担显示图形任务的,显卡的作用主要是将 CPU 发出的图形信号经过处理之后发送到显示器进行显示。

1.显卡的分类

按照显卡的安装方式来分类,显卡可分为独立显卡和集成显卡。

(1)独立显卡。独立显卡是指将显示处理芯片、显存及其相关电路,单独制作在一块 PCB 上,作为一块独立的板卡存在,它需占用主板的扩展插槽(PCI、AGP 或 PCI-E)。

独立显卡的优点是,显存单独安装,一般不占用系统内存,在技术上也比集成显卡先进,显示效果和性能更好,便于对显卡进行硬件升级。独立显卡也存在一些缺点,即系统功耗高,发热量较大,需要花费额外的资金购买显卡。

(2)集成显卡。集成显卡是指将显示处理芯片、显存及其相关电路都焊接在主板上,与主板融为一体。集成显卡的显示处理芯片有单独的,但大部分都集成在主板的北桥芯片中。一些集成显卡也可以在主板上单独安装显存,但其容量较小。集成显卡的显示效果与性能相对较弱,不能对显卡进行硬件升级。

集成显卡的优点是,功耗低、发热量小,部分集成显卡的性能已经可以媲美入门级的独立显卡,因此不需要花费额外的资金购买显卡。当然集成显卡也有缺点,即不能换新显卡,如果必须更换,且主板上没有显卡插槽,就只能更换主板;如果主板上有显卡插槽,则可通过硬件设置关闭集成显卡,再另加独立显卡。

2.显卡的结构和接口

显卡的结构如图 2-13 所示。显卡主要有显示处理芯片(Graphics Processing Unit,GPU)、显存、显卡 BIOS、外设接口等结构。

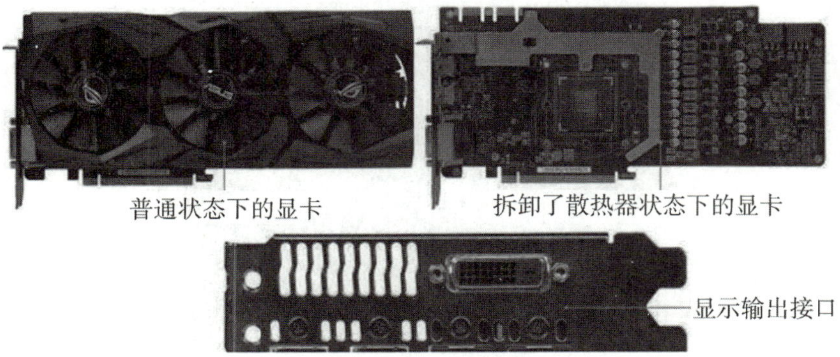

图 2-13　**显卡的结构**

(1)显示处理芯片。显示处理芯片是显卡上最重要的部分,它的主要作用是处理软件指令,让显卡完成某些特定的显示功能,它直接决定了显卡的性能。由于显示处理芯片发热量较大,因此往往会在显示处理芯片上面覆盖散热装置进行散热。一个显示处理芯片实例如图 2-14 所示。

图 2-14　**一个显示处理芯片实例**

(2)显存。显存是显示内存的简称,它的主要作用是暂时存储显示处理芯片要处理的数据和处理完毕的数据。显卡的图形处理性能越强,需要的显存也就越多。目前,市场上的显存类型主要有 GDDR5、GDDR6 和 GDDR6X,其中 GDDR6 是主流的显存类型。一个显存实例如图 2-15 所示。

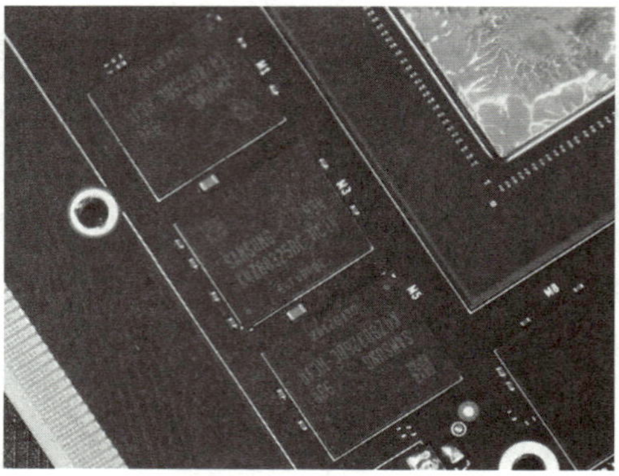

图 2-15 一个显存实例

(3)显卡 BIOS。显卡 BIOS 的主要作用是存放显示处理芯片与驱动程序之间的控制程序,以及显卡的型号、规格、生产厂家、出厂时间等信息。早期显卡 BIOS 是固化在主板 BIOS 芯片中的,这对显卡驱动程序更改不方便,因此把显卡 BIOS 放到了显卡上。廉价的显卡有的采用 PROM 或 EPROM 芯片,这已过时,现在显卡多使用 Flash EPROM(闪存)或 EEPROM(Electrically Erasable Programmable Read Only Memory,电可擦可编程只读存储器),那么只需要一个专用的软件,即可方便地升级显卡 BIOS。一个显卡 BIOS 实例如图 2-16 所示。

图 2-16 一个显卡 BIOS 实例

(4)外设接口。常见的显卡外设接口有 VGA(Video Graphics Array,视频图形阵列)接口、DVI(Digital Visual Interface,数字视频接口)接口、HDMI(High Definition Multimedia Interface,高清多媒体接口)接口和 DP(Display Port,显示接口)接口。

①VGA 接口。VGA 接口是指输出模拟信号的接口,VGA 接口也称 D-Sub 接口。虽然液晶显示器可以直接接收数字信号,但是很多普通显示设备为了与 VGA 接口的显卡相匹配而采用了 VGA 接口。VGA 接口的形状如图 2-17 所示。

②DVI 接口。DVI 接口可以将数字信号直接传输到显示器中,使显示出的图形更加真实、自然。DVI 接口的形状如图 2-18 所示。

③HDMI 接口。HDMI 接口可以传送无压缩音频信号和高分辨率视频信号,它是目前使

用最普及的视频接口。HDMI 接口的形状如图 2-19 所示。

④DP 接口。DP 接口是一种高清数字显示接口,它既可以连接计算机和显示器,也可以连接计算机和家庭影院等设备。DP 接口是作为 HDMI 接口的"竞争对手"和 DVI 接口的"继任者"被开发出来的。目前大多数中端、高端显卡都至少配备了 1 个 DP 接口。DP 接口的形状如图 2-20 所示。

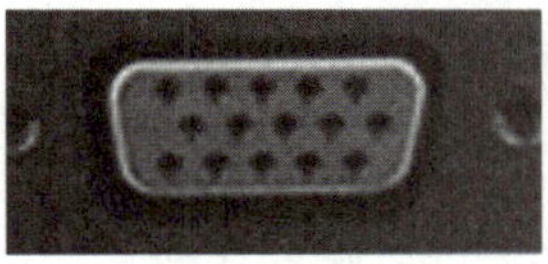

图 2-17　VGA 接口的形状

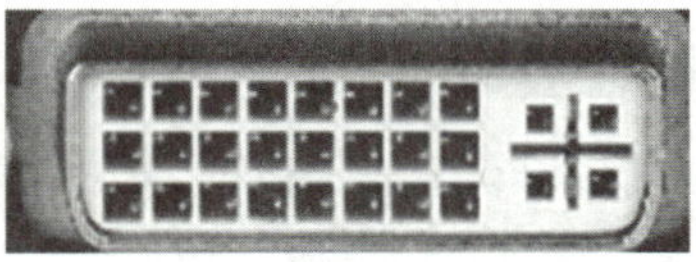

图 2-18　DVI 接口的形状

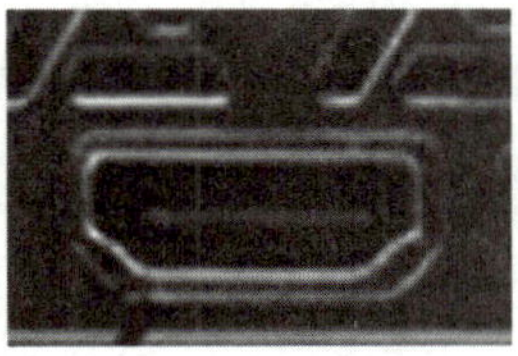

图 2-19　HDMI 接口的形状

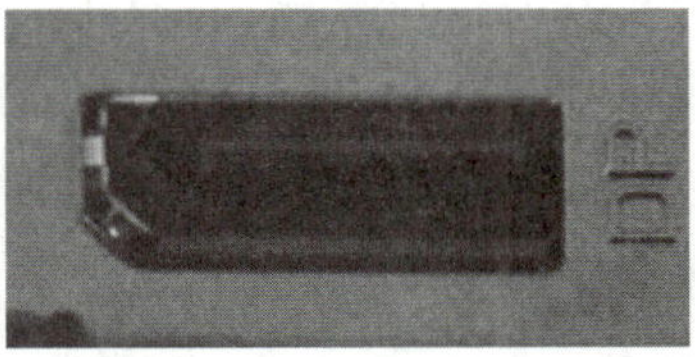

图 2-20　DP 接口的形状

3.显卡的主要性能参数

显卡的性能取决于以下 5 个参数。

(1)显卡架构。显卡架构是指显示处理芯片各种处理单元的组成和工作模式,在参数相同的情况下,显卡架构越先进,效率越高,性能越强。

(2)流处理器。流处理器(Stream Processor,SP)是 NVIDIA 公司对其统一架构显示处理芯片内通用标量着色器的称谓。流处理器是继像素管线(Pixel Pipelines)和顶点管线(Vertex Pipelines)之后的新一代显卡渲染技术指标,它既可以完成顶点着色引擎(Vertex Shader,VS)运算,也可以完成像素渲染引擎(Pixel Shader,PS)运算,还可以根据需要组成任意 VS/PS 比例,从而给开发者更广阔的发挥空间。一般来说,流处理器数量越多,显卡性能越强,如拥有 640 个流处理器的显卡比拥有 80 个流处理器的显卡档次高。

(3)核心频率。显卡的核心频率是指显示处理芯片的工作频率,其工作频率在一定程度上可以反映出显示处理芯片的性能,核心频率越高,显卡的性能越强,显卡的功耗也越高。

(4)显存带宽。显存带宽是指显示处理芯片与显存之间的数据传输率,它以字节每秒为单位。显存带宽是决定显卡性能和速度的重要因素之一,显存带宽的计算公式为:显存带宽=显存频率×显存位宽/8。显存位宽相当于马路,马路越宽,意味着能够通过的汽车越多,显存频率相当于汽车的速度,显存频率越快,数据传输率越快,因此显卡的显存位宽和显存频率对性能的影响较大。

(5)显存容量。显存是指显示处理芯片处理过或即将提取的渲染数据的临时存储,显存容量决定了显示处理芯片处理的数据量。显存容量越大,允许缓存的数据越多,图形渲染能力便越强。

4.显卡的选购要点

(1)显卡要与整机性能相匹配。选购显卡时,一定要注意选购的显卡是否与整台计算机的配置相匹配,并且应尽量选择显存位宽为256位或512位的。因为显存位宽对性能的影响要比显存容量对性能的影响更大,所以应优先考虑显存位宽较大的产品。

(2)显卡品牌的选择。N卡(采用NVIDIA公司显示处理芯片的显卡的统称)优先选用华硕、技嘉、微星、索泰、映众、七彩虹、影驰、铭瑄、耕升等;A卡(采用AMD公司显示处理芯片的显卡的统称)优先选用蓝宝石、迪兰;专业卡(专业显卡)优先选用丽台。对于相同显示处理芯片的显卡而言,每个品牌都有由低到高的版本,其主要区别在于性能、做工和用料。

(3)PCB导线分布、厚度和颜色。判断一款显卡的质量,最直观的办法就是观察PCB的导线分布。一般高端的显卡,线条简单明了,导线的弯折较少,线条具有厚重感。在导线的拐弯处应为圆角或斜角,因为直角或尖角在高频电路中会影响电气性能。在PCB两面的导线应互相垂直或斜交。

除此之外,衡量一款显卡做工和用料的重要参数是PCB的厚度。从市面上流通的显卡来看,PCB的厚度主要有4层与6层两种。在价格方面,采用6层PCB的成本要比采用4层PCB的成本高20%左右。PCB越厚,显卡的抗干扰能力越强,超频性能越高,整体性能越强,还可以减少电子元器件由于长时间使用造成的变形、脱焊现象。

很多用户在选购显卡时,倾向于根据PCB表面的颜色来判断显卡的优劣。其实,这种做法是不正确的。PCB表面的颜色只是阻焊剂的颜色,它的作用是防止电子元器件在焊接过程中出错,并防止焊接元器件在使用过程中发生氧化、腐蚀线路,从而降低故障率。

(4)散热能力。一款显卡除了做工和用料良好,还应具有强大的散热能力。目前,显卡主要以风冷散热为主,显卡散热装置效能的高低,直接决定显卡能否稳定运行。

知识加油站

在选择独立显卡时,大部分用户通常只注意显存容量的大小,实际上这是最大的选购误区,因为决定显卡性能的不只是显存,显存的重要性不及它的架构、流处理器、核心频率和显存带宽。

六、显示器的选购

显示器是多媒体计算机的输出设备,是用户与计算机进行交流的桥梁。用户输入的命令被计算机执行后,其结果是通过显示器显示的。

1.显示器的分类

(1)液晶显示器(Liquid Crystal Display,LCD)。LCD的优点是机身薄、占地小、辐射小,但是液晶显示屏不一定可以保护眼睛,这与每个用户使用计算机的习惯有关。LCD的工作原理是:

在显示器内部有很多液晶粒子，它们有规律地排列成一定的形状，并且它们每一面的颜色都不同，分为红色、绿色、蓝色。这三原色能还原成任意的其他颜色，当显示器收到计算机的显示数据时，会控制每个液晶粒子转动到不同颜色的面，来组合成不同的颜色和图像。正因如此，液晶显示屏的缺点是色彩不够鲜艳，可视角度不高。液晶显示器是目前常用的显示器。

(2)LED 显示器(Light Emitting Diode，发光二极管)。LED 显示器是一种通过控制半导体发光二极管来显示文字、图形、图像、动画、视频、录像信号等各种信息的显示屏幕。LED 显示器的技术进步是扩大市场需求及应用的最大推动力。最初，LED 显示器只是作为微型指示灯，在计算机、音响和录像机等高档设备中应用，随着大规模集成电路和计算机技术的不断进步，LED 显示器正在迅速崛起，其应用逐渐扩展到证券行情股票机、数码相机、PDA 和手机领域。LED 显示器集微电子技术、计算机技术、信息处理技术于一体，以其色彩鲜艳、动态范围广、亮度高、寿命长、工作稳定等优点，成为最具优势的新一代显示设备。LED 显示器已广泛应用于大型广场、商业广告、体育场馆、信息传播、新闻发布、证券交易等，可以满足不同环境的需要。

(3)3D 显示器。3D 显示器一直被公认为显示技术发展的梦想，多年来有许多企业和研究机构从事这方面的研究。日本、欧美、韩国等国家和地区早于 20 世纪 80 年代就纷纷涉足立体显示技术的研发，于 20 世纪 90 年代开始陆续获得不同程度的研究成果，现已开发出需佩戴立体眼镜和无需佩戴立体眼镜的两大立体显示技术体系。传统的 3D 电影在荧幕上有两组图像(来源于在拍摄时互成角度的两台摄影机)，观众必须戴上偏光镜才能消除重影(让一只眼只接收一组图像)，形成视差，产生立体感。

(4)等离子显示器(Plasma Display Panel，PDP)。等离子显示器是采用了近几年来高速发展的等离子平面屏幕技术的新一代显示设备。等离子显示技术的成像原理是，在显示屏上排列上千个密封的小低压气体室，经电流激发使其发出肉眼看不见的紫外光，然后紫外光碰击后面玻璃上的红、绿、蓝三色荧光体，发出肉眼能看到的可见光，以此成像。

2.显示器的性能参数

(1)尺寸。显示器的尺寸是指液晶面板对角线的长度，单位是 in，但尺寸对比并不能直接反映屏幕面积，而是在同一“尺寸”中，屏幕越接近正方形，实际显示面积越大。台式机显示器的尺寸一般在 19 in 以上，如 21.5 in、22 in、23 in、23.6 in、27 in 等。

(2)分辨率。分辨率也称解析度、解像度，液晶显示器的显示画面是由一个个像素点组合而成的，分辨率是屏幕上纵横像素数的一种表示方式。例如，显示器的分辨率为 1920 px×1080 px，就是说，显示器的横向共有 1920 个像素点，纵向共有 1080 个像素点。对于同一尺寸的显示器而言，分辨率越高，显示目标越清晰、细腻。台式机显示器分辨率一般为 1920 px×1080 px(1080P)、2560 px×1440 px(2K)和 3840 px×2160 px(4K)。

(3)刷新频率。刷新频率是指屏幕每秒钟刷新的次数，通常以赫兹(Hz)为单位。刷新频率越高，画面稳定性越好。目前，市场上的显示器刷新频率主要为 60 Hz 和 144 Hz，在显卡性能允许的情况下，刷新频率为 144 Hz 的显示器的画面比刷新频率为 60 Hz 的显示器的画面更流畅、更顺滑。

(4)色域。色域是指显示器显示的色彩范围,它相当于尺子的长度,20 cm 的尺子比 10 cm的尺子能测量的范围更大,因此高色域的显示器比低色域的显示器能显示的色彩更多。主流显示器有 NTSC(National Television Standards Committee)和 sRGB(standard Red Green Blue)两种色域,这是两个不同的标准,一般情况下,72% NTSC 相当于 100% sRGB,因此不能直接按数字对比。

(5)色深。色深是指色彩的精细程度,它相当于尺子上的刻度,如同样是 1 m 的尺子,尺子 A 有 100 个刻度,每个刻度表示 1 cm;尺子 B 有 10 个刻度,每个刻度表示 10 cm,那么尺子 A 测得的尺寸会更精确。市场上的显示器色深一般为 6 bit 和 8 bit,高端显示器的色深可以达到 10 bit,高色深的显示器色彩更精细,过渡更平滑。

(6)响应时间。显示器标注的响应时间是灰阶响应时间,显示器的响应时间一般以毫秒(ms)为单位,它指的是液晶显示器对输入信号的反应速度和液晶颗粒由暗转亮或由亮转暗的反应时间,分为“上升时间”和“下降时间”两部分,通常响应时间是指两者之和。响应时间越短,画面越清晰,瞬间移动的画面就不会出现“拖影”现象。

3.显示器的选购要点

在选购显示器时,除了需要注意其各种性能参数,还要注意以下 4 个方面。

(1)可视角度。由于液晶显示器的光线是透过液晶面板以接近垂直角度向前发出的,因此用户从其他角度观察屏幕时,会看到明显的色彩失真,这是由可视角度大小造成的。在选择液晶显示器时,应尽量选择可视角度大的产品。目前,液晶显示器的可视角度基本在 140°以上,可以满足普通用户的需求。

(2)接口类型。目前液晶显示器有两种接口,分别为 HDMI 接口和 DP 接口。在价格相当的情况下,用户应多考虑有 DP 接口的液晶显示器。目前采用 HDMI/DP 双接口的液晶显示器比较多,用户可以更自由地选择。

(3)测试坏点。坏点也称点“缺勤”,是指液晶面板显示黑、白两色和红、绿、蓝三原色时显示的子像素点,每个点都是一个子像素,而坏点又分为亮点和暗点两种。亮点是屏幕显示黑色时仍然发光的像素点,暗点则是不显示颜色的像素点。由于它们的存在会影响画面的显示效果,所以坏点越少越好。用户在挑选液晶显示器时,应避免选择超过 3 个坏点且坏点在屏幕中央的显示器。同时,也要注意“无亮点”和“无坏点”是不一样的,某些厂商会以此来蒙蔽用户,更有甚者,某些厂商还会用特殊技术将坏点进行处理,使坏点无法用肉眼察觉。因此,在选择显示器时最好将液晶显示器调整到全黑或全白界面中进行鉴别。

(4)认证标准。选购拥有国家强制性产品认证(China Compulsory Certification,CCC)编号及通过了 TCO(The Swedish Confederation of Professional Employees)认证的显示器。

七、机箱和电源的选购

1.机箱的选购

机箱和电源是计算机必不可少的部件。机箱除了给计算机建立一个外观形象,还为计算机内部的各种部件提供安装位置,它既可以保护计算机系统中的主板等部件免受外界电磁干扰,还可以减少电磁辐射对人体的伤害。在选购机箱时,需要综合考虑机箱的外观、材料、工艺、结构等因素。如果需要安装内置光驱,则需要预留光驱位置的机箱。机箱内部结构如图 2-21 所示。

图 2-21 机箱内部结构

(1)机箱的分类。按照机箱外观来分类,机箱可分为卧式机箱和立式机箱。卧式机箱外形美观小巧,显示器可以放在机箱上,节省空间,但它的内部空间较小,不利于散热。目前,市场上的机箱大多是立式机箱,它的最大特点是内部空间较大,散热性能好。

按照机箱的结构类型来分类,机箱可分为以下 4 种。

①ATX 机箱。在 ATX 机箱中,主板横向放置,安装在机箱的左上方,而电源安装在机箱的右上方。在前置面板上安装存储设备,在后置面板上预留外部接口的位置,这种安装方法可使机箱中的空间更加宽敞,且有利于散热。ATX 机箱中通常安装 ATX 主板。

②MATX 机箱。MATX 机箱也称 Mini-ATX 或 Micro-ATX 机箱,是 ATX 机箱的简化版。在 MATX 机箱中,不仅安装的主板和电源较小,生产成本相对较低,而且机箱体积较小,扩展性有限,因此只适合对计算机性能要求较低的用户。MATX 机箱中通常安装 MATX 主板。

③ITX 机箱。ITX 机箱的大小只相当于两块显卡的大小。为了外观的精美,ITX 机箱的样式不完全相同,除了安装对应主板的空间一样,ITX 机箱有很多其他的形状。ITX 机箱中通常安装 Mini-ITX 主板。

④RTX 机箱。RTX 机箱是 ATX 机箱通过巧妙的主板倒置,配合电源下置和后置面板的导线系统组成的。这种机箱结构可以提高 CPU 和显卡的热效能,并且解决了背线机箱需要超长线材电源的问题,空间利用率更合理,因此 RTX 机箱有望成为下一代机箱的主流结构。

（2）机箱的选购要点。

①散热性。在使用计算机时，CPU、硬盘、显卡和内存都会产生大量的热量，而这些热量都会排放到机箱中，因此机箱散热性能的好坏决定着整台计算机的稳定性。尽管现在的机箱散热方式多种多样，但是利用风扇散热仍是应用最广泛的散热方式，因为它具有相对安全、价格低廉、制冷直接等优点。

②做工方面。机箱承托了计算机的主要部件，因此机箱的做工好坏非常重要。做工好的机箱，边缘垂直，边角处光滑、无毛刺，插槽定位准确，机箱用料也比较讲究，面板强度高、韧性大。

③机箱的兼容性。如果机箱的兼容性低，则可能会产生硬件无法安装的情况，因此在选择机箱时应考虑机箱的大小是否适合安装硬件。尤其是对于想要安装内置光驱的用户，一定要选购预留光驱位置的机箱。

④品牌。根据计算机的性能要求可以选择不同品牌的机箱，目前市场上的机箱品牌主要有航嘉、鑫谷、爱国者、金河田、先马、海盗船、酷冷至尊、大水牛等。

2.电源的选购

电源是计算机工作的动力之源，它为计算机的部件提供电能。优质的电源是计算机稳定工作的保障。电源功率的大小，电流、电压是否稳定，都将直接影响计算机的工作性能和稳定性。电源外观如图 2-22 所示。

图 2-22　电源外观

（1）电源的性能参数。在市场上有 ATX 和 SFX 两种电源，不同的机箱支持不同规格的电源。用户常用的电源是 ATX 电源，尺寸一般为 150 mm×140 mm×86 mm；SFX 电源尺寸与 ATX 电源相比偏小，SFX 电源尺寸为 125 mm×100 mm×63.5 mm，主要用于 ITX、HTPC 机箱。

电源的性能指标一般都标在电源侧面的铭牌上，如输入、输出功率，品名系列，通过的安全认证等。

（2）电源的选购要点。

①电源品牌。目前市场上主流的电源品牌有航嘉、鑫谷、金河田、先马、华硕、长城、全汉、酷冷至尊等。在选购电源时，应尽量选择知名品牌，通常大品牌的电源都有质量保障，且

售后服务良好。

②电源功率。电源的功率有额定功率和最大输出功率之分。在选购电源时，要保证电源的额定功率大于所有硬件的功率之和。电源的最大输出功率越大，计算机可以连接的设备就越多。一般电源的功率都在300~500 W之间。

③电源认证。为了避免因电源质量问题而引起事故，电源产品必须通过各种安全认证才能在市场上销售，因此，一般在电源的产品标签上都会印有国际或国内认证标记，如"3C认证"等。

④电源做工。电源的做工一般可以从电源质量和输出线的粗细两方面进行判断。做工好的电源通常质量较大，输出线较粗，散热孔的位置布局合理，能够及时将热量排出，从散热孔向内部观察，可以看到内部的散热装置和各种电子元器件。

八、键盘和鼠标的选购

键盘和鼠标是计算机的基本输入设备，它们是用户经常要接触的设备。在使用计算机时，鼠标的重要性甚至超过了键盘，因为所有操作甚至文本的输入都可以通过鼠标进行。键盘的作用主要是输入和编辑文本，并通过键盘加快计算机操作的速度。

1.键盘的选购

键盘是计算机的常用输入设备之一，用户可以通过键盘向计算机输入各种指令和数据，指挥计算机完成规定的工作。

(1)键盘的分类。按照键盘的工作原理和按键方式来分类，键盘可分为机械键盘和普通薄膜键盘两种类型。

①机械键盘。机械键盘采用金属接触式开关，工作原理是使触点导通或断开，特点是工艺简单、噪声大、易维护、节奏感强，长期使用时手感不会改变。机械键盘的每个按键都有单独的轴体，也称机械轴。机械键盘的轴体又分为黑轴、红轴、青轴和茶轴。

黑轴机械键盘的段落感不明显，声音较小，轴的寿命较长，键程极短，比较适合游戏玩家，但在使用时需要稍微用力才能按下去。

红轴机械键盘是为了解决黑轴机械键盘的问题而诞生的。与黑轴机械键盘不同的是，红轴机械键盘需要的按键力度比较轻，同时由于其轴体本身的键程短等问题，因而使用时手感轻盈，没有停顿的触感，在回弹上更加的绵软柔和，能够很好地兼顾游戏和打字的使用需求。

青轴机械键盘的节奏感十足，回弹力度很大，触发较慢。它比较适合打字，但是在打字时，会发出明显的"咔嗒咔嗒"声。

茶轴机械键盘介于红轴机械键盘和青轴机械键盘之间，有段落感，虽然回弹力度没有青轴那么重，但是需要的按键力度偏大，和红轴机械键盘是完全不同的体验，不弹手，十分适合想要段落感的人。茶轴机械键盘既适合办公，也适合游戏，属于"万能轴"，是比较奢侈的机械轴。

②普通薄膜键盘。将普通薄膜键盘拆开可以看到一层凸起的硅胶，硅胶下是三层塑料薄膜，第一层和第三层是导电层，中间层为多孔材质（让上、下两层在未使用时分开）。使用时通过按下硅胶凸起让上、下两层接触导通。

（2）机械键盘和普通薄膜键盘的区别。从键盘的外观上看，无法直观地看出机械键盘和普通薄膜键盘的区别。但是，机械键盘最大的特点在于，其独特的手感、多键无冲突和超长的寿命，它的触发单元是轴体，每个键都是独立的轴体。普通薄膜键盘手感更偏绵软，回弹力稍显不足，同时按 3 键时无冲突，寿命短，造价低。从价格上看，机械键盘的成本比普通薄膜键盘的成本要高，毕竟机械键盘每个键的轴体都是独立的。

（3）键盘的选购要点。

①手感。键盘的手感对于用户而言非常重要，好的键盘触摸起来比较舒服，按键灵活且富有弹性，按键时速度快且无阻力，没有卡键现象，使用时得心应手，可以大大提高操作效率。

②功能和外观。虽然键盘的按键布局基本相同，但各个厂商在设计产品时，一般会添加一些额外的功能，如自定义多媒体播放按键、音量调节按键等。在外观设计上，优质键盘的按键布局合理、美观，并满足人体工学设计，提升了产品的舒适度。

③做工。从做工上看，优质键盘的按键颜色清爽、字迹清晰，键盘背面有产品信息和合格标签。用手敲击按键时，弹性适中，回键速度快且无阻碍，声音低，键位晃动幅度小。抚摸键盘表面时会有类似于磨砂玻璃的质感，且表面和边缘平整、无毛刺。

④品牌。在品牌的选择上，用户应尽量购买大品牌的产品，如微软、罗技、联想、海盗船等品牌。大品牌的产品一般都可以保障质量且提供良好的售后服务。

2.鼠标的选购

鼠标也是计算机的常用输入设备，自图形化的视窗操作系统诞生以来，鼠标的存在使得计算机的操作变得更加简单。

（1）鼠标的分类。

①按接口类型分类。按照接口类型的不同，可将鼠标分为 PS/2 接口的鼠标和 USB 接口的鼠标两种，USB 接口的鼠标已经成为主流。PS/2 接口的鼠标不能带电插拔，而 USB 接口的鼠标可以，PS/2 接口和 USB 接口可以使用转接头互相转换。

②按传输模式分类。按照传输模式的不同，可将鼠标分为有线鼠标和无线鼠标两种。有线鼠标稳定性强，反应灵敏，但距离受限且不易携带。无线鼠标不需要连线，但容易受到干扰且传输存在一定延迟。

③按工作原理分类。按照工作原理的不同，可将鼠标分为机械鼠标和光电鼠标两种。

机械鼠标主要由滚球、辊柱和光栅信号传感器组成。当拖动鼠标时，带动滚球转动，滚球又带动辊柱转动，装在辊柱端部的光栅信号传感器产生的光电脉冲信号反映出鼠标在垂直和水平方向的位移变化，再通过鼠标驱动程序的处理和转换来控制鼠标指针的移动。然而机械鼠标属于早期产品，目前已逐渐被淘汰。

光电鼠标先通过检测鼠标的位移，将位移信号转换为电脉冲信号，再通过鼠标驱动程序的处理和转换来控制鼠标指针的移动。光电鼠标用光电传感器代替了鼠标底部的滚球,有些高精度的光电传感器需要特制的、带有条纹或点状图案的垫板配合使用。光电鼠标最大的优点是精确。

(2)鼠标的选购要点。

①手感。鼠标的外形决定其手感,用户在购买时最好亲自试用后再做选择。手感的标准包括鼠标表面的舒适度、按键的位置分布以及按键与滚轮的弹性、灵敏度和力度等。对于满足人体工学设计的鼠标,还需要测试鼠标的外形是否利于把握,即是否适合自己的手形。

②功能。市场上有些鼠标提供了多个按键,以帮助用户在手不离开鼠标的情况下进行更多操作。一般用户选择普通鼠标即可,如果用户有特殊需求,如游戏玩家,则可以选择按键较多的多功能鼠标。

③品牌。鼠标的品牌有很多,主要包括罗技、IBM、联想等,不同品牌的鼠标其价格和质量也不尽相同,应尽量选购口碑较好的品牌。

任务实施

一、计算机配置方案的设计流程

(1)明确使用需求,并根据预算确定计算机档次。

(2)根据计算机档次确定 CPU 型号。

(3)根据 CPU 型号确定主板型号。

(4)根据 CPU 和主板型号确定内存型号。

(5)根据主板板载芯片的情况,确定显卡、声卡、网卡(包括无线网卡)的型号。

(6)根据主板的硬盘接口类型,确定硬盘的接口、类型(机械式硬盘/固态硬盘)、容量。

(7)根据预算和使用需求,确定显示器、音箱、键盘、鼠标及其他外围设备的型号。

(8)计算方案是否超预算,如果超预算,则根据需求适当调整第(7)步中的设备预算,如果方案难以调整,则应重新确定计算机档次。

二、选购计算机部件的注意事项

(1)勿重价格、轻品牌。某些用户在选购计算机部件时往往过分看重价格而忽视了计算机的品牌。知名品牌的产品虽然价格偏贵,但是无论产品的技术、品质、性能,还是售后服务等,都是有保障的。而“杂牌产品”为了降低产品的成本,通常会使用一些低质的配件,售后服务可能缺乏保障。

(2)勿重配置、轻品质。多数购买计算机的用户往往只关心 CPU 的档次、内存容量、硬盘容量等硬件指标,而对一台计算机的整体性能却视而不见。CPU 的档次、内存容量、硬盘容量等只能作为局部的参考标准,不能以此确定计算机的整体性能。只有组成计算机的各种部件能够完全兼容且都能充分地发挥自己的性能,这样的计算机才是物有所值的。

(3)勿重硬件、轻服务。用户在选购计算机部件时，一定要注意售后服务问题。计算机的整体性能是集硬件、软件和服务于一体的，服务在无形中影响着计算机的性能。用户在购买计算机部件前，必须了解清楚售后服务条款再决定是否购买。尽管现在售后服务都有"三包"服务约束，但是各厂家的售后服务良莠不齐，对此，用户一定要有充分的了解。

根据以上分析，按照用户的实际需求，列出如表2-2所示的计算机配置清单，并对配置进行总体评价。

表2-2 计算机配置清单

部件	数量	单价	品牌型号	选配理由
CPU				
散热系统				
主板				
内存				
硬盘				
显卡				
声卡				
键盘				
鼠标				
显示器				
机箱				
电源				
其他部件				
总价				

拓展练习

一、选择题

1.在计算机中，更新换代最快的是(　　)。

A.CPU　　B.主板　　C.显卡　　D.声卡

2.下列选项中，(　　)不是CPU的组成部分。

A.运算器　　B.寄存器　　C.控制器　　D.存储器

3.CPU的(　　)直接反映了CPU的运算速度。

A.字长　　B.外频　　C.主频　　D.指令集

4.与机械硬盘相比，(　　)不是固态硬盘的优点。

A.固态硬盘几乎零噪声，机械硬盘噪声较大

B.固态硬盘容量大、价格低

C.固态硬盘的性能优于机械硬盘

D.开机速度、文件复制速度、软件打开速度、游戏加载速度都快

5.2020 年以前市场上的主流内存是(　　)。

A.DDR4　　B.SDRAM　　C.RAMBUS　　D.DDR3

6.(　　)是用于安装和固定 CPU 的专用插槽,根据主板支持的 CPU 的不同而不同。

A.CPU 插槽　　B.内存插槽　　C.显卡插槽　　D.网卡插槽

7.下列选项中,(　　)不是机械硬盘的组成部分。

A.盘片　　B.主控芯片　　C.磁头　　D.主轴电机

8.关于内存的组成部分,下列说法中错误的是(　　)。

A.内存芯片也称内存颗粒,它用于存储数据,是内存中最重要的部分

B.“金手指”是内存条与主板连接的桥梁

C.内存上的缺口与主板上的接口相吻合,用于固定内存条

D.内存的 SPD 芯片主要保存内存的相关资料,如生产商、内存容量、工作速度等

9.计算机硬件中的核心部件是(　　)。

A.主板　　B.CPU　　C.内存储器　　D.I/O 设备

10.配置高速缓冲存储器是为了解决(　　)。

A.内存与辅存之间速度不匹配问题

B.CPU 与辅存之间速度不匹配问题

C.CPU 与内存之间速度不匹配问题

D.主机与外围设备之间速度不匹配问题

11.显示器显示图像的清晰程度,主要取决于显示器的(　　)。

A.对比度　　B.亮度　　C.尺寸　　D.分辨率

12.CPU 的工作时钟频率等于(　　)。

A.主板的频率　　B.总线的频率　　C.外频　　D.外频乘以倍频系数

二、判断题

1.不同的 CPU 需要不同的主板来支持。(　　)

2.内存对计算机的速度和稳定性没有什么影响。(　　)

3.主频用于表示 CPU 的运算速度,主频越高,表明 CPU 的运算速度越快。(　　)

4.SATA 接口的数据传输率没有 IDE 接口的快。(　　)

5.Intel 公司生产的芯片组能够很好地支持 AMD 公司生产的 CPU。(　　)

6.CPU 有一级、二级缓存,而硬盘没有缓存。(　　)

三、思考与练习

1.简述如何选购 CPU。

2.将计算机机箱中的显卡拆下来,查看其主要结构,并检查机箱上有几种显示接口。

3.根据本项目所学的知识,到电脑商城选购一套组装计算机需要的硬件。

03

项目三 计算机的组装

人文素养

技术的影响力不断强化是时代发展的必然，劳动者的素质对一个国家、一个民族的发展至关重要。技术人才是国家的宝贵资源，是促进产业进步、推动高质量发展的重要支撑，对推动经济高质量发展具有重要作用。对学生来说，如果以后想成为与技术相关的工作人员，那么需要将所学知识夯实，精技强能，从学校开始练就过硬的本领；如果想要成为一名优秀的技术工作者，就要对本职工作持有认真、专注、负责的态度。我们要大力弘扬精益求精的工匠精神，共同实现强国之梦。

学习目标

知识目标

了解计算机组装前的准备工作和计算机组装的基础知识。

掌握组装一台计算机的操作步骤。

技能目标

能够按照操作步骤独立组装一台计算机。

素养目标

培养学生认真、专注、负责的工作态度。

提高学生动手实践的能力。

思维导图

- 计算机的组装
  - 组装前的准备工作
    - 组装计算机的必备工具
    - 组装计算机的基本流程
    - 组装计算机的注意事项
  - 组装计算机的操作步骤
    - 电源的安装
    - CPU和散热风扇的安装
    - 内存的安装
    - 主板的安装
    - 硬盘和光驱的安装
    - 显卡的安装
    - 内部线路的连接
    - 外围设备和周边设备的连接
    - 开机自检

项目导读

一台完整的计算机是由多个零散的部件组装而成的。组装计算机的操作想象起来很烦琐，实际上并没有想象的复杂。只要掌握正确的方法，我们都可以变成“计算机 DIY 专家”。

任务一　组装前的准备工作

任务需求

在组装计算机之前，需要做好准备工作，充分的准备工作可确保组装过程的顺利进行，并在一定程度上提高组装的效率与质量。

任务计划

首先，需要将组装计算机需要的硬件都整齐地摆放在一张桌子上，并准备好组装计算机需要的各种工具；然后，了解组装计算机的基本流程；最后，了解相关的注意事项。

任务学习

一、组装计算机的必备工具

组装一台计算机需要准备常用的工具,如螺丝刀、尖嘴钳、镊子、导热硅脂、万用表等。

1.螺丝刀

螺丝刀用于拧转螺丝钉来固定元件,在组装计算机的过程中,使用最多的工具就是螺丝刀。螺丝刀包括十字螺丝刀与一字螺丝刀,分别如图 3-1 和图 3-2 所示。由于某些电子元器件比较小,可能需要使用小号的螺丝刀,因此可准备十字螺丝刀和一字螺丝刀一大一小各两把。需要注意的是,由于机箱中的空间狭小,螺丝钉不易固定,所以可选择具有一定磁性的螺丝刀,但磁性不宜过大,以免损坏电子元器件。

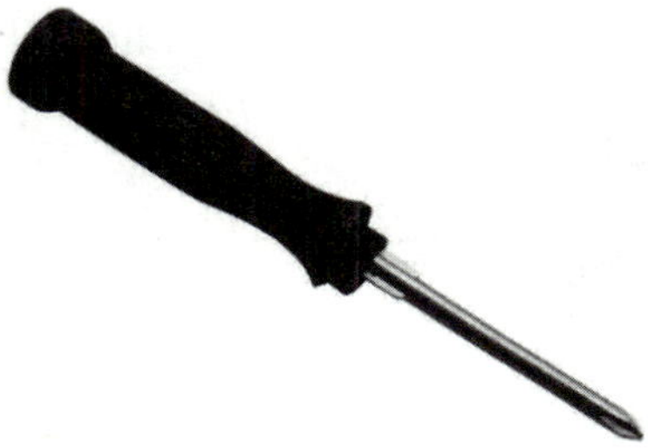

图 3-1　十字螺丝刀

图 3-2　一字螺丝刀

2.尖嘴钳

尖嘴钳用于拆卸机箱上的各种挡板,如主板支撑架等。尖嘴钳还可以剪切一些线径较细的电线,或固定螺丝钉帽等。典型的尖嘴钳如图 3-3 所示。

图 3-3　典型的尖嘴钳

3.镊子

镊子是组装计算机的常用工具之一。在组装计算机的过程中,如果需要调整电子元器件的位置,或者当电子元器件掉入机箱时,则可以使用镊子夹取。镊子如图 3-4 所示。

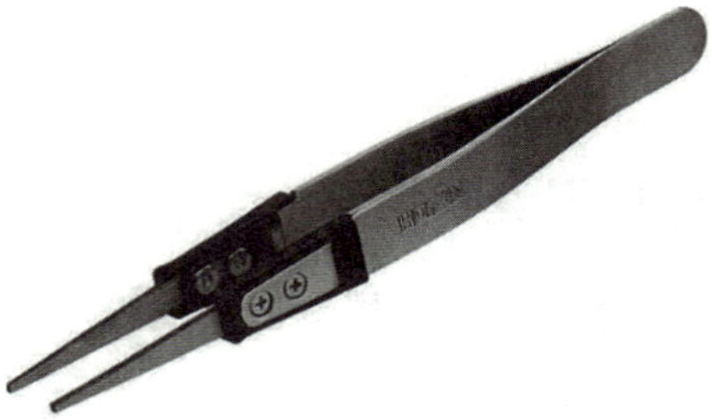

图 3-4 镊子

4.导热硅脂

导热硅脂具有良好的导热性与绝缘性，它主要填充各种芯片（CPU 芯片、显卡芯片等）与散热装置之间的空隙，主要用于帮助电子元器件散热。一般盒装的 CPU 都会带有导热硅脂，或者直接涂抹了导热硅脂。导热硅脂如图 3-5 所示。

图 3-5 导热硅脂

5.万用表

万用表是一种多功能、多量程的测量仪表，它可以测量电子元器件之间的电流和电压，主要用于检查电子元器件的电压、线路等是否正常。常用的万用表是数字式万用表，如图 3-6 所示。

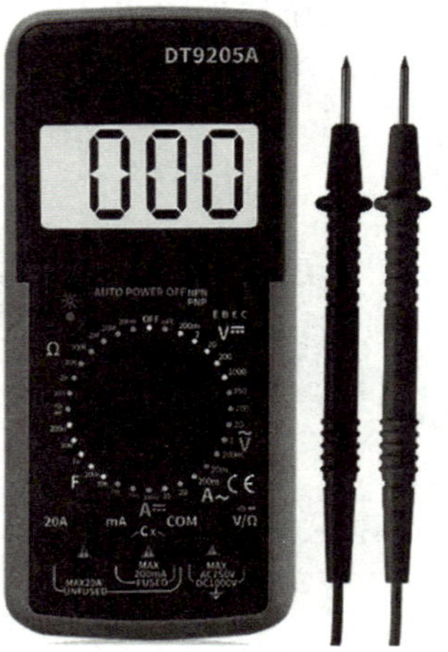

图 3-6 数字式万用表

二、组装计算机的基本流程

在正式组装计算机之前,需要了解组装计算机的基本流程,如图 3-7 所示。实际上,流程并不是唯一的,不同的用户有不同的组装习惯,不过大体流程都相似。

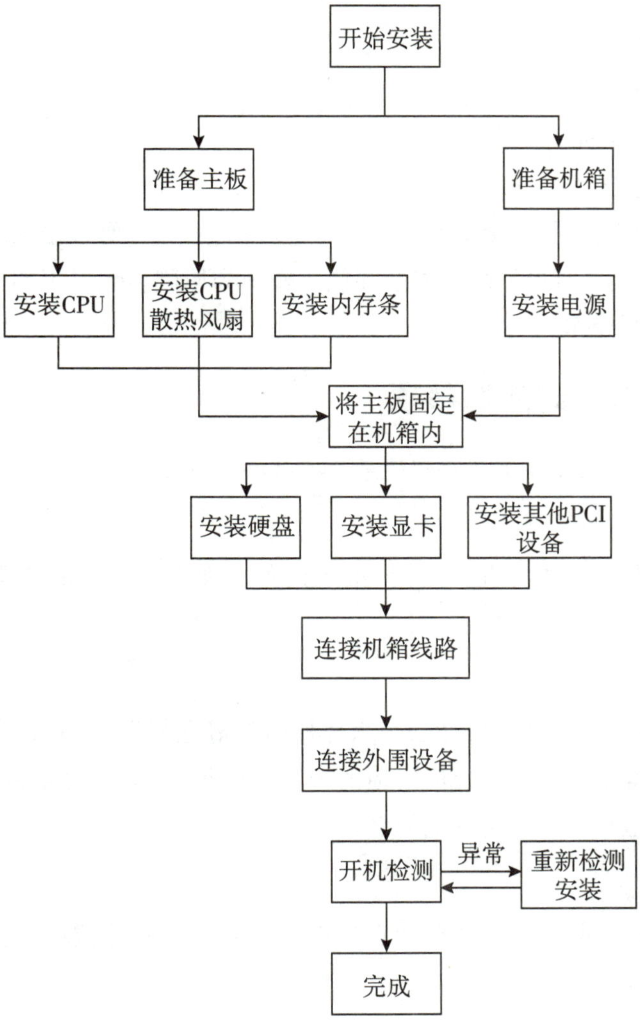

图 3-7 组装计算机的基本流程

根据图 3-7 的组装流程,可以将组装计算机的流程分为以下 3 个步骤。

1.安装机箱中的各部件

(1)安装电源。

(2)准备主板,将 CPU、CPU 散热风扇、内存条等安装到主板上。

(3)将主板固定在机箱内。

(4)将显卡等其他设备安装到主板上。

(5)将硬盘安装到机箱中。

2.连接机箱中的各种线路

(1)连接主板电源线。

(2)连接硬盘数据线和电源线。

(3)连接内部控制线和信号线。

3.连接外围设备

(1)连接显示器。

(2)连接键盘和鼠标。

(3)连接主机电源。

注意:在组装计算机时,以上组装流程不是绝对的,用户需要根据主板、机箱的不同结构和特点来决定组装计算机的顺序,以安全和便于操作为原则。但对于初学者而言,应尽量根据上述基本流程进行操作。

三、组装计算机的注意事项

在组装计算机之前,需要了解一些注意事项,以免出现意外。

1.阅读说明书

在尝试自行组装计算机之前,务必详细阅读各个配件或设备的说明书,以获得相关信息,这对组装计算机会有所帮助。

2.除静电

某些电子元器件比较敏感,可能会被人体所带的静电损坏,为防止意外发生,在组装计算机前要除去人体静电,如洗手、抚摸接地的金属物体等(或触摸裸露的墙体、自来水、暖气管道),在工作台上也最好铺上防静电的桌布。

3.轻拿、轻放

电子元器件都比较脆弱,不抗震,特别是 CPU、硬盘、主板等,在组装计算机的过程中要轻拿、轻放,以免损坏电子元器件。

4.防潮

电子元器件都由电路连接,如果遇潮,则容易损坏硬件,因此在安装过程中各电子元器件要放在干燥的环境中。

除此之外,还需要注意的是,在拧螺丝钉时不要过度用力;插板卡时要对准插槽均衡向下用力并且要插紧,不要使劲摇晃;主板要尽量安装绝缘垫片等。

任务二 组装计算机的操作步骤

任务需求

准备好合适的计算机部件后,需要动手将各部件组装起来,并进行开机调试,判断组装是否成功,如果开机调试出现问题,则应及时检查各部件的安装和线路连接是否正确。

任务计划

根据已经准备好的配置清单来组装计算机,按照基本流程一步步地将硬件安装到一起,组成一台完整的计算机。

任务实施

要将计算机各部件安装到机箱中,首先,要打开机箱,使用螺丝刀拧开机箱后方的固定螺丝钉,将侧面板向后平移取下,如图 3-8 所示;然后,使用尖嘴钳将主板外部接口挡片拆掉,如果需要安装独立的声卡或网卡,则还需要将机箱的条形挡片拆掉 1~2 个,如图 3-9 所示。

计算机的组装过程

图 3-8　将侧面板向后平移取下

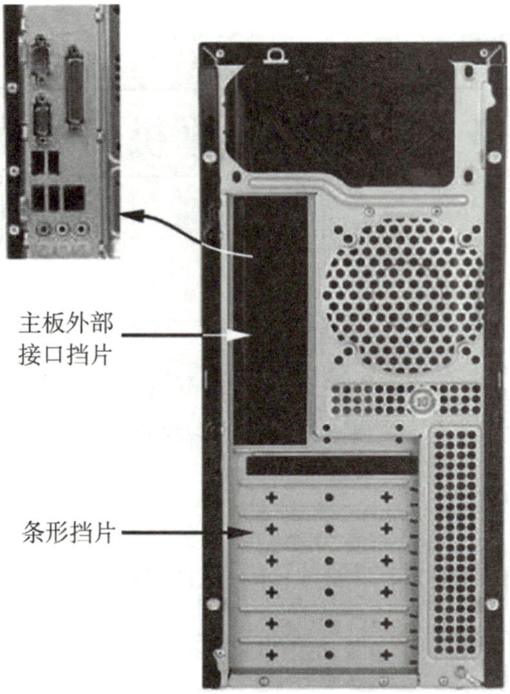

图 3-9　拆掉机箱挡片

机箱拆开之后，按照以下操作步骤安装计算机各部件。

一、电源的安装

(1)将电源放置到电源支架上，使用支架托住电源，按照机箱中的螺丝钉缺口将电源平稳地放入机箱，如图 3-10 所示。

图 3-10　安装电源

需要注意的是，要使有风扇的一面朝向机箱上的预留孔。目前，市场上有很多电源是下置式电源，即电源放在机箱底部，安装起来更加方便，如图 3-11 所示。

图 3-11 下置式电源

(2)使用螺丝刀将机箱中的螺丝钉拧紧，将电源固定在机箱中，然后用手晃动电源以检测其是否稳固。至此，电源安装完成。

二、CPU 和散热风扇的安装

1.安装 CPU

(1)在主板上找到 CPU 插槽，将 CPU 插槽右侧的金属拉杆向下压，并向外轻轻拉动，如图 3-12 所示，打开 CPU 插槽上的固定罩，如图 3-13 所示。

图 3-12 拉开拉杆

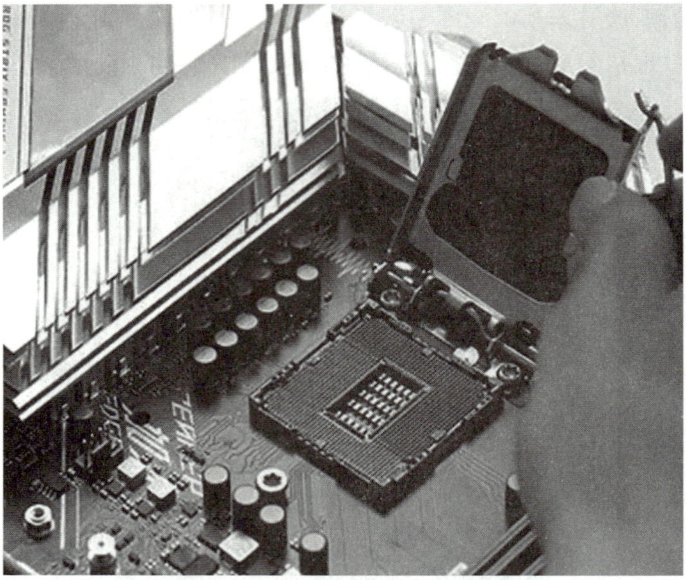

图 3-13　打开 CPU 插槽上的固定罩

（2）CPU 与 CPU 插槽上都有一个金色三角，在安装 CPU 时要将这两处金色三角对应起来，然后将 CPU 与 CPU 插槽按针脚对应，从 CPU 插槽一侧对齐，缓慢放入插槽，安装 CPU 如图 3-14 所示。

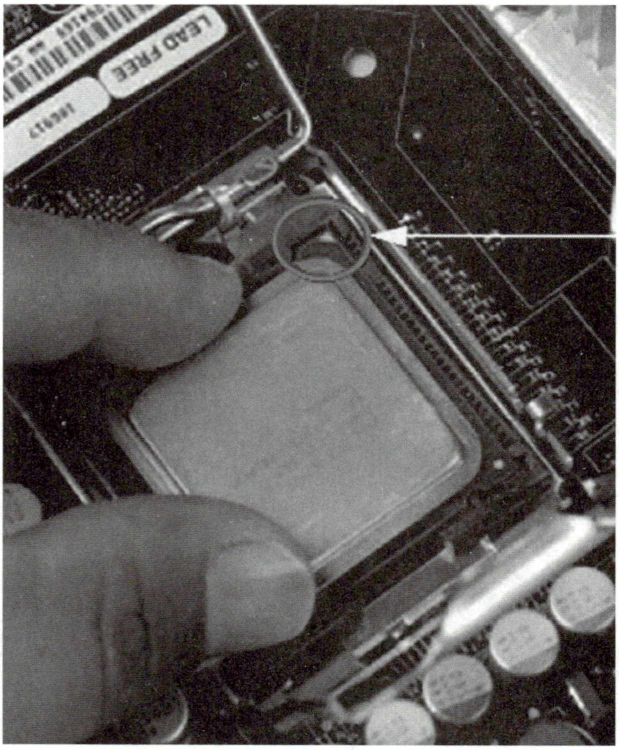

图 3-14　安装 CPU

(3)确认将 CPU 正确安装好后,将 CPU 插槽的固定罩与拉杆恢复原状,CPU 安装完成,如图 3-15 所示。

图 3-15 CPU 安装完成

2.安装散热风扇

(1)CPU 安装完成后,需要安装 CPU 散热风扇,安装散热风扇之前应先在 CPU 的固定罩表面涂抹适量的导热硅脂,如图 3-16 所示。

图 3-16 涂抹适量的导热硅脂

(2)将散热风扇放在CPU的固定罩上方,使散热风扇的4个膨胀扣对准主板上的风扇孔位,安装散热风扇如图3-17所示。

图3-17 安装散热风扇

(3)将散热风扇的膨胀扣对准主板上的风扇孔位后向下用力,使膨胀扣进入风扇孔位,如果听到“咔”声,就表明膨胀扣已经进入风扇孔位,此时散热风扇已经固定在主板上,如图3-18所示。

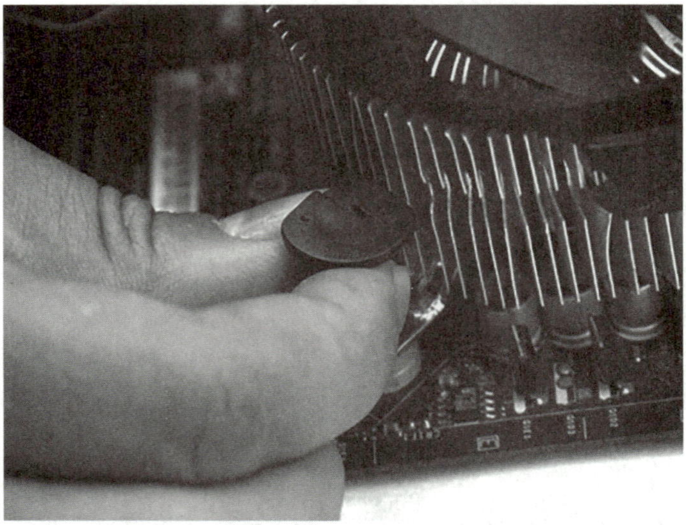

图3-18 散热风扇固定在主板上

(4)连接散热风扇电源时,首先,在主板上找到带有“CPU_FAN”字样的插头;然后,将散热风扇与主板相连,如图3-19所示。

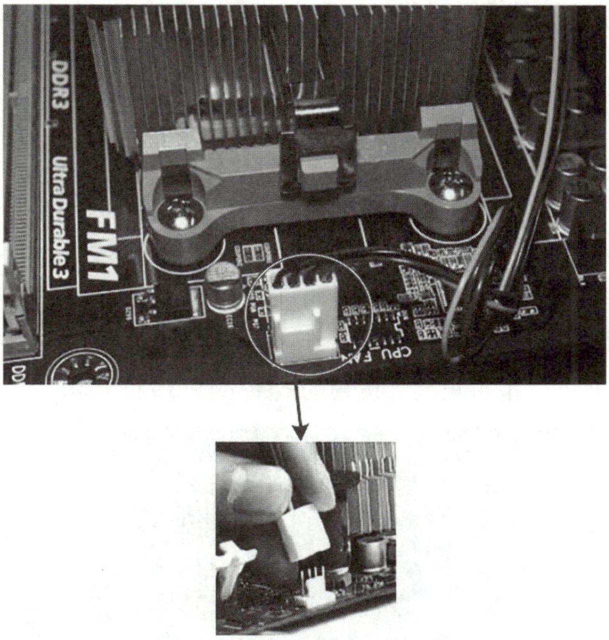

图 3-19　将散热风扇与主板相连

三、内存的安装

(1)主板上一般有 4 个或 6 个内存插槽,可以组成双通道或三通道内存。内存插槽有两种颜色,如果要组成双通道或三通道内存,则必须将内存插入相同颜色的内存插槽。内存插槽两侧有卡座,稍微用力将卡座扳开,然后将内存上的缺口与内存插槽中的防插反凸起定位柱对齐,垂直向下均匀用力,将内存插入内存插槽,如图 3-20 所示。

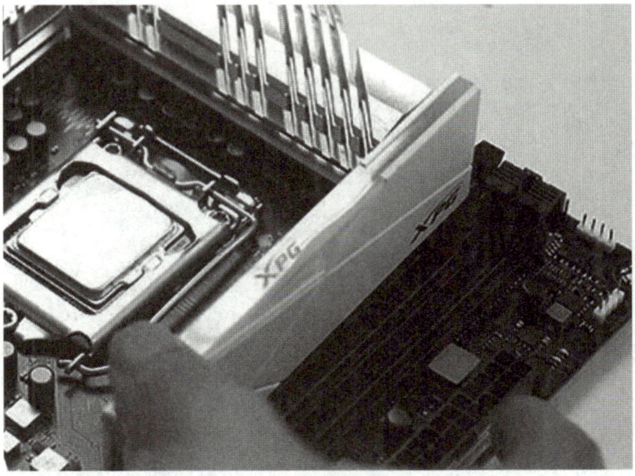

图 3-20　将内存插入内存插槽

(2)当听到“咔”的轻微响声时,表明内存插入成功,插入内存后,内存插槽两侧的卡座会自动扣紧。

注意：在安装内存时，主板下面最好垫一个包装盒或软的支撑物，防止震动给主板带来伤害。内存的“金手指”部分会有一个缺口，将此缺口与主板的“凸起定位柱”处对应即可插入，如果两处没有对应，则内存无法插入主板。

四、主板的安装

安装完 CPU 及其散热风扇和内存后，接下来可以将主板安装到机箱中，安装步骤如下。

(1)将机箱平放，将主板平稳地放入机箱，在机箱内部有主板定位孔，如图 3-21 所示。在放置主板时，主板上的孔位要与机箱的主板定位孔对齐，同时主板的外部接口要与机箱后置面板上的预留接口对齐。把主板放入机箱的效果如图 3-22 所示。

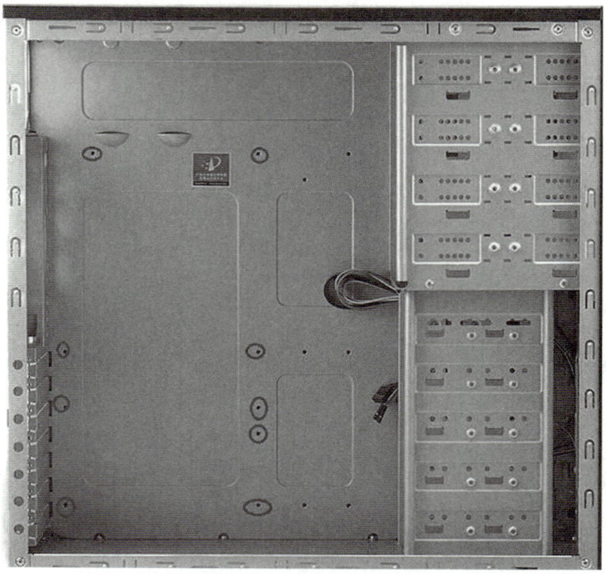

图 3-21　主板定位孔

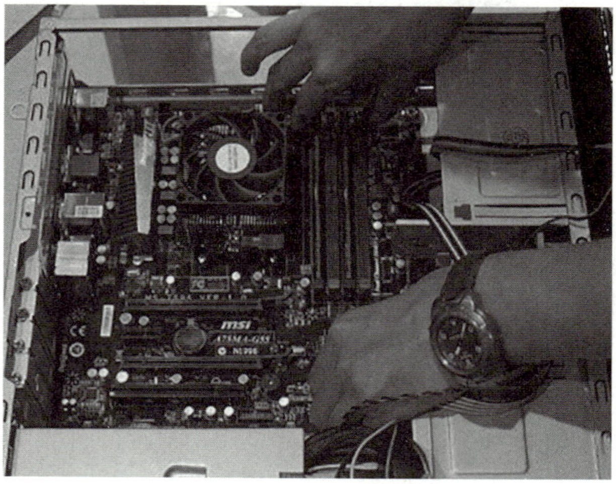

图 3-22　把主板放入机箱的效果

（2）确认主板与机箱的主板定位孔、机箱后置面板上的预留接口对齐之后，就需要使用螺丝刀和螺丝钉将主板固定在机箱上。

五、硬盘和光驱的安装

1.安装硬盘

（1）将硬盘由外向内放入机箱的硬盘支架上，安装时应保证硬盘的正面朝上放置，如图 3-23 所示。

图 3-23　硬盘的正面朝上放置

（2）将硬盘盘体固定孔和硬盘支架上的螺丝孔对齐，然后使用螺丝刀和螺丝钉将硬盘固定，至此，硬盘的安装完成。

注意：如果安装的是支持 NVMe 协议的 M.2 固态硬盘，那么在完成内存的安装后，首先，通过阅读主板的用户手册在主板上找到 M.2 固态硬盘的位置，如图 3-24 所示；然后，拧下 M.2 固态硬盘所在位置的所有螺丝钉；其次，按照正确的方向小心地将 M.2 固态硬盘插入插槽；最后，使用螺丝刀和螺丝钉将 M.2 固态硬盘固定在主板上，如图 3-25 所示。完成 M.2 固态硬盘的安装后，再将主板安装在机箱中。

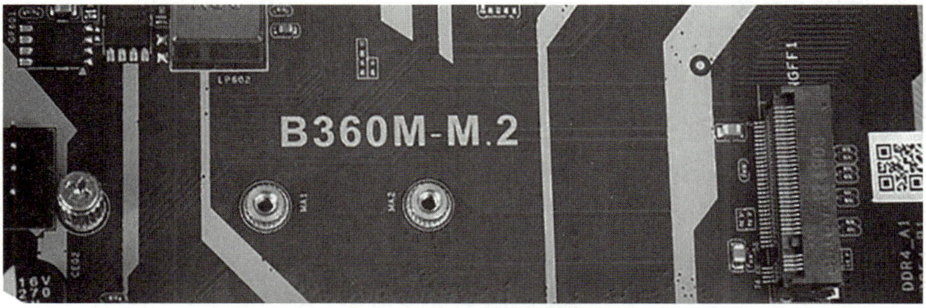

图 3-24　找到 M.2 固态硬盘的位置

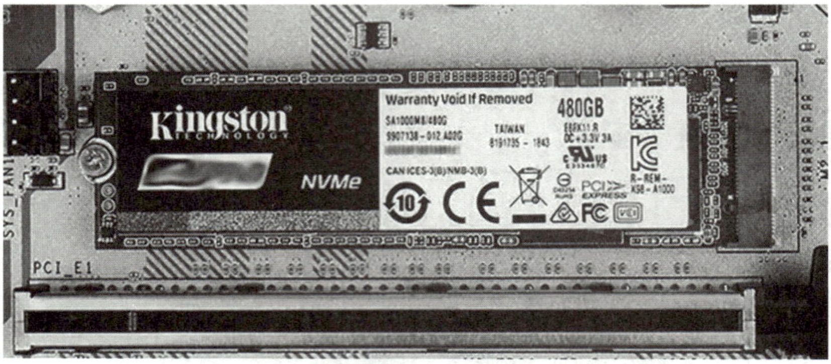

图 3-25　将 M.2 固态硬盘固定在主板上

2.安装光驱

目前,光驱已经不是计算机的必备设备,如果用户没有安装光驱,而需要使用光驱时,则可以购买用 USB 数据线连接的外置光驱。如果要安装光驱,则可以按照以下步骤操作。

(1)取下机箱前置面板上的光驱挡片,将光驱推入光驱支架,如图 3-26 所示。

图 3-26　将光驱推入光驱支架

(2)将光驱上的固定孔与光驱支架上的螺丝孔对应,然后使用螺丝刀拧紧螺丝钉将其固定。

六、显卡的安装

安装显卡是指安装独立显卡,如果主板上集成了显卡,则不需要安装独立显卡。独立显卡的安装步骤如下。

(1)在主板上找到显卡对应的插槽后,将插槽对应的挡片拆下,如图 3-27 所示。

图 3-27 将插槽对应的挡片拆下

(2)主板不同,显卡的插槽也不同。将显卡对准插槽后,应用力均匀地将其插入插槽,安装显卡如图 3-28 所示。

图 3-28 安装显卡

(3)最后,使用螺丝刀和螺丝钉将显卡固定在机箱上,即可完成显卡的安装。

七、内部线路的连接

1.连接主板电源线

连接主板电源线是指将主机电源插头插入主板上的对应电源插座,主板电源插座为长方形,一般为 20 针或 24 针。除此之外,主机电源插头还附带一个 CPU 供电专用插头,CPU 供电专用插头主要有 4 针和 8 针两种。主机电源插头如图 3-29 所示。

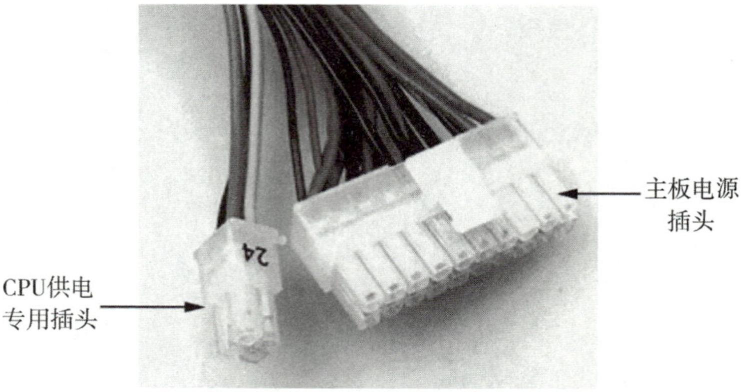

图 3-29　主机电源插头

在连接主板电源线时，首先，在主板上找到电源插座，将主板电源插头插入电源插座；然后，在主板的电源插座附近找到 CPU 供电专用电源插座，将 CPU 供电专用插头插入此插座。主板电源线的连接如图 3-30 所示。

图 3-30　主板电源线的连接

2.连接硬盘和光驱电源线

目前，硬盘使用较多的电源线就是 SATA 接口的电源线，如图 3-31 所示。

图 3-31　SATA 接口的电源线

在硬盘上有对应的电源插座,将 SATA 接口的电源线按照正确的方向插入硬盘的电源插座即可。连接硬盘电源线如图 3-32 所示。需要注意的是,在将 SATA 接口的电源线插入硬盘的电源插座时,要按照正确的方向插入,否则将无法插入,如果强行插入则可能损坏硬盘的电源插座。

如果计算机已经安装了光驱,则需要连接光驱电源线,光驱的电源线连接方式与硬盘的电源线连接方式相同,此处不再重复。

图 3-32 连接硬盘电源线

3.连接硬盘和光驱数据线

(1)连接硬盘数据线。硬盘数据线用于连接硬盘和主板,硬盘数据线也是 SATA 接口的,如图 3-33 所示。硬盘数据线具有防插反功能,同时支持热插拔,连接起来比较方便。首先,将硬盘数据线的一端插入硬盘接口;然后,在主板上找到相应的 SATA 接口,通常主板上会有两个 SATA 接口;最后,将硬盘数据线的另一端插入任一接口即可。连接硬盘数据线如图 3-34 所示。

图 3-33 硬盘数据线

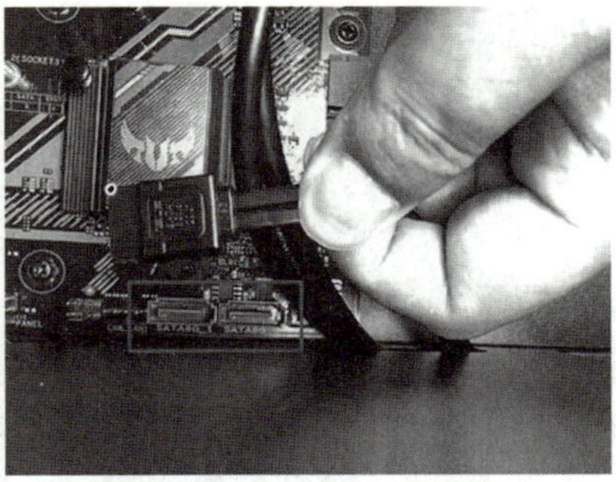

图 3-34 连接硬盘数据线

(2)连接光驱数据线。如果已经安装了光驱,那么还需要使用光驱数据线将光驱连接到主板上,连接光驱数据线的方法与连接硬盘数据线的方法一致,此处不再重复。

4.连接内部控制线和信号线

除了电源线和数据线,机箱中还有很多“线头”,这些线头称为跳线,其中包括控制线和信号线,它们主要用于控制机箱前置面板上的按钮、信号灯和接口,如电源开关连接线、复位开关连接线、电源指示灯连接线、USB 连接线等，将其分别连接到主板上，用户就可以通过机箱的前置面板来控制计算机了。通常情况下，每种控制线和信号线都有相应的标识，如图 3-35 所示。

图 3-35　部分控制线和信号线标识

控制线和信号线标识的含义各有不同。POWER SW(Power Switch)表示电源开关连接线；RESET SW(Reset Switch)表示复位开关连接线，它连接了机箱前置面板上的重启按钮；POWER LED 表示电源指示灯连接线，它有正极和负极之分，如果接错不会对计算机造成影响，但电源指示灯不会亮；H.D.D LED(Hard Disk Drive Light Emitting Diode)表示硬盘指示灯连接线，它是一个两芯插头，也有正极和负极之分，在正确连接时硬盘指示灯会亮；SPEAKER 表示机箱喇叭或报警器连接线，它可以控制机箱上的喇叭。

实际上，主板中已经标注了跳线的接法，用户需要按照主板上的标识逐个对应插入。9 针开关跳线接法如图 3-36 所示。

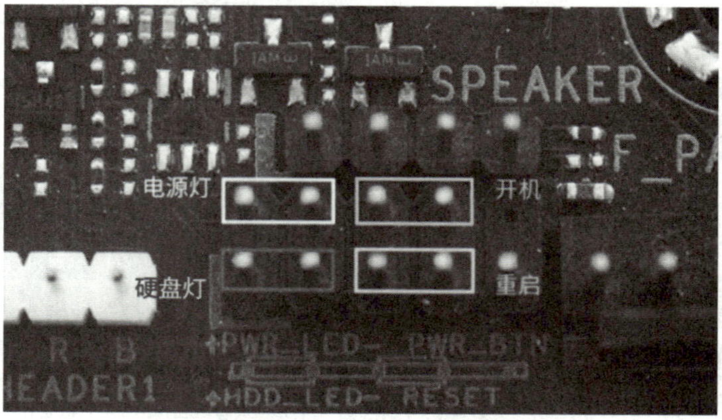

图 3-36　9 针开关跳线接法

除此之外，机箱还提供 USB 接口，将 USB 连接线连接到主板上即可使用。USB 2.0 连接线如图 3-37 所示。主板上有多个 USB 插座，找到这些插座，将 USB 2.0 连接线插入对应插座即可。USB 2.0 插座如图 3-38 所示。（注意：如果有 USB 3.0 接口，则须使用 USB 3.0 专用的连接线。USB 3.0 向下兼容 USB 2.0，但 USB 2.0 的连接线不能用于 USB 3.0。）

图 3-37 USB 2.0 连接线

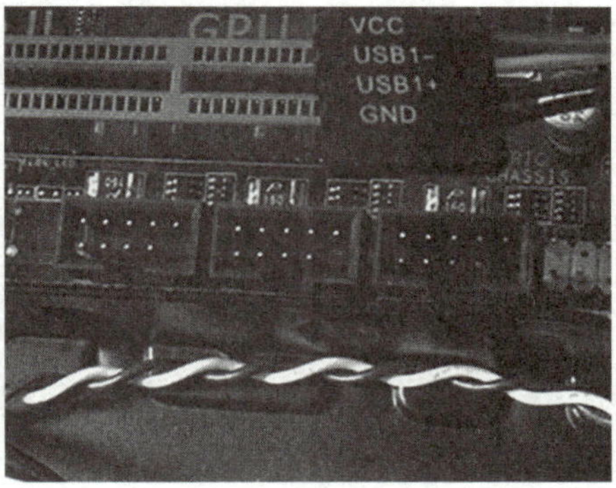

图 3-38 USB 2.0 插座

至此，机箱中的线路基本连接完毕，然后将机箱中的连接线整理好，使用扎带将连接线捆扎起来，使机箱内部显得干净整洁，如图 3-39 所示。最后将机箱的侧面板重新安装好，即可完成机箱中各部件的安装。

图 3-39 捆扎连接线

八、外围设备和周边设备的连接

连接外围设备和周边设备主要是指将显示器、鼠标、键盘、音箱等设备连接到机箱的后置面板上。

1.连接显示器

显示器需要连接信号线和电源线才能正常工作。

(1)首先，根据显卡的外设接口购买合适的显示器信号线，此处以 VGA 接口的显示器信号线为例，如图 3-40 所示。

图 3-40　VGA 接口的显示器信号线

(2)然后,将显示器信号线一端连接到显示器的 VGA 接口上,拧紧螺丝,固定显示器信号线,如图 3-41 所示。

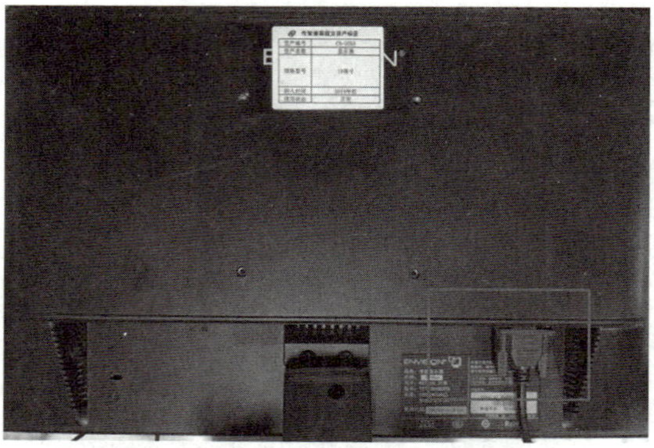

图 3-41　将显示器信号线一端连接到显示器 VGA 接口上

(3)其次,将显示器信号线另一端连接到机箱后置面板的 VGA 接口上,拧紧螺丝,固定显示器信号线。显示器信号线连接完成后,再将电源线一端连接到显示器上。显示器电源线的连接如图 3-42 所示。

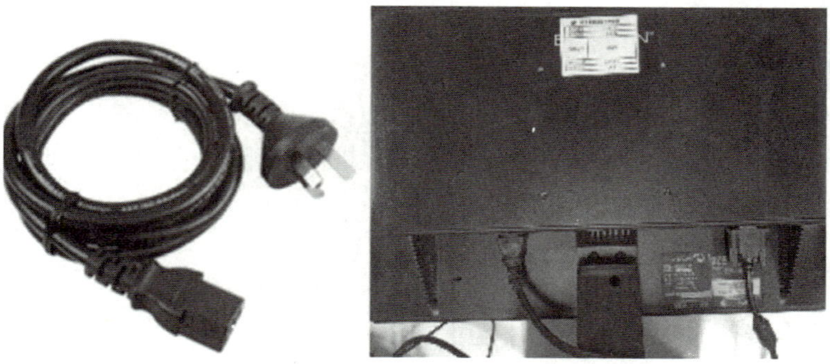

图 3-42　显示器电源线的连接

（4）最后，将电源线另一端连接到外设电源即可，此时，显示器连接完成。

2.连接鼠标和键盘

现在，大部分鼠标和键盘都采用USB接口，而机箱后置面板上有多个USB接口，将鼠标和键盘连接线插入对应的USB接口，即可成功连接鼠标和键盘。

如果是采用PS/2接口的鼠标和键盘，那么它们只能插入对应的接口，否则无法使用。通常鼠标的PS/2接口为绿色，键盘的PS/2接口为紫色，如图3-43所示。在机箱后置面板上有鼠标和键盘的接口，其颜色与鼠标和键盘的接口颜色是对应的，找到接口之后，将其按照正确的方向轻轻地插入即可。

图3-43 鼠标和键盘的PS/2接口

3.连接网线和音箱

网线的连接很简单，在机箱后置面板上的网线接口很容易识别，将网线插入对应的接口即可。

连接音箱时，首先在机箱后置面板上找到音频接口，然后将音箱连接线插入对应接口即可。

将线路布置完成后，连接机箱电源线。在机箱后置面板上有相应的电源接口，将机箱电源线一端插入机箱，另一端插入外设电源。至此，一台完整的计算机即组装完成。

九、开机自检

1.开机后正常自检

组装好计算机后，需要进行开机测试，以检查计算机的硬件组装是否成功。接通电源后，按下机箱的电源开关按钮，机箱上电源指示灯会亮，此时若听到"嘀"的一声，则表明计算机已经开始工作，并自动启动自检，如图3-44所示。如果在计算机自检过程中没有异常信息或报警声出现，那么可以初步判定计算机的硬件组装成功。

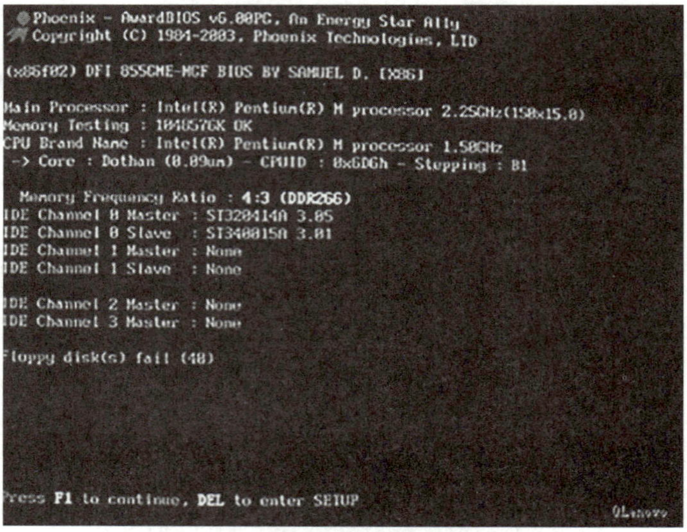
Phoenix - AwardBIOS v6.00PG, An Energy Star Ally
Copyright (C) 1984-2003, Phoenix Technologies, LTD
(x85f02) DFI 855GME-MGF BIOS BY SAMUEL D. [X86]
Main Processor : Intel(R) Pentium(R) M processor 2.25GHz(150x15.0)
Memory Testing : 1048576K OK
CPU Brand Name : Intel(R) Pentium(R) M processor 1.50GHz
-> Core : Dothan (0.09um) - CPUID : 0x6D6h - Stepping : B1
Memory Frequency Ratio : 4:3 (DDR266)
IDE Channel 0 Master : ST320414A 3.05
IDE Channel 0 Slave : ST340015A 3.01
IDE Channel 1 Master : None
IDE Channel 1 Slave : None
IDE Channel 2 Master : None
IDE Channel 3 Master : None
Floppy disk(s) fail (40)
Press F1 to continue, DEL to enter SETUP

图 3-44　计算机自动启动自检

2.开机无法正常自检

如果按下机箱的电源开关按钮后，计算机没有任何反应，则要根据实际情况，查找故障原因，具体检查步骤如下。

(1)检查机箱电源线是否与外设电源正常连接，外设电源开关是否打开。

(2)使用万用表检测主机电源的各路输出电压是否在正常的范围内。

(3)检查机箱内部数据线、电源线的连接是否正确。

(4)检查机箱前置接口、前置面板上的电源开关连接线、复位开关连接线、电源指示灯连接线和硬盘指示灯连接线是否正常。如果没有连接或连接错误，则会导致机箱前置面板的开关、指示灯无效。

(5)对照主板说明书，检查在主板上设置的跳线是否正确。

(6)检查各个硬件是否安装牢固，如 CPU、显卡、内存、硬盘等。

(7)检查机箱中的线缆是否搭在散热风扇上，影响了正常散热。

(8)检查机箱中是否落入其他杂物。

(9)检查机箱与外围设备的连接是否正常，如显示器、键盘、鼠标、音箱等。

知识加油站

计算机组装完成后，通常需要再次检测硬件是否安装成功。启动计算机，若能正常开机并显示自检画面，则说明计算机已组装成功，否则会发出报警声。根据发生错误的硬件不同，报警声也不同。最容易出现的错误是显卡或内存未插好，通常将其拔下后重新插入即可。

拓展练习

一、选择题

1.下列选项中,(　　)不是组装计算机需要准备的工具。

A.尖嘴钳　　B.螺丝刀　　C.吹气球　　D.镊子

2.在安装 CPU 的散热风扇前,需要在 CPU 的表面涂抹少量导热硅脂,其主要目的是(　　)。

A.将 CPU 工作时产生的热量迅速传导至散热风扇上

B.使散热风扇平稳安装

C.使 CPU 与主板保持良好接触

D.提高 CPU 散热风扇的转速

3.下列关于安装 CPU 的说法正确的是(　　)。

A.CPU 接口与 CPU 插槽的类型可以不一致

B.安装 CPU 时可以直接将 CPU 放入插槽,不需要对应位置

C.安装 CPU 时要用力按压

D.安装 CPU 时 CPU 接口要与 CPU 插槽对应,将其垂直放入 CPU 插槽,不可用力按压

4.不小心掉入机箱的微小导电物(如较小的螺丝钉等)可能会卡在主板的电子元器件之间从而引发(　　)现象。

A.断路　　B.烧毁　　C.短路　　D.电路破损

5.关于机箱中各硬件的数据线与电源线,下列说法中错误的是(　　)。

A.主板电源插座为长方形,一般为 20 针或 24 针

B.CPU 供电专用插头一般为 4 针或 8 针

C.硬盘的电源线几乎全部采用 SATA 接口

D.光驱数据线一般是扁平的宽幅线,具有 SATA 接口

6.关于外围设备的连接,下列说法中正确的是(　　)。

A.显示器连接电源线就可以工作

B.鼠标和键盘都需要连接到机箱后置面板的 USB 接口

C.网线要连接到机箱后置面板上的网络接口

D.音箱必须连接到机箱后置面板的音频接口

7.在组装计算机的过程中,建议不要直接用手触摸主板、显卡、内存等部件上的电子元器件或"金手指"部分,其原因是(　　)。

A.在组装计算机的过程中,由于摩擦会产生静电,它们可能会击穿电子元器件

B.避免弄脏主板等相关部件,不易清洁

C.避免因为用户操作失误而导致部件的关键部位损坏

D.避免主板、显卡、内存等的电路部分发生短路

8.关于内存条的安装,下列说法正确的是(　　)。

A.“金手指”处的缺口对准内存插槽中的“凸起定位柱”

B.内存与内存插槽可以不一致

C.安装内存时，直接将内存放入内存插槽，不需要垂直按压两端

D.安装内存时，内存插槽两边的卡扣不会弹起，会挂扣在内存两边的卡槽内

9.在机箱面板连接线中，硬盘指示灯的标识是(　　)。

A.RESET SW　　B.SPEAKER　　C.POWER LED　　D.H.D.D LED

10.(　　)决定了主板支持的内存类型、插槽形式和内存数量。

A.南桥芯片组　　B.北桥芯片组　　C.内存接口　　D.内存颗粒

11.关于机箱中的跳线，下列说法中错误的是(　　)。

A.POWER SW 是电源开关连接线，它连接机箱前置面板上的电源按钮

B.RESET SW 是复位开关连接线，它控制着机箱前置面板上的重启按钮

C.POWER LED 是电源指示灯连接线，它有正极和负极之分，如果接错会烧坏电源

D.SPEAKER 是机箱喇叭连接线，它可以控制机箱上的喇叭

12.目前所使用的计算机是(　　)。

A.模拟计算机　　B.数字计算机　　C.混合计算机　　D.特殊计算机

二、判断题

1.用户在准备螺丝刀时，最好准备带有磁性的螺丝刀，而且磁性越大越好。(　　)

2.安装 CPU 时不存在方向问题。(　　)

3.安装 CPU 的散热风扇时不要用太大的力气，以免压坏 CPU。(　　)

4.CPU 表面涂抹多少导热硅脂都无所谓。(　　)

5.鼠标和内存的插口可以混用。(　　)

6.主板可以安装不平，只要不与机箱接触就行。(　　)

7.将主板固定到机箱时，螺丝钉不可以一下拧死，否则容易导致主板变形。(　　)

三、思考与练习

1.简述组装计算机的基本流程。

2.简述组装计算机要注意的事项。

3.仔细查看说明书，在主板上找到连接机箱内部连接线的接口位置，将其拔掉，然后尝试将连接线重新连接起来。

04

项目四

系统安装前的准备工作

人文素养

党的二十大报告指出:“实践没有止境,理论创新也没有止境。”因此,要想实现某个重要目标,就需要采取理论和实践相互结合的方法,并不断完善、创新理论。在实践的过程中,我们不能急于求成,要遵循事物的发展规律,按照事物的发展规律进行有理论指导的实践。

学习目标

知识目标

了解 BIOS 的设置。

掌握 U 盘启动盘的制作以及硬盘分区与格式化的操作。

技能目标

能够针对实际需求完成 BIOS 的相关设置。

能够制作 U 盘启动盘。

能够根据实际需求完成对硬盘的相关操作。

素养目标

按照顺序和规律完成系统安装前的准备工作,使学生树立正确的工作意识,养成良好的工作习惯。

思维导图

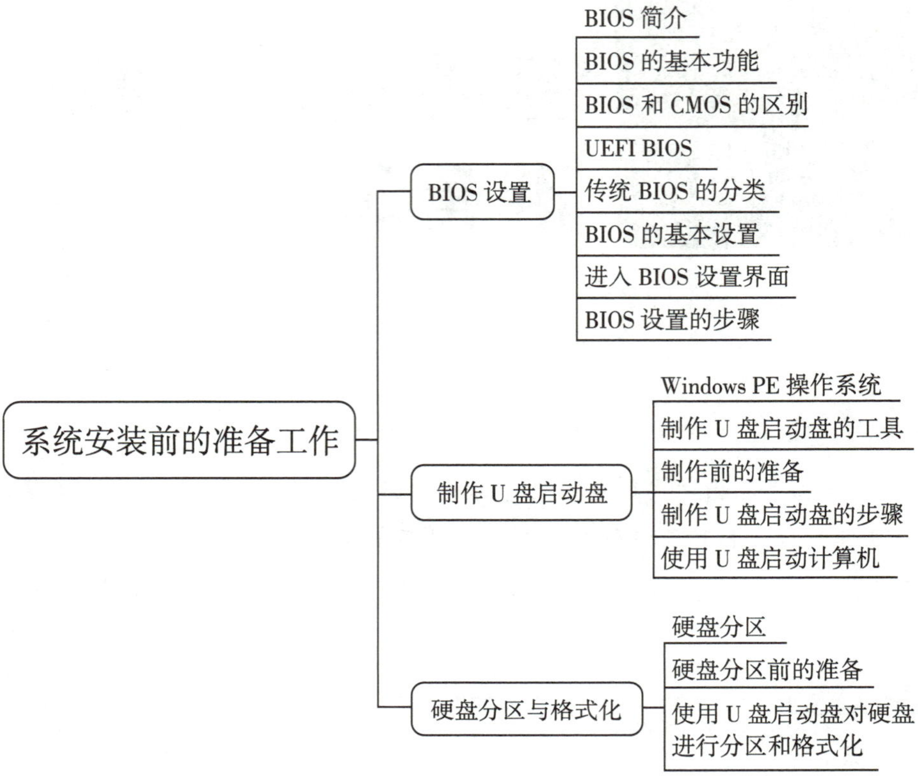

项目导读

在计算机组装完成后，启动计算机却看不到相关界面，这是因为没有安装包括操作系统在内的任何软件，所以才会出现这种情况。而在安装操作系统之前，还需要做一些准备工作，包括 BIOS 设置、制作 U 盘启动盘、硬盘分区与格式化等操作。

任务一　BIOS 设置

任务需求

通过对 BIOS 进行设置，既可以关闭或启用某个硬件的功能，也可以调整开机引导顺序。正确的 BIOS 设置，有助于用户更好地维护系统并提升系统性能。

任务计划

了解 BIOS 的概念和基本功能，学习 BIOS 的基本操作并进行基础设置。

任务学习

BIOS简介

一、BIOS 简介

BIOS 是指基本输入输出系统，它实际上是一组被固化到主板上的程序，存放在主板上的一块长方形或正方形的 ROM 芯片上，通常称为 BIOS 芯片。BIOS 主要为计算机提供最底层、最直接的硬件设置和控制，它是连通软件和硬件之间的枢纽。在开机时，BIOS 将自动运行，它会对计算机的各硬件进行检测和初始化。

二、BIOS 的基本功能

BIOS 的基本功能包括 4 项，分别是中断服务程序、系统设置程序、开机自检及初始化和系统启动自检程序。

1.中断服务程序

中断服务程序是指计算机系统中软件与硬件的一个接口，操作系统对鼠标、键盘、显示器等外围设备的管理都建立在 BIOS 的基础上。

2.系统设置程序

计算机在对硬件进行操作前必须先知道硬件的配置信息，这些配置信息存放在一块可读写的 RAM 芯片中，而 BIOS 中的系统设置程序主要用于设置 RAM 芯片中的各项硬件参数，这个设置参数的过程就称为 BIOS 设置。

3.开机自检及初始化

该部分也称上电自检（Power On Self Test，POST），其作用是在计算机接通电源后，检测 CPU、内存、主板、显卡等设备的健康状况，以确定计算机能否正常运行。

4.系统启动自检程序

在完成 POST 自检后，首先 BIOS 将按照 RAM 芯片中保存的启动顺序来搜寻硬盘、光驱、网络服务器等有效的启动驱动器，将操作系统引导记录读入内存，然后将系统控制权交给引导记录，最后由引导记录完成系统的启动。

三、BIOS 和 CMOS 的区别

CMOS（Complementary Metal Oxide Semiconductor，互补金属氧化物半导体）是一个存放计算机系统的硬件配置及相关参数设定信息的 RAM 芯片，但要修改 CMOS 中的各项参数，必须通过 BIOS 设置程序来完成，因此 BIOS 设置也称 CMOS 设置。

BIOS 是存放计算机系统中断控制指令的 ROM 芯片；CMOS 是存放计算机系统的硬件配置及相关参数设定信息的 RAM 芯片。BIOS 中的设置程序是用于设置系统参数的工具；CMOS 用于存放设置后的系统参数，它存放的是结果。

由于 BIOS 和 CMOS 都与系统设置有密切的关系，因此有 BIOS 设置和 CMOS 设置的笼统的说法。准确的说法应该是“通过 BIOS 设置程序对系统参数进行设置，将数据保存在 CMOS 中”。

四、UEFI BIOS

UEFI（Unified Extensible Firmware Interface，统一可扩展固件接口）是一种详细描述全新类型接口的标准，是适用于计算机的标准固件接口，旨在代替 BIOS 并提高软件互操作性和解决 BIOS 的局限性，现在通常把具备 UEFI 标准的 BIOS 设置称为 UEFI BIOS。作为传统 BIOS 的继任者，UEFI BIOS 拥有传统 BIOS 所不具备的诸多功能，如图形化界面、多种多样的操作方式、允许植入硬件驱动等。这些特性让 UEFI BIOS 比传统 BIOS 更加易用、更加实用、更加方便。而 Windows 8 操作系统在发布之初就对外宣布全面支持 UEFI，这也促使众多主板厂商纷纷转投 UEFI，并将此作为主板的标准配置之一。

UEFI BIOS 具有以下特点。

（1）通过保护预启动或预引导进程，抵御 Bootkit 病毒攻击，从而提高安全性。

（2）缩短了启动时间和从休眠状态恢复的时间。

（3）支持容量超过 2.2 TB 的驱动器。

（4）支持 64 位的现代固件设备驱动程序，系统在启动过程中可以使用它来对超过 172×10^{8} GB的内存进行寻址。

（5）UEFI 硬件可与 BIOS 结合使用。

UEFI BIOS 芯片和 UEFI BIOS 开机自检画面如图 4-1 所示。

ASUS
Motherboard
Please press DEL to enter EFI BIOS setting

图 4-1　UEFI BIOS 芯片和 UEFI BIOS 开机自检画面

五、传统 BIOS 的分类

市面上的主板厂商多达数百家，不同的主板所采用的 BIOS 类型和版本也有区别，主要包括 Award BIOS、AMI BIOS、Phoenix BIOS 等。

Award BIOS 是由 Award Software 公司开发的 BIOS 产品，是使用较为广泛的 BIOS。Award BIOS 的功能较为齐全，支持许多新硬件，目前市面上多数主板都采用了这种 BIOS。

AMI BIOS 是 AMI 公司所设计生产的 BIOS 产品，它对各种软件和硬件的兼容性较高，能保证系统性能的稳定。

Phoenix BIOS 的性能和稳定性要优于 Award BIOS 和 AMI BIOS，因此多被应用于服务器、品牌机和笔记本电脑。

六、BIOS 的基本设置

BIOS 的种类不同，各参数名称和设置方式也有所区别。由于主板出厂时的设置都是最佳设置，因此用户在设置相关参数时，不需要进行大范围调整。如果大范围调整相关参数，则可能导致部分参数设置不合理，进而影响系统的正常运行或降低系统性能。以 Phoenix BIOS 为例，介绍一些 BIOS 常用的设置项，包括设置时间和日期、设置密码以及设置系统的启动程序。

任务实施

一、进入 BIOS 设置界面

不同厂商推出的 BIOS 的功能有一定的差异，进入 BIOS 设置界面的方法也有所不同。通常情况下，可以通过在计算机开机自检时按下键盘上的某个功能键的方法，进入 BIOS 设置界面。

对于 Phoenix BIOS 而言，在开机自检时按 Del 键即可进入 BIOS 设置界面，如图 4-2 所示。

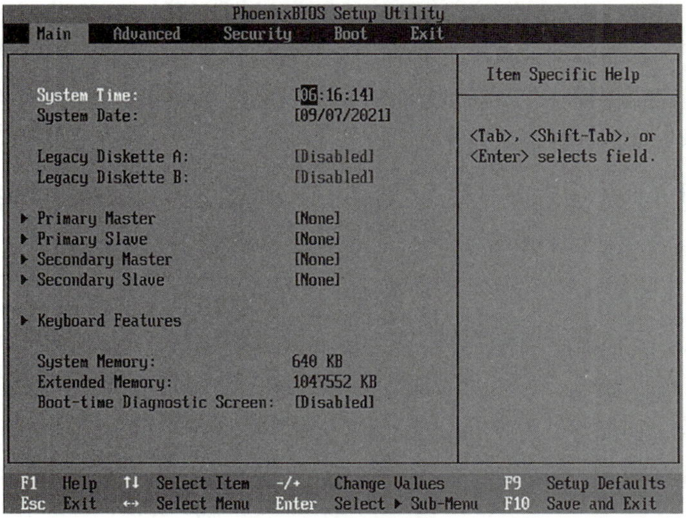

图 4-2 Phoenix BIOS 设置界面

对于 Award BIOS 而言，在开机自检时按 Crtl+Alt+Esc 组合键、Del 键或 Esc 键均可进入 BIOS 设置界面。

对于 AMI BIOS 而言，在开机自检时按 Del 键或 Esc 键即可进入 BIOS 设置界面。

二、BIOS 设置的步骤

1.设置时间和日期

在 Phoenix BIOS 设置界面中，System Time 选项和 System Date 选项分别用于调整系统的时间和日期。在设置时间和日期时，直接在光标处输入相应的数字即可，如图 4-3 所示。

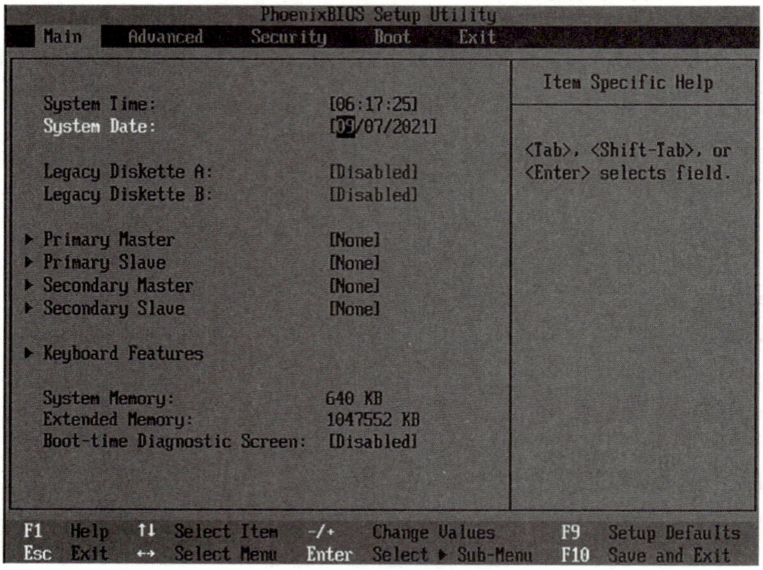

图 4-3　设置时间和日期

2.设置密码

此处的密码是为了区别用户的身份而设置的，在进入 BIOS 设置界面时，不同身份拥有的权限是不一样的。例如，对于超级用户，其可以调整 BIOS 设置界面的所有选项，而对于一般用户，BIOS 设置界面中的大多数选项都是没有权限修改的。这个密码也可以认为是为了保护计算机而专门设置的开机保护密码，它不同于系统的登录密码，开机时，只有输入正确的开机保护密码，才能够正确引导操作系统至系统登录界面。

在 BIOS 中可以为计算机设置两种密码：超级用户密码和一般用户密码。

(1)设置超级用户密码。在 BIOS 设置界面中，选择“Security”选项卡，将光标移动到“Set Supervisor Password”选项，然后按 Enter 键，即可设置超级用户的密码，如图 4-4 所示。这里需要输入两次相同的密码，确保设置的密码无误，然后按 Enter 键确认即可设置完成。

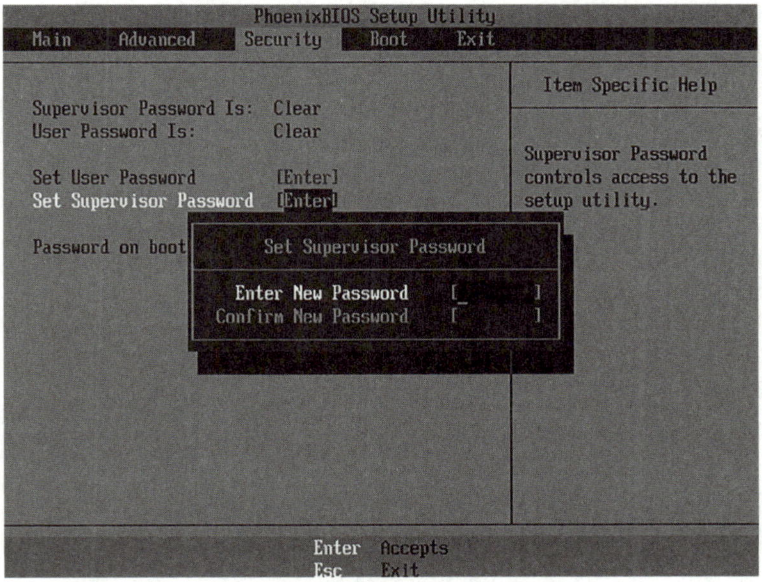

图 4-4　设置超级用户的密码

(2)设置一般用户密码。在 BIOS 设置界面中,选择"Security"选项卡,将光标移动到"Set User Password"选项,然后按 Enter 键,即可设置一般用户的密码。

如果要取消密码设置,则必须先以超级用户的身份进入 BIOS 设置界面,然后选择"Security"选项卡,将光标移动到"Set Supervisor Password"选项或"Set User Password"选项,连续按两次 Enter 键即可清空相应的密码。

3.设置系统的启动程序

在使用或维护计算机时,根据实际需求,用户可以使用光盘、U 盘或硬盘来启动计算机。在使用不同的设备启动计算机之前,用户需要在 BIOS 设置界面中进行相应的设置。

在调整系统的启动顺序时,首先在 BIOS 设置界面中,选择"Boot"选项卡,打开如图 4-5 所示的界面。在此界面中可以看到 4 种常见的启动设备,即 Removable Devices(移动存储设备)、+Hard Drive(硬盘)、CD-ROM Drive(光盘驱动器)和 Network boot(网卡),启动设备的排列顺序代表了系统启动时读取数据的优先级。

如果需要使用 U 盘初始化硬盘或安装操作系统,则可将"Removable Devices"选项调整到顶端,即让 U 盘优先启动。具体调整方法是,将光标移动到"Removable Devices"选项,然后按+键或-键使其向上或向下移动。

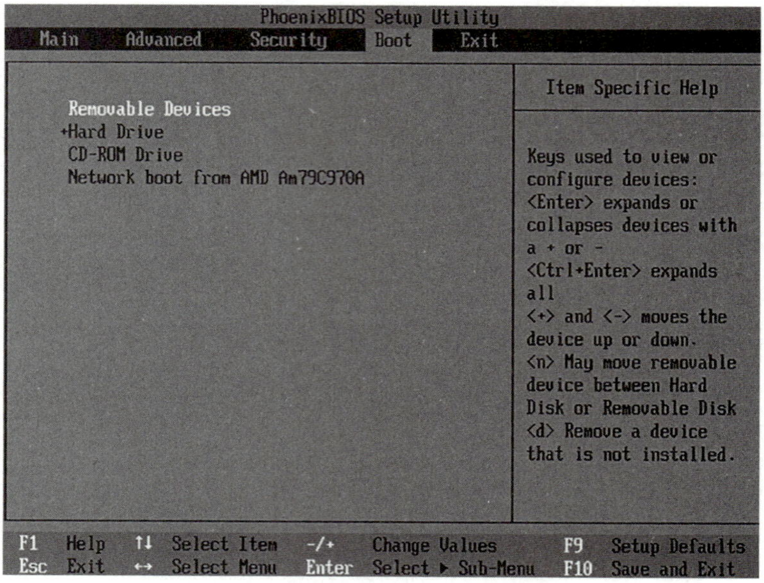

图 4-5 “Boot”选项卡界面

4.保存并退出 BIOS

在 BIOS 设置界面中,所有需要调整的选项调整完成后,选择“Exit”选项卡,将光标移动到“Exit Saving Changes”选项,如图 4-6 所示,按 Enter 键,将保存修改的结果并退出 BIOS 设置界面,重启计算机。其中,“Exit Saving Changes”选项的含义是保存修改并退出;“Exit Discarding Changes”选项的含义是放弃修改并退出;“Load Setup Defaults”选项的含义是加载默认设置;“Discard Changes”选项的含义是不保存修改;“Save Changes”选项的含义是保存修改。

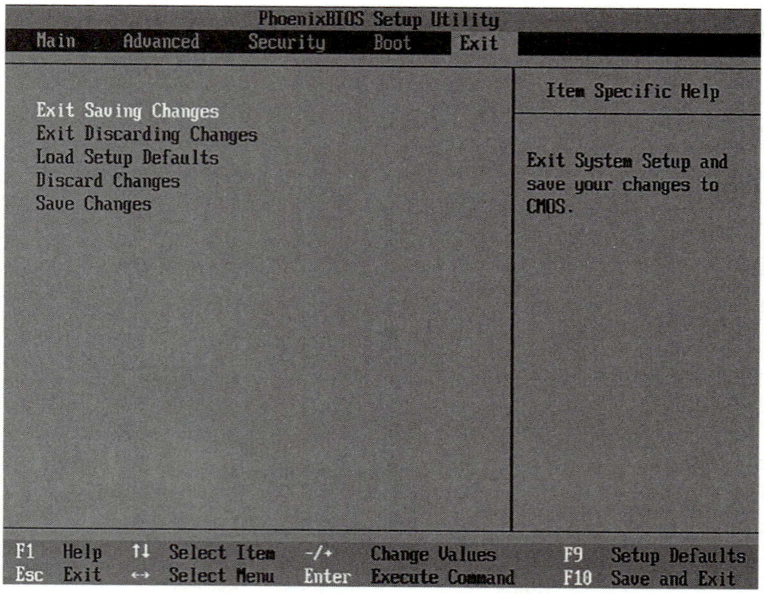

图 4-6 将光标移动到“Exit Saving Changes”选项

知识加油站

UEFI BIOS 可以通过鼠标操作，而传统 BIOS 进入 BIOS 设置界面后，只能通过快捷键进行操作，这些快捷键在 UEFI BIOS 中同样适用。

←键、→键、↑键和↓键：用于在各选项之间切换和移动。

+键或 Page Up 键：用于切换选项和设置递增值。

-键或 Page Down 键：用于切换选项和设置递减值。

Enter 键：用于确认执行、显示选项的所有设置值或进入选项子菜单。

F1 键或 Alt+H 键：用于打开帮助窗口，并显示说明所有功能键。

F5 键：用于载入选项修改前的设置值。

F6 键：用于载入选项的默认值。

F7 键：用于载入选项的最优化默认值。

F10 键：用于保存并退出 BIOS 设置界面。

Esc 键：用于返回前一级界面或主界面，或从主界面中结束设置。按此键也可不保存设置直接退出 BIOS。

任务二　制作 U 盘启动盘

任务需求

现在部分计算机都没有安装光驱，因此，很多用户会选择使用 U 盘来启动计算机并进行系统的分区、格式化和操作系统的安装。

任务计划

准备制作 U 盘启动盘的相关工具并制作 U 盘启动盘。

任务学习

一、Windows PE 操作系统

Windows PE 是 Windows Preinstallation Environment（Windows 预安装环境）的缩写，它是带有有限服务的最小 32 位子系统。Windows PE 操作系统基于以保护模式运行的 Windows XP Professional 及以上内核，它包括运行 Windows 安装程序及脚本、连接网络共享、自动化基本过程以及执行硬件验证所需的基本功能。Windows PE 操作系统主要用于系统修复，当计

算机出现问题无法启动时,可以使用 Windows PE 操作系统启动 U 盘,以此来启动计算机,并利用其附带的各种实用工具(如光盘工具等)修复系统故障或重装操作系统。

二、制作 U 盘启动盘的工具

制作 U 盘启动盘需要借助一台可正常运行且网络畅通的计算机。制作 U 盘启动盘的软件有很多,如老毛桃、大白菜、深度等,下面以使用“大白菜超级 U 盘装机工具”制作 U 盘启动盘为例,介绍 U 盘启动盘的制作方法。

任务实施

一、制作前的准备

(1)准备一个 8 GB 以上的 U 盘。

(2)下载并安装“大白菜超级 U 盘装机工具”软件(版本为 6.0.2207.14)。

(3)从微软公司的官网下载 Windows 10 操作系统的镜像文件(*.iso)。

二、制作 U 盘启动盘的步骤

(1)将准备好的 U 盘插入计算机的 USB 接口,启动“大白菜超级 U 盘装机工具”软件,左侧导航栏中选择“U 盘启动”选项,然后在右侧窗格中选择“默认模式”选项卡,在“请选择”下拉列表中选择准备好的 U 盘,在“模式”下拉列表中选择“USB-HDD”选项,如图 4-7 所示。

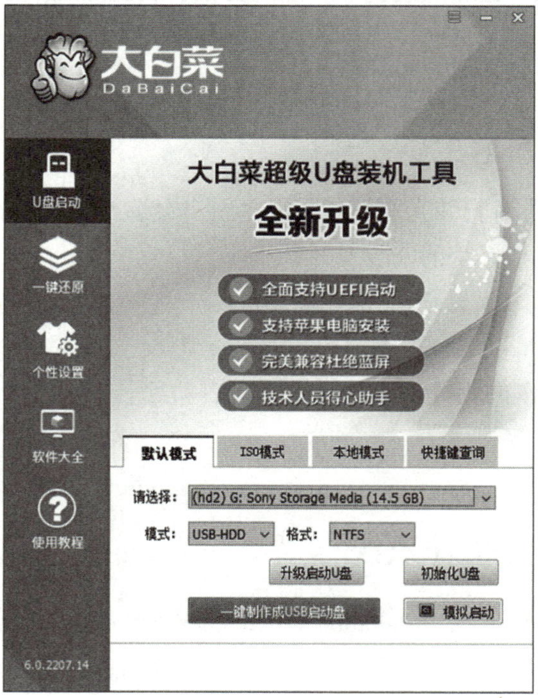

图 4-7 选择“USB-HDD”选项

（2）其他选项保持默认，然后单击“一键制作成 USB 启动盘”按钮，在打开的“将会删除 U 盘全部数据，且不可以恢复”对话框中单击“确定”按钮，开始格式化启动盘，如图 4-8 所示。

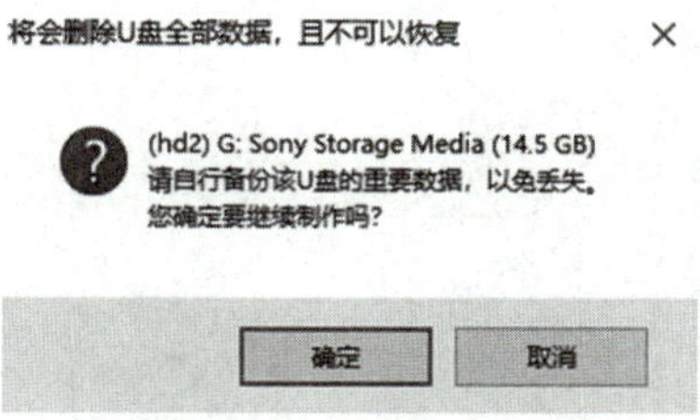

图 4-8　“将会删除 U 盘全部数据，且不可以恢复”对话框

（3）格式化并制作启动盘，如图 4-9 所示。

图 4-9　格式化并制作启动盘

（4）制作完成后，将打开“大白菜超级 U 盘装机工具”对话框，单击“是”按钮，U 盘启动盘制作完成，如图 4-10 所示。

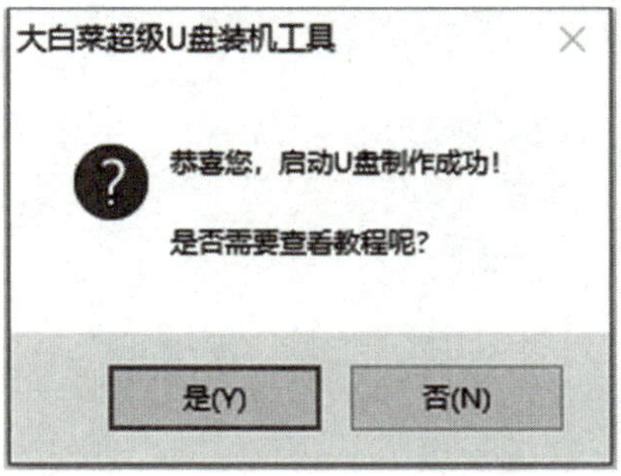

图 4-10　U 盘启动盘制作完成

（5）U 盘启动盘制作完成后，选择“模拟启动”选项，再选择“BIOS”选项，将打开“大白菜超级 U 盘装机工具”界面，如图 4-11 所示。

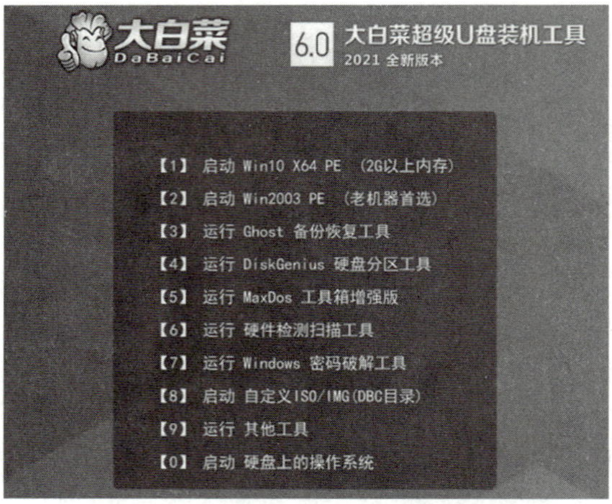

图 4-11　“大白菜超级 U 盘装机工具”界面

（6）将 Windows 10 操作系统的镜像文件复制到 U 盘的 DBC 文件夹中（有的版本是 GHO 文件夹）。至此，带有 Windows 10 操作系统的 U 盘启动盘制作完成。

三、使用 U 盘启动计算机

Windows PE 操作系统是作为独立的预安装环境以及其他安装程序和恢复技术的完整组件使用的。通过 U 盘启动的 Windows PE 操作系统是用 Windows PE 定义制作的操作系统，可直接使用。使用 U 盘启动计算机并进入 Windows PE 操作系统的具体操作如下。

（1）首先启动计算机，在 BIOS 中将 U 盘设置为第一启动设备，然后插入制作好的 U 盘启动盘，重新启动计算机。计算机将通过 U 盘中的启动程序来启动，进入“大白菜超级 U 盘装机工具”界面，通过键盘上的方向键选择“【1】启动 Win10 x64 PE（2G 以上内存）”选项，如图 4-12 所示。

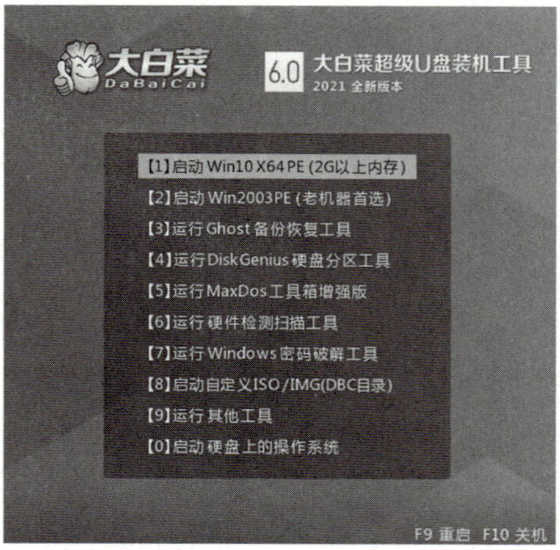

图 4-12　选择“启动 Win10 x64 PE（2G 以上内存）”选项

(2)计算机将自动进入 Windows PE 操作系统。在其中可以对计算机进行硬盘分区、格式化以及操作系统的安装、备份等操作。另外,当操作系统遭到破坏时,也可以通过 U 盘启动计算机,对操作系统进行恢复或优化。

任务三 硬盘分区与格式化

任务需求

将硬盘的存储空间划分成互相独立的多个区域,然后将这些区域进行格式化处理,让操作系统能够按照一定的格式读写硬盘。

任务计划

在 BIOS 设置完成后,重启计算机就需要对硬盘进行分区和格式化,分区是为了更好地管理数据,格式化则是硬盘存储数据的基础。

任务学习

硬盘必须经过低级格式化、分区和高级格式化(简称格式化)3 个步骤后,才能真正用于存储数据。每块硬盘在出厂时,已由硬盘生产商进行低级格式化,因此用户无须再进行低级格式化操作,只需要对所购买的硬盘进行分区和高级格式化操作即可。

硬盘分区是指在一块物理硬盘上创建多个独立的逻辑单元,以便提高硬盘利用率并实现数据的有效管理,这些逻辑单元即通常所说的 C 盘、D 盘、E 盘等。

一、硬盘分区

硬盘分区

1.硬盘分区的原因

硬盘分区的原因主要有以下两个方面。

(1)引导硬盘启动。新出厂的硬盘没有激活,这使得计算机无法对硬盘进行读写操作。当硬盘分区时可以为其设置各项物理参数,并指定硬盘的主引导记录和引导记录备份的存放位置。只有在主分区中存放主引导记录,才可以正常引导硬盘启动,从而实现操作系统的安装和数据的读写。

(2)方便管理。未进行分区的新硬盘只有一个原始分区,但随着数据逐渐增多,一个分区不仅会使硬盘中的数据没有条理,而且不利于发挥计算机的性能,因此对硬盘空间进行合理分配是必要的。

2.硬盘分区的原则

(1)合理分区。合理分区是指分区数量要合理,不可过多或过少。若分区数量过多,则会降低系统启动和读写数据的速度,且不方便管理;若分区数量过少,则会浪费硬盘空间。

(2)实用为主。每个分区都有专门的用途,用户可以根据实际需求来决定每个分区的容量。一般将硬盘分为系统、程序、数据和备份 4 个区域,各个分区之间的数据是相互独立的,不易混淆。除了硬盘分区要考虑操作系统的容量,其余分区可平均分配。

(3)根据操作系统的特性分区。同一种操作系统不能支持全部类型的分区格式,因此,在分区时就应确定要安装的操作系统。

3.硬盘分区的类型

硬盘的分区主要有主分区、扩展分区和逻辑分区 3 种。

(1)主分区。主分区是指包含操作系统启动时所需文件和数据的硬盘分区,是硬盘上最重要的分区,在一般情况下,系统默认 C 盘为主分区。如果要在硬盘上安装操作系统,则必须建立一个主分区。在一个硬盘上最多能建立 4 个主分区,但为避免发生启动冲突,通常只建立一个主分区。

(2)扩展分区。主分区以外的其他分区统称为扩展分区。

(3)逻辑分区。逻辑分区从扩展分区中分配,只有逻辑分区的文件格式与操作系统兼容,操作系统才能访问它。

4.硬盘分区的格式

硬盘分区的格式即操作系统读取硬盘的方式,Windows 操作系统常用的硬盘分区格式有 FAT32 文件系统、NTFS 文件系统和 EXFAT 文件系统 3 种。

(1)FAT32 文件系统。FAT32 文件系统允许用户将一块硬盘划分为一个分区,以方便管理。硬盘分区越大,簇(能够保存一个文件的最小硬盘空间)越大,越不利于硬盘利用率的提高,而硬盘利用率低会造成硬盘空间的浪费。

FAT32 文件系统不支持容量大于 4 GB 的单个文件,但很多单个文件的容量都超过了 4 GB,因此 FAT32 文件系统已逐渐不适用于对计算机硬盘进行分区,而是多用于对 U 盘、移动硬盘等设备进行分区。

(2)NTFS 文件系统。NTFS 文件系统支持的分区容量高达 2 TB,且簇的容量一直保持 4 KB 不变,这样就减少了硬盘空间的浪费。此外,该文件系统的安全性和稳定性较高,对使用者的权限控制比较严格,可以保护数据的安全,是目前 Windows 操作系统最常用的文件系统。

(3)EXFAT 文件系统。EXFAT 文件系统主要用于闪存等设备,它可以增强台式机与移动设备之间的互动、支持访问控制等。采用 EXFAT 文件系统进行分区时,簇的容量可高达 32 MB。

二、硬盘分区前的准备

在创建分区前，用户需要先规划分区的数量、容量，确定每个分区使用的文件系统及所安装操作系统的类型和数目。此外，还需要准备一个 U 盘启动盘，并在 BIOS 设置界面中将计算机设置为从 U 盘优先启动。

任务实施

使用 U 盘启动盘对硬盘进行分区和格式化

（1）进入 Windows PE 操作系统后，首先双击如图 4-13 所示的“DG 分区工具”快捷方式。启动 DG 分区工具，然后选择需要分区的硬盘，最后单击“快速分区”按钮，如图 4-14 所示。

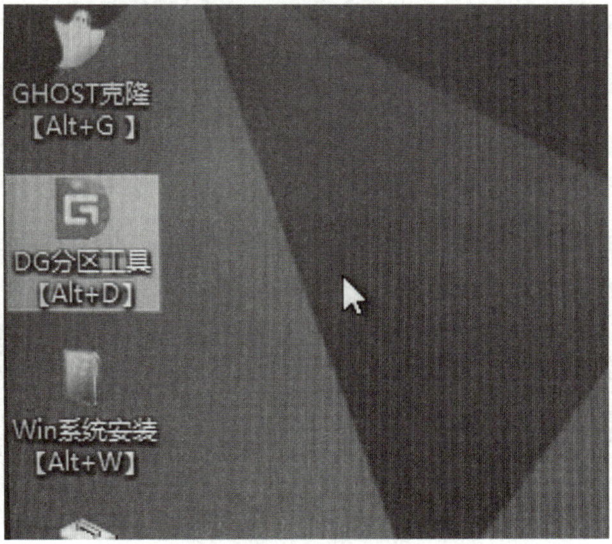

图 4-13　“DG 分区工具”快捷方式

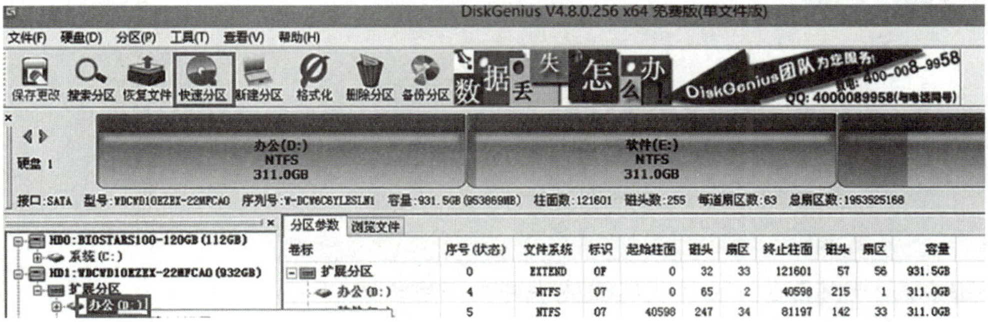

图 4-14　单击“快速分区”按钮

（2）打开“快速分区”对话框，如图 4-15 所示，从图中可以看到 DG 分区工具对硬盘进行了自动分区，并对每个分区的大小、卷标进行了设定，如果用户对自动分区的结果不满意，也可以根据实际需求，重新设置分区表类型、分区数目、文件系统类型、分区大小、卷标以及是否为主分区等。设置完成后，单击“确定”按钮，即可完成分区和格式化。

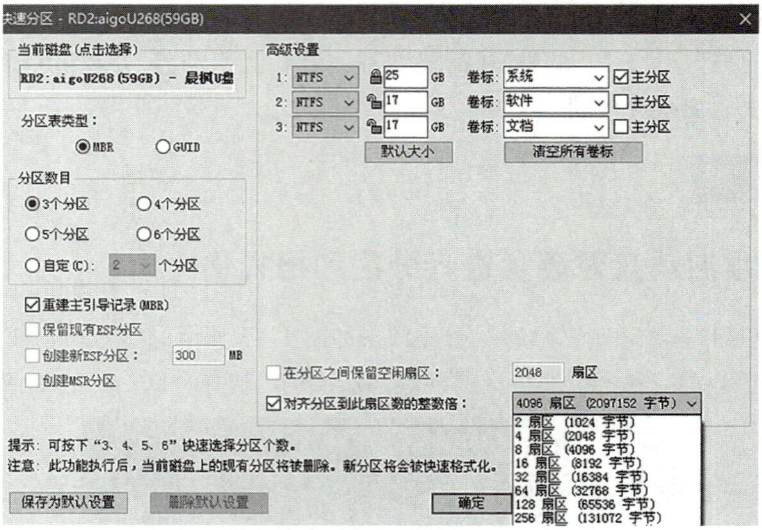

图 4-15　“快速分区”对话框

(3)使用 DG 分区工具对硬盘进行分区和高级格式化后，便可以看到如图 4-16 所示的结果。至此，使用 U 盘启动盘对硬盘进行分区和格式化的操作全部完成。

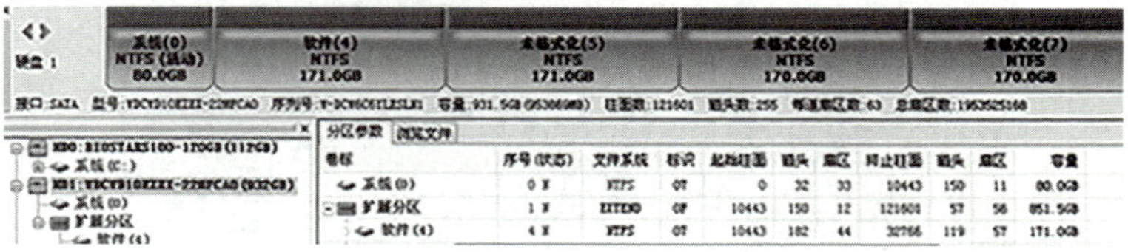

图 4-16　对硬盘进行分区和高级格式化后的结果

拓展练习

一、选择题

1.通过 BIOS 系统设置程序可以设置(　　)的各项参数。

A.内存　　B.光驱　　C.BIOS　　D.CMOS

2.下列关于 BIOS 的说法中，正确的是(　　)。

A.BIOS 是基本输入输出系统

B.BIOS 是被固化在主板上的 RAM 芯片中的一组程序

C.BIOS 中的数据断电后就会丢失

D.BIOS 可以设置参数并存储数据

3.一个硬盘最多可以有(　　)个主分区。

A.1　　B.2　　C.3　　D.4

4.FAT32 文件系统支持的最大容量为(　　)。

A.2 GB　　B.4 GB　　C.6 GB　　D.8 GB

5.关于 Windows PE 操作系统,下列说法中错误的是(　　)。

A.Windows PE 操作系统是带有有限服务的最小 32 位子系统

B.Windows PE 操作系统基于以保护模式运行的 Windows 7 Prefessional 内核

C.Windows PE 操作系统包括运行操作系统所需的最少功能

D.Windows PE 操作系统主要用于修复系统

6.(　　)不是硬盘分区的原则。

A.实用性　　B.兼容性　　C.合理性　　D.安全性

7.在下列选项中,(　　)软件可以制作 U 盘启动盘。

A.大白菜　　B.老毛桃　　C.深度　　D.以上都可以

8.在下列选项中,(　　)不是 Windows PE 操作系统所具有的功能。

A.运行 Windows 安装程序及脚本　　B.连接网络共享

C.自动化基本过程　　D.安装软件

9.(　　)不属于 BIOS 程序设置项目。

A.设置病毒警告功能　　B.调整系统启动顺序

C.进行硬盘格式化　　D.设置软、硬盘规格

10.关于制作 U 盘启动盘,下列说法中错误的是(　　)。

A.准备一个操作系统的镜像文件　　B.准备一个 4 GB 的 U 盘

C.将 U 盘数据备份　　D.制作完成之后需要重启计算机

11.开机后,一般情况下按(　　)即可进入 BIOS 设置界面。

A.Shift 键　　B.Ctrl 键　　C.Del 键　　D.Alt 键

12.硬盘分区的步骤依次是(　　)。

A.建立主分区、建立扩展分区、建立逻辑分区、激活主分区、保存

B.建立扩展分区、建立主分区、建立逻辑分区、激活主分区、保存

C.建立扩展分区、建立逻辑分区、建立主分区、激活主分区、保存

D.建立主分区、激活主分区、建立扩展分区、建立逻辑分区、保存

二、判断题

1.制作 U 盘启动盘时会将 U 盘中的数据全部清空。(　　)

2.Windows PE 操作系统是带有有限服务的最小 64 位子系统。(　　)

3.BIOS 是计算机系统中断控制指令的 ROM 芯片。(　　)

4.硬盘分区后才能正常引导硬盘启动,从而实现操作系统的安装和数据的读写。(　　)

5.通过 BIOS 设置界面对系统参数进行设置,这些数据保存在 CMOS 中。(　　)

6.分区操作的实质是将物理盘划分为逻辑盘的过程。(　　)

三、思考与练习

1. 简述 BIOS 与 CMOS 的区别与联系。

2. 请在任意一台计算机上尝试设置 BIOS。

3. 请在任意一台计算机中，使用“DG 分区工具”对其中的硬盘进行分区，要求划分 2 个主分区、1 个逻辑分区，然后对这些分区进行格式化操作。

05

项目五　软件系统的安装

人文素养

法律是道德的底线，法规是国家机关根据法律制定的要求，约束和执行行为的规范性文件。每一位计算机从业人员必须牢记：严格遵守法律法规是计算机从业人员职业道德和行为的基本要求。近几年，各种网络诈骗事件层出不穷，让人防不胜防，为此，国家推出了反诈App——国家反诈中心，用以防范并打击电信网络诈骗。因此，我们平时在上网时一定要规范操作各种软件，遵守相关法律法规，做一个品学兼优的好学生，做一个对社会有贡献的好公民。

学习目标

知识目标

掌握计算机操作系统、驱动程序和应用软件的安装方法。

技能目标

能够运用所学的安装方法，根据实际需求完成软件系统的安装。

素养目标

树立安全防范意识，在安装和使用软件的过程中要严格遵守相关规范。

思维导图

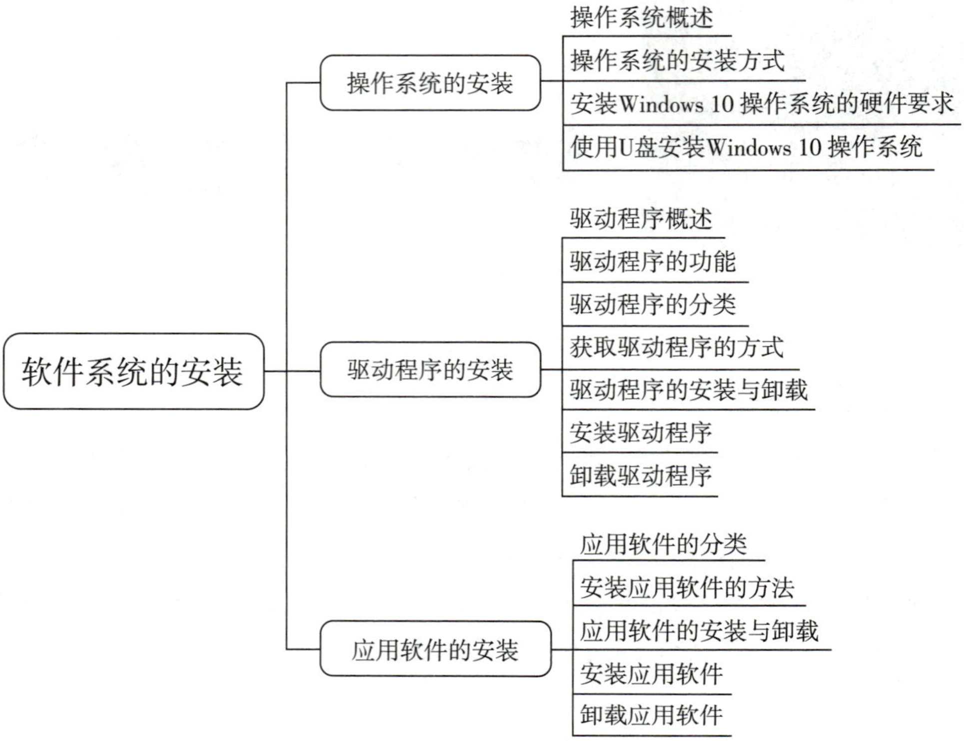

项目导读

一台组装好的计算机，只是为其正常使用做好了准备，要使计算机能完成具体的任务，还必须要有软件系统的支持。软件系统的安装包括操作系统的安装、驱动程序的安装和应用软件的安装。

任务一　操作系统的安装

任务需求

操作系统是计算机软件系统的核心，是计算机正常运行的基础，没有操作系统，计算机将无法为用户提供各项服务，其他应用软件只能在安装完操作系统后再进行安装，因为如果没有操作系统的支持，应用软件就不能发挥作用。

任务计划

了解操作系统的种类和操作系统的安装方式;学习通过 U 盘安装 Windows 10 操作系统。

任务学习

一、操作系统概述

操作系统(Operating System,OS)是计算机软件系统的核心,它的主要作用是管理计算机系统的全部硬件资源、软件资源和数据资源,控制程序运行,为其他应用软件提供支持等。

目前,主流的计算机操作系统主要有 Windows、Linux、UNIX、Mac 操作系统(一般指 macOS)等。其中,Windows 操作系统和 Mac 操作系统主要用于个人计算机,Linux 操作系统、UNIX 操作系统主要用于企业。在日常生活中,最常用的就是微软公司的 Windows 系列操作系统。该操作系统有很多种型号,如 Windows 7、Windows 8、Windows 10 等。

Windows 10 操作系统于 2015 年 7 月 29 日发布正式版。Windows 10 操作系统在易用性和安全性方面有了极大的提升,除针对云服务、智能移动设备、自然人机交互等新技术进行了融合外,还对固态硬盘、生物识别、高分辨率屏幕等硬件进行了优化、完善与支持。

Windows 10 操作系统有家庭版、专业版、企业版、教育版、移动版、移动企业版和物联网核心版等版本。其中家庭版和专业版更受大众欢迎。

(1)Windows 10 Home(家庭版)。该版本的操作系统可以安装到计算机、平板电脑等设备上,它拥有 Windows 10 操作系统的主要功能,包括全新的 Windows 应用商店、Cortana(个人助理)、Microsoft Edge(浏览器)、Windows Hello(生物识别)、Continuum(平板模式)等。

(2)Windows 10 Professional(专业版)。该版本除拥有家庭版的功能外,还增加了支持云技术、支持远程和移动办公、管理设备和应用、保护敏感数据等功能,拥有 Windows Update for Business,让用户可以更快地获取补丁。

(3)Windows 10 Enterprise(企业版)。该版本以 Windows 10 操作系统的专业版为基础,它只提供给拥有微软公司的批量许可证的用户使用。该版本增加了先进的功能用于防范设备、应用、身份和敏感的企业信息等威胁,此外,还允许用户自定义部署新技术。Windows 10 操作系统的企业版是微软公司长期支持的分支版本。

(4)Windows 10 Education(教育版)。该版本为教育机构、管理单位等提供教学环境,能够升级到家庭版和专业版。

(5)Windows 10 Mobile(移动版)。该版本的操作系统主要安装在便携式的移动设备上,如智能手机、平板等。Windows 10 操作系统的移动版不仅具有家庭版的通用功能,而且集成了触控操作优化的办公软件的功能。

(6)Windows 10 Mobile Enterprise(移动企业版)。该版本以 Windows 10 操作系统的移动

版为基础，主要提供给拥有微软公司的批量许可证的企业用户使用，增加了企业管理功能和及时获得补丁的方式。

（7）Windows 10 IoT Core（物联网核心版）。该版本主要针对物联网设备，如 ATM、零售终端、机器人等。

二、操作系统的安装方式

操作系统的安装方式通常有两种，分别是升级安装和全新安装，全新安装又分为使用光盘安装和使用 U 盘安装。

1.升级安装

升级安装是指在计算机中已安装操作系统的情况下，将其升级为更高版本的操作系统。但是，由于升级安装会保留已安装操作系统的部分文件，为避免旧操作系统中的问题遗留到新操作系统中，因而有必要删除旧操作系统，使用全新安装的方式安装操作系统。

2.全新安装

全新安装是指在计算机中没有安装任何操作系统的基础上安装一个全新的操作系统。

（1）使用光盘安装。使用光盘安装是指购买正版的操作系统安装光盘，将其放入光驱，通过光盘启动计算机，然后将光盘中的操作系统安装到计算机硬盘的系统分区中。

（2）使用 U 盘安装。使用 U 盘安装是一种比较常用的安装方式，首先从微软公司的官网下载正版操作系统的安装文件，将其存放到 U 盘或其他移动存储设备中，然后通过 U 盘启动计算机，在 Windows PE 操作系统中找到安装文件，并通过该安装文件安装操作系统。

三、安装 Windows 10 操作系统的硬件要求

在计算机中安装操作系统前，应先检查计算机的硬件配置是否能够满足安装操作系统的最低配置要求，安装 Windows 10 操作系统的硬件要求如下。

（1）处理器：1 GHz 或更快的处理器或系统单芯片（SoC）。

（2）RAM：1 GB（32 位）或 2 GB（64 位）。

（3）硬盘空间：16 GB（32 位操作系统）或 32 GB（64 位操作系统）。

（4）显卡：DirectX 9 或更高版本（包含 WDDM 1.0 驱动程序）。

（5）显示器：600 px×800 px。

（6）互联网连接：需要连接互联网进行更新和下载，以及利用某些功能。

任务实施

使用 U 盘安装 Windows 10 操作系统

微软原版Win10系统的安装

（1）首先在 BIOS 中设置启动顺序，将 U 盘启动调整为第一位，然后保

存并退出。计算机在启动时会首先寻找 U 盘作为第一个启动硬盘。

(2)进入 U 盘启动盘后，将自动加载启动程序，等待片刻，进入如图 5-1 所示的界面，在该界面选择安装语言、时间和货币格式以及键盘和输入方法。选择完成后，单击“下一步”按钮。

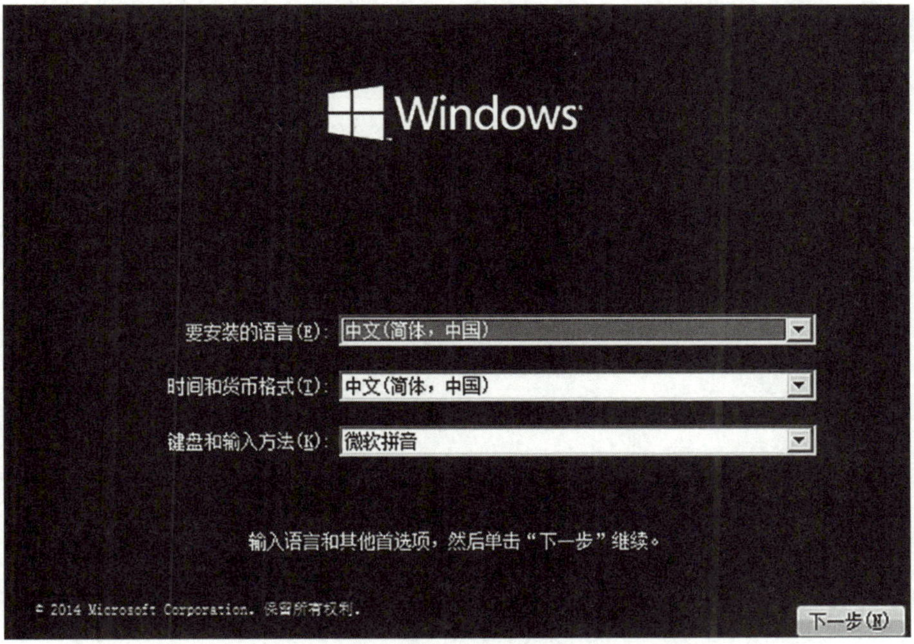

图 5-1　选择安装语言、时间和货币格式以及键盘和输入方法

(3)在打开的界面中单击“现在安装”按钮，安装 Windows 10 操作系统，如图 5-2 所示。

图 5-2　安装 Windows 10 操作系统

（4）切换到“激活 Windows”界面，如图 5-3 所示。如果有安装密钥，则在相应位置输入安装密钥，然后单击“下一步”按钮；如果没有安装密钥，则单击“我没有产品密钥”超链接。

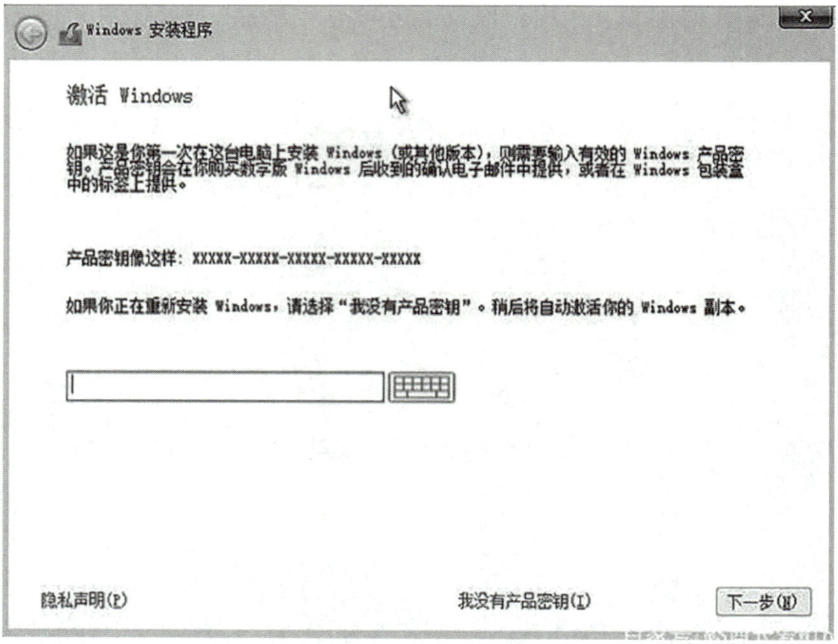
Windows 安装程序
激活 Windows
如果这是你第一次在这台电脑上安装 Windows（或其他版本），则需要输入有效的 Windows 产品密钥。产品密钥会在你购买数字版 Windows 后收到的确认电子邮件中提供，或者在 Windows 包装盒中的标签上提供。
产品密钥像这样：XXXXX-XXXXX-XXXXX-XXXXX-XXXXX
如果你正在重新安装 Windows，请选择“我没有产品密钥”。稍后将自动激活你的 Windows 副本。
隐私声明(P)
我没有产品密钥(I)
下一步(N)

图 5-3　“激活 Windows”界面

（5）切换到“选择要安装的操作系统”界面，选择要安装的操作系统的版本，这里选择“Windows 10 专业版”选项，如图 5-4 所示，然后单击“下一步”按钮。

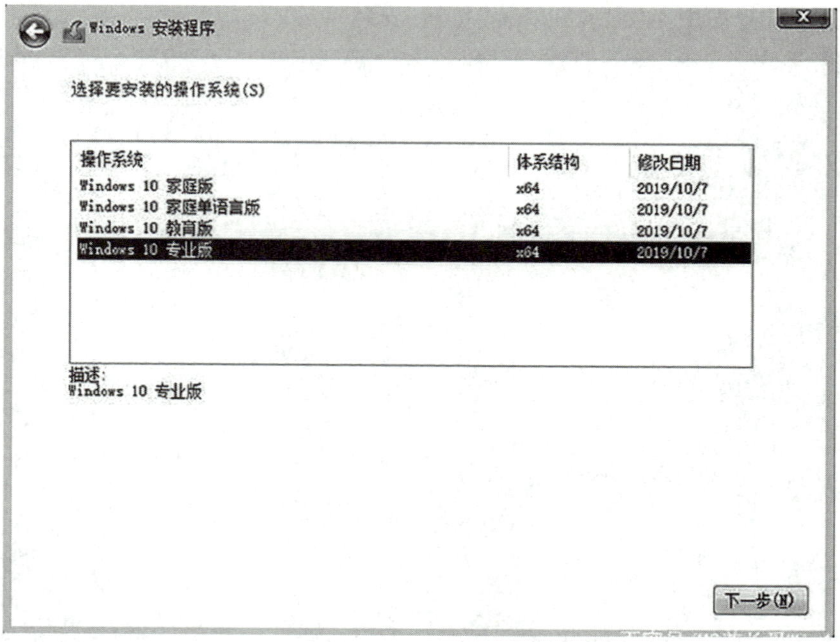
Windows 安装程序
选择要安装的操作系统(S)
操作系统
体系结构
修改日期
Windows 10 家庭版　x64　2019/10/7
Windows 10 家庭单语言版　x64　2019/10/7
Windows 10 教育版　x64　2019/10/7
Windows 10 专业版　x64　2019/10/7
描述:
Windows 10 专业版
下一步(N)

图 5-4　选择“Windows 10 专业版”选项

(6)切换到“适用的声明和许可条款”界面,勾选“我接受许可条款”复选框,如图 5-5 所示,然后单击“下一步”按钮。

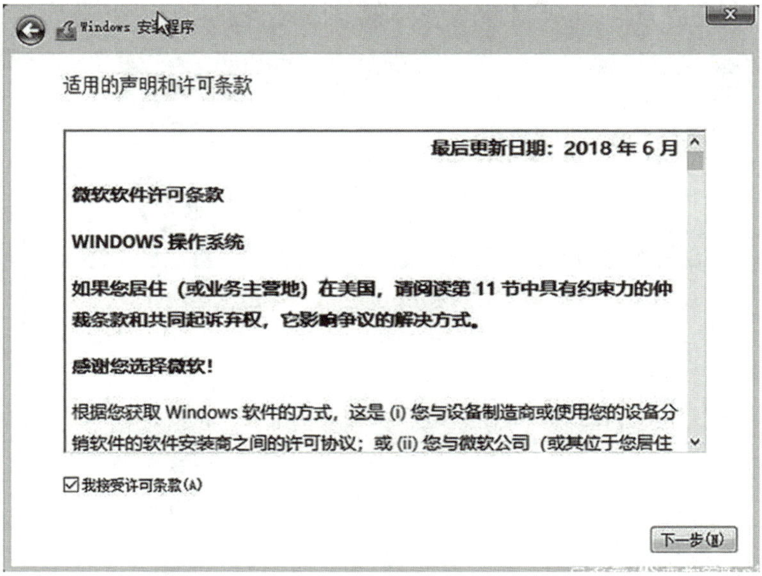
Windows 安装程序
适用的声明和许可条款
最后更新日期：2018 年 6 月
微软软件许可条款
WINDOWS 操作系统
如果您居住（或业务主营地）在美国，请阅读第 11 节中具有约束力的仲裁条款和共同起诉弃权，它影响争议的解决方式。
感谢您选择微软！
根据您获取 Windows 软件的方式，这是 (i) 您与设备制造商或使用您的设备分销软件的软件安装商之间的许可协议；或 (ii) 您与微软公司（或其位于您居住
我接受许可条款(A)
下一步(N)

图 5-5　勾选“我接受许可条款”复选框

(7)切换到“你想执行哪种类型的安装?”界面,选择“自定义:仅安装 Windows(高级)”选项,如图 5-6 所示。

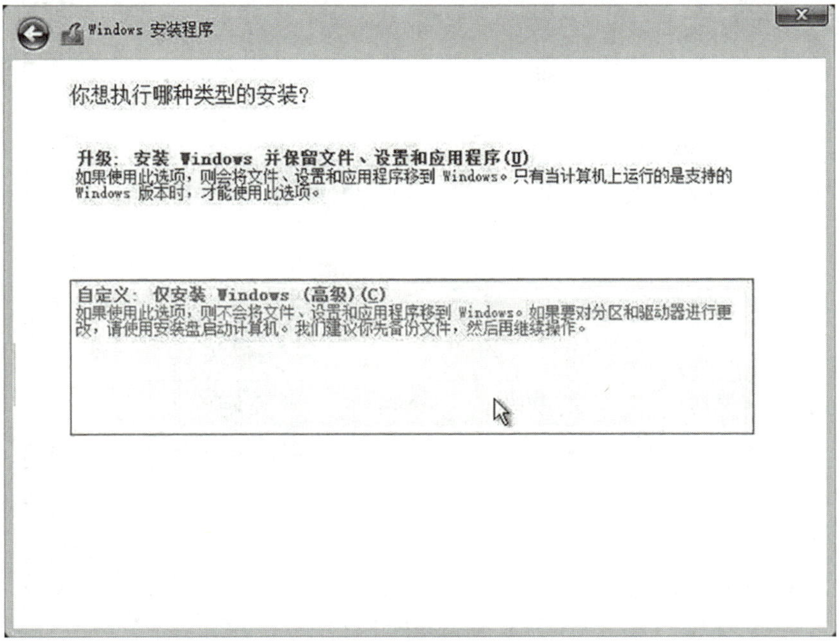
Windows 安装程序
你想执行哪种类型的安装?
升级：安装 Windows 并保留文件、设置和应用程序(U)
如果使用此选项，则会将文件、设置和应用程序移到 Windows。只有当计算机上运行的是支持的 Windows 版本时，才能使用此选项。
自定义：仅安装 Windows (高级)(C)
如果使用此选项，则不会将文件、设置和应用程序移到 Windows。如果要对分区和驱动器进行更改，请使用安装盘启动计算机。我们建议你先备份文件，然后再继续操作。

图 5-6　选择“自定义:仅安装 Windows(高级)”选项

(8)切换到“你想将 Windows 安装在哪里?”界面,如图 5-7 所示,如果之前已经对硬盘

进行了分区操作，则直接单击“下一步”按钮即可；如果没有分区，则需要在此对硬盘进行分区。单击“新建”按钮，在“大小”数值框中输入数值，以确定系统硬盘的容量，如图 5-8 所示，单击“应用”按钮，完成分区。按照以上操作步骤，对未分配的空间进行分区。

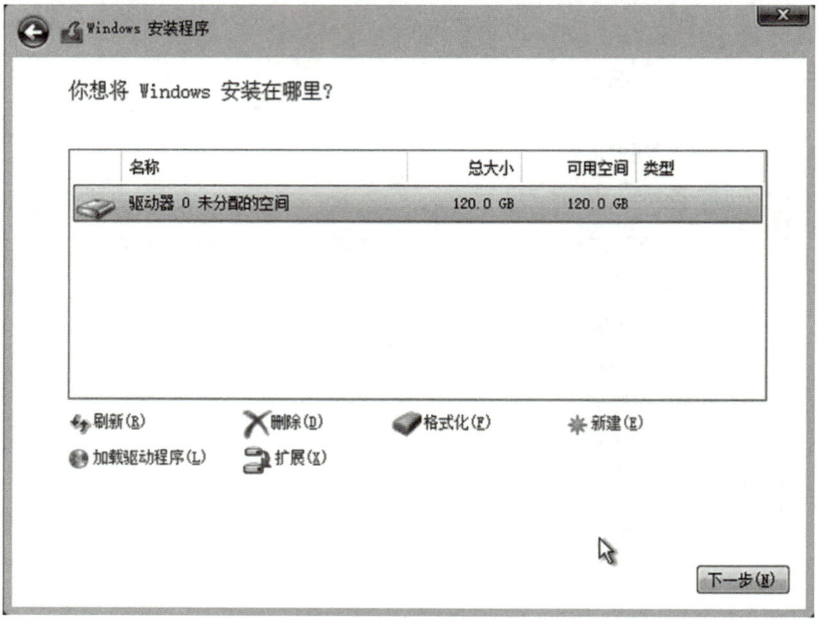

图 5-7 “你想将 Windows 安装在哪里?”界面

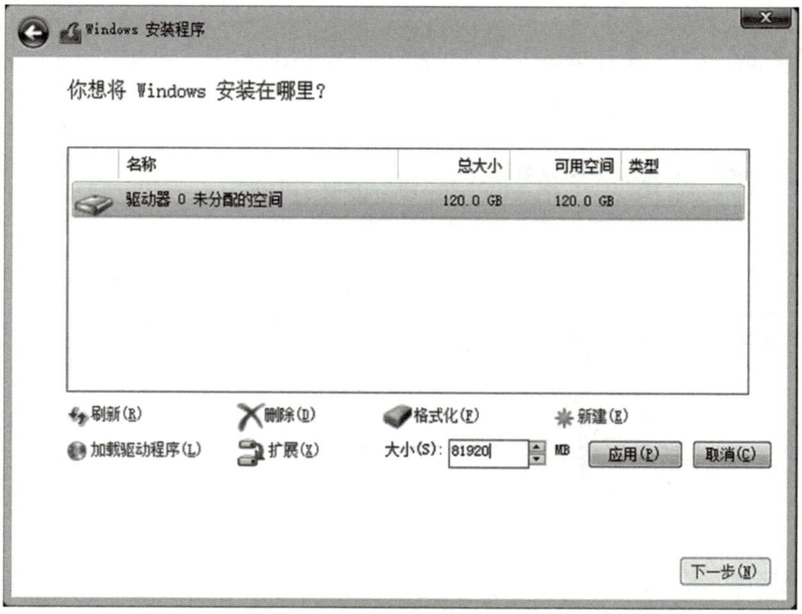

图 5-8 确定系统硬盘的容量

(9)分区完成后，单击“下一步”按钮，进入 Windows 10 操作系统的安装界面，等待 Windows 10 操作系统安装。安装完成后，计算机会自动重启，然后就可以进行基本设置了。首先，选择用户所在区域，如图 5-9 所示；然后，单击“是”按钮。

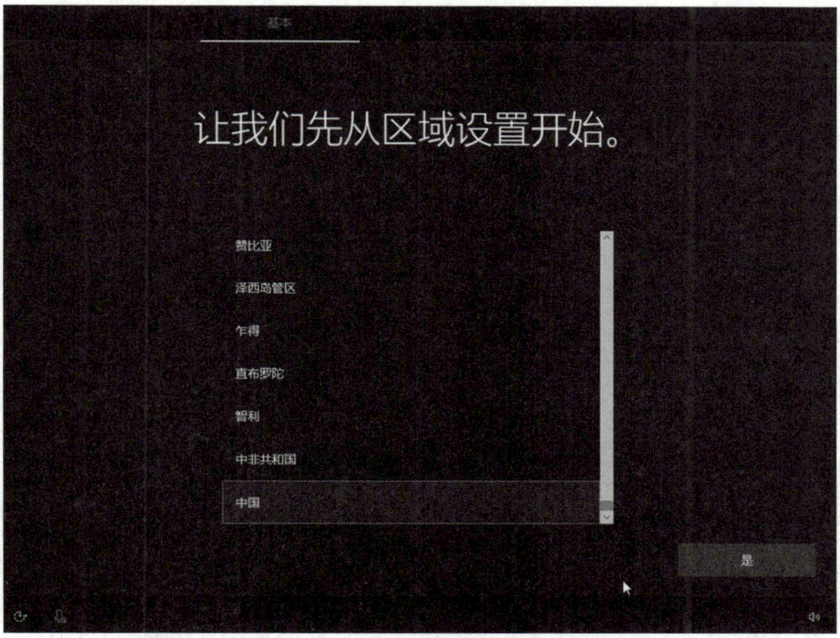

图 5-9 选择用户所在区域

(10)切换到“这种键盘布局是否合适?”界面对键盘进行布局，如图 5-10 所示。单击“是”按钮，切换到“是否想要添加第二种键盘布局?”界面，根据需要确定是否添加第二种键盘布局，若不添加，则单击“跳过”按钮。

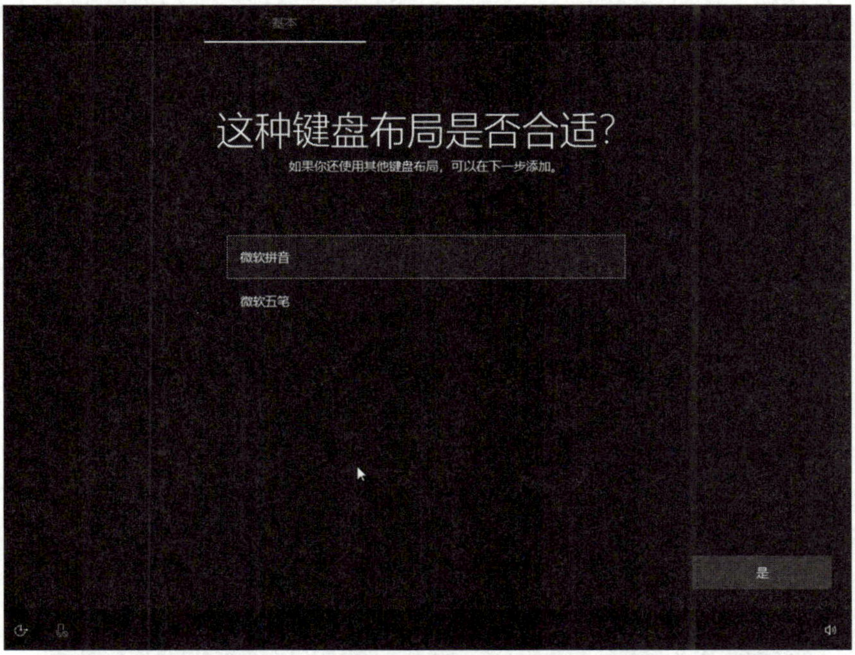

图 5-10 “这种键盘布局是否合适?”界面

(11)切换到“希望以何种方式进行设置?”界面,根据需要选择设置方式,在此选择“针对个人使用进行设置”选项,如图 5-11 所示,再单击“下一步”按钮。

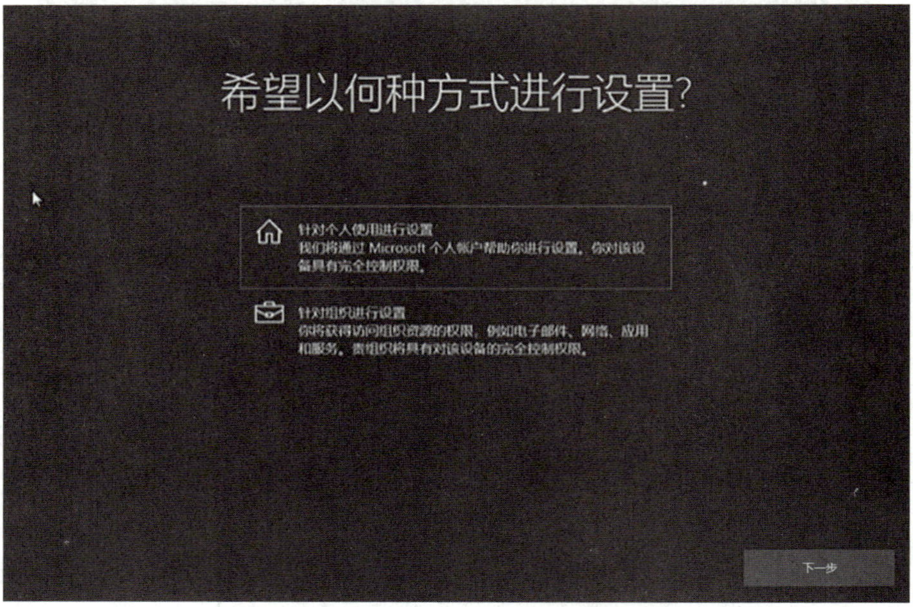
希望以何种方式进行设置?
针对个人使用进行设置
我们将通过 Microsoft 个人账户帮助你进行设置。你对该设备具有完全控制权限。
针对组织进行设置
你将获得访问组织资源的权限，例如电子邮件、网络、应用和服务。贵组织将具有对该设备的完全控制权限。
下一步

图 5-11　选择“针对个人使用进行设置”选项

(12)切换到“谁将会使用这台电脑?”界面,在“名称”文本框中输入微软账户的名称,如图 5-12 所示。单击“下一步”按钮,切换到“创建容易记住的密码”界面,如图 5-13 所示,在“密码”文本框中输入密码,然后单击“下一步”按钮。切换到“确认你的密码”界面,再次输入密码,以确保密码的正确性,单击“下一步”按钮。

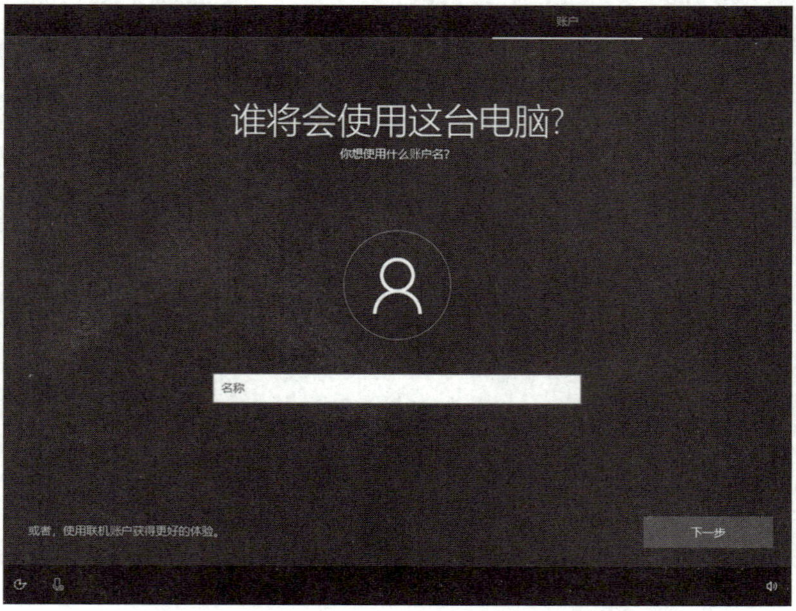
账户
谁将会使用这台电脑?
你想使用什么账户名?
名称
或者，使用联机账户获得更好的体验。
下一步

图 5-12　输入微软账户的名称

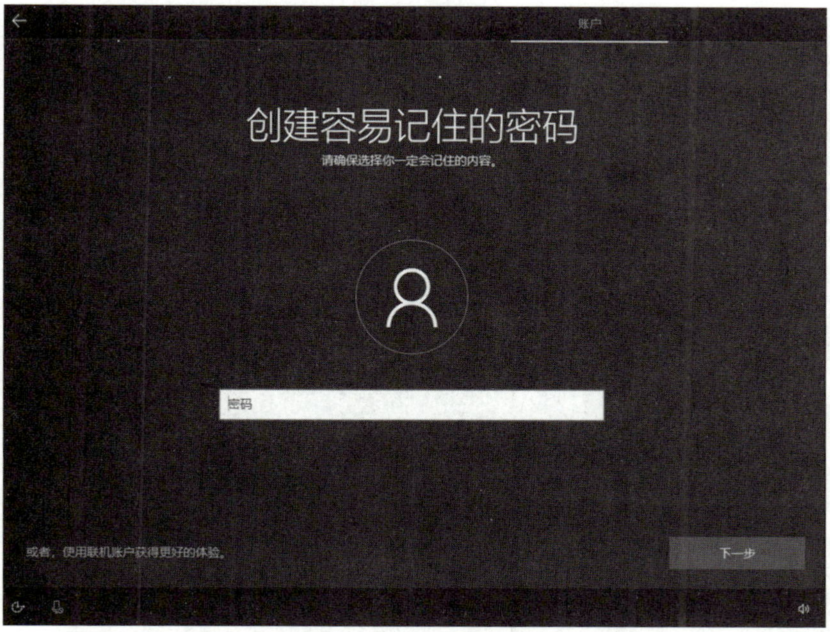

图 5-13 “创建容易记住的密码”界面

(13)切换到“为此账户创建安全问题”界面，如图 5-14 所示，创建 3 个安全问题，以防使用时忘记密码。创建完成后，单击“下一步”按钮。

图 5-14 “为此账户创建安全问题”界面

(14)切换到“在具有活动历史记录的设备上执行更多操作”界面，如图 5-15 所示，根据个人需要进行设置。单击“是”按钮，切换到下一个界面，根据个人需要选择合适的选项即可。

帐户
在具有活动历史记录的设备上执行更多操作
如果你希望时间线和其他 Windows 功能帮助你继续进行所执行的操作，请向 Microsoft 发送你的活动历史记录，包括有关你浏览的网站以及如何使用应用和服务的信息，即使你切换设备也不例外。选择"了解更多信息"以了解 Microsoft 产品和服务在尊重你的隐私的同时如何使用此数据来提供个性化体验。
了解详细信息
否
是

图 5-15　切换到“在具有活动历史记录的设备上执行更多操作”界面

(15)设置完成后，等待一段时间后，Windows 10 操作系统安装完成，如图 5-16 所示。

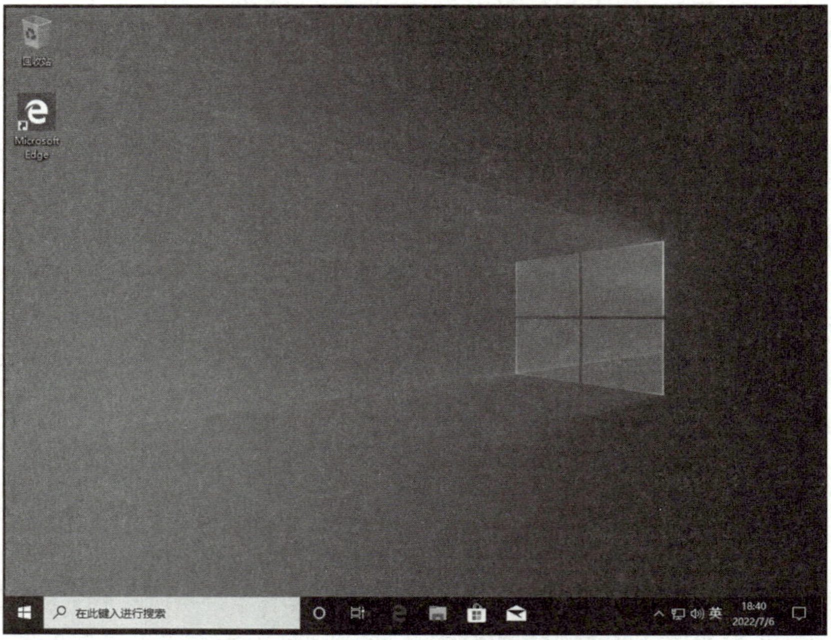

Microsoft Edge
在此键入进行搜索
18:40
2022/7/6

图 5-16　Windows 10 操作系统安装完成

任务二　驱动程序的安装

任务需求

当 Windows 10 操作系统安装完成后，系统并不能很好地工作，还需要为硬件安装驱动程序。

任务计划

手动安装驱动程序；使用驱动精灵安装驱动程序。

任务学习

驱动程序简述

一、驱动程序概述

驱动程序全称为设备驱动程序，它是一种实现操作系统与硬件通信的特殊程序。驱动程序中包含了硬件的相关信息，为操作系统访问和控制硬件提供了一个接口，操作系统必须通过驱动程序才能控制硬件进行工作。

二、驱动程序的功能

一般来说，驱动程序具备以下两个功能。

(1)初始化硬件。初始化硬件是驱动程序的基本功能，驱动程序中包含硬件的相关信息。操作系统访问和控制硬件时，驱动程序可以实现对硬件的识别与对端口的读写操作，并进行中断设置。

(2)完善硬件的功能。驱动程序可以完善硬件的功能，如果硬件中存在一些缺陷，驱动程序则可以进行弥补，在一定程度上提升了硬件的性能。

三、驱动程序的分类

根据驱动程序的版本，驱动程序可分为官方正式版驱动程序、微软 WHQL(Windows Hardware Quality Lab，Windows 硬件质量实验室)认证版驱动程序、第三方驱动程序和测试版驱动程序，用户可以根据需要及硬件的具体情况下载并安装不同版本的驱动程序。

1.官方正式版驱动程序

官方正式版驱动程序也称公版驱动程序，它按照硬件厂商的要求设计研发，经过反复测试和修正，最终通过官方渠道发布。官方正式版驱动程序的稳定性、兼容性、安全性都比较好，是安装驱动程序的首选。

2. 微软 WHQL 认证版驱动程序

微软 WHQL 认证版驱动程序是微软公司对各厂商所开发的驱动程序的一个认证，通过微软 WHQL 认证的驱动程序，基本不存在兼容性问题，其稳定性和安全性也比较好。

3. 第三方驱动程序

第三方驱动程序是指第三方厂商开发的驱动程序，它们通常在官方正式版驱动程序的基础上进行优化和完善。与官方正式版驱动程序相比，第三方驱动程序的稳定性和安全性较好、功能更加完善、整体性能更加强劲。

4. 测试版驱动程序

测试版驱动程序是指还处于测试阶段，没有正式发布的驱动程序，它们在稳定性、兼容性和安全性方面可能存在问题。在安装驱动程序时，最好不要选择测试版驱动程序。

四、获取驱动程序的方式

在安装驱动程序之前，先要获取驱动程序，获取驱动程序的方法主要有以下 3 种。

(1) 操作系统自带驱动程序。某些硬件的驱动程序是操作系统自带的，会随着操作系统的安装自动安装，这种驱动程序都是经过微软 WHQL 认证的，不会存在稳定性、兼容性和安全性方面的问题。

(2) 硬件自带驱动程序。这种驱动程序是厂商销售硬件时免费提供的，一般都有较强的针对性，性能更好，但是这种驱动程序的版本一般比较旧。

(3) 通过网络下载驱动程序。通过网络下载驱动程序是目前获取驱动程序最常用的方法，用户可以通过访问硬件的官方网站下载相应的驱动程序，官方网站上的驱动程序基本都是最新版本的，比购买硬件时赠送的驱动程序更稳定、更安全。

五、驱动程序的安装与卸载

安装纯净版驱动程序

安装驱动程序的方式有 3 种，分别是自动安装驱动程序、手动安装驱动程序和利用第三方软件安装驱动程序。

(1) 自动安装驱动程序。自动安装驱动程序是设备生产厂商将驱动程序做成一种可执行的安装程序，用户只需要双击 Setup.exe 按钮就可以安装驱动程序。

自动安装驱动程序是现在主流的安装方式，基本上不需要用户进行相应的操作就能安装成功。

(2) 手动安装驱动程序。相对来说，手动安装驱动程序要复杂一些。当出现一个系统不能自动识别的设备时，系统会显示相应的提示信息来引导用户安装驱动程序。

(3) 利用第三方软件安装驱动程序。目前，一些软件生产厂商生产出了多个版本的驱动程序检测和安装软件，具有代表性的有驱动精灵、驱动人生等。使用这些软件可以自动检测计算机中硬件设备驱动程序的版本，并可实现一键安装，这也是目前最常用的一种安装驱动程序的方式。

如果想要更新驱动程序的版本，则可以先卸载原来的驱动程序，再安装新版本的驱动程序。

任务实施

一、安装驱动程序

1.手动安装驱动程序

安装瑞昱(Realtek)网卡驱动程序的具体步骤如下。

(1)在安装之前，首先需要知道网卡的相关型号，用鼠标右键单击桌面上的“此电脑”图标，在弹出的快捷菜单中选择“管理”选项，打开“计算机管理”窗口，在左侧控制台中，选择“计算机管理”→“系统工具”→“设备管理器”选项，右侧窗格会出现计算机的所有硬件信息，如图 5-17 所示。双击“网络适配器”选项，可以看到当前计算机中安装的所有网络设备，如图 5-18 所示。其中，“Realtek PCIe GBE Family Controller”选项表示有线网卡，用鼠标右键单击该选项，在弹出的快捷菜单中选择“属性”选项，打开“Realtek PCIe GBE Family Controller 属性”对话框，选择“驱动程序”选项卡，如图 5-19 所示，可以看到关于网卡驱动程序的详细信息。

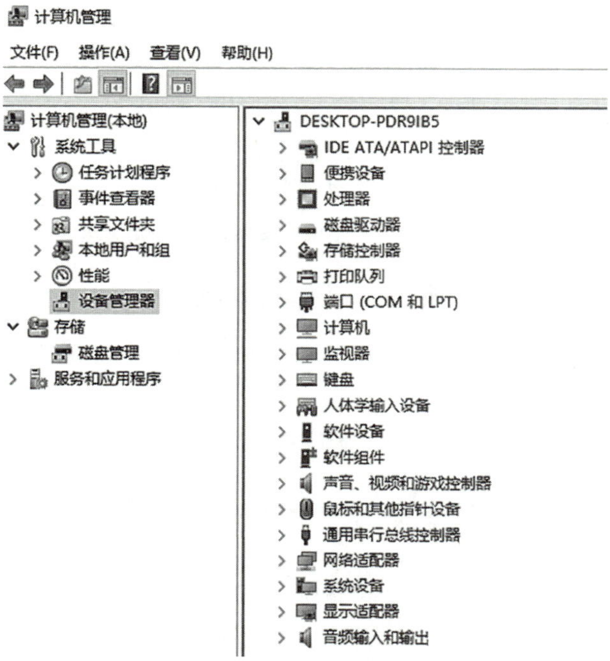

图 5-17　计算机的所有硬件信息

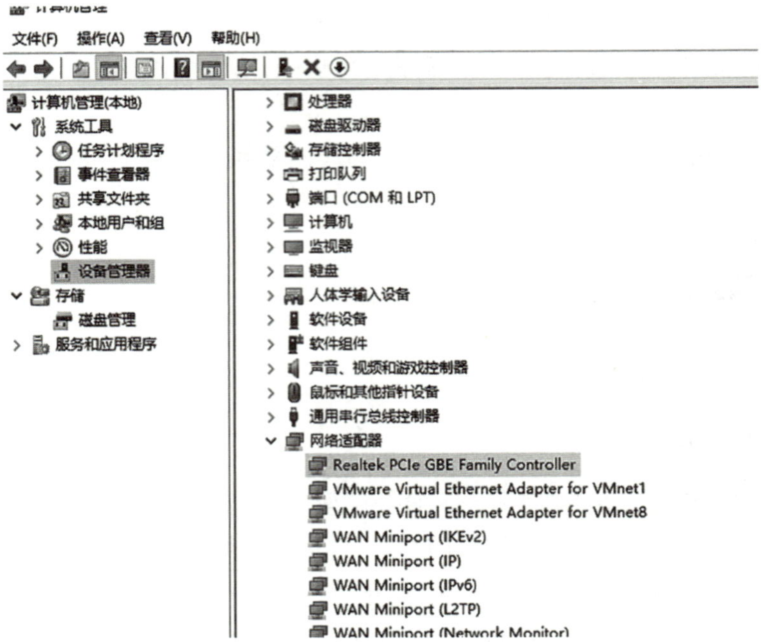

图 5-18　当前计算机中安装的所有网络设备

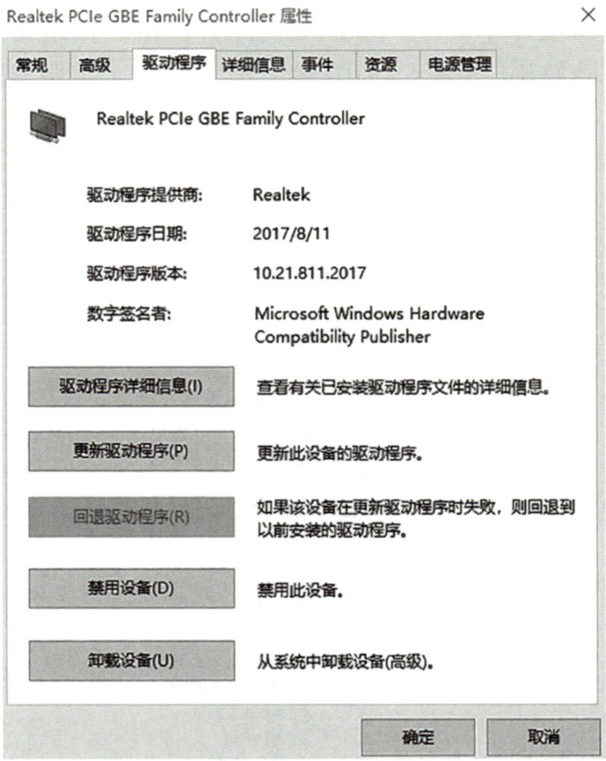

图 5-19　选择“驱动程序”选项卡

(2)由图 5-19 可知,该网卡的品牌为瑞昱,在瑞昱的官方网站上寻找适配的网卡驱动程序，如图 5-20 所示。此处选择第一项 PCIe 接口类型的驱动程序下载链接。

图 5-20　寻找适配的网卡驱动程序

（3）打开 PCIe 接口类型的驱动程序下载链接后，根据操作系统的版本下载合适的驱动程序，如图 5-21 所示。

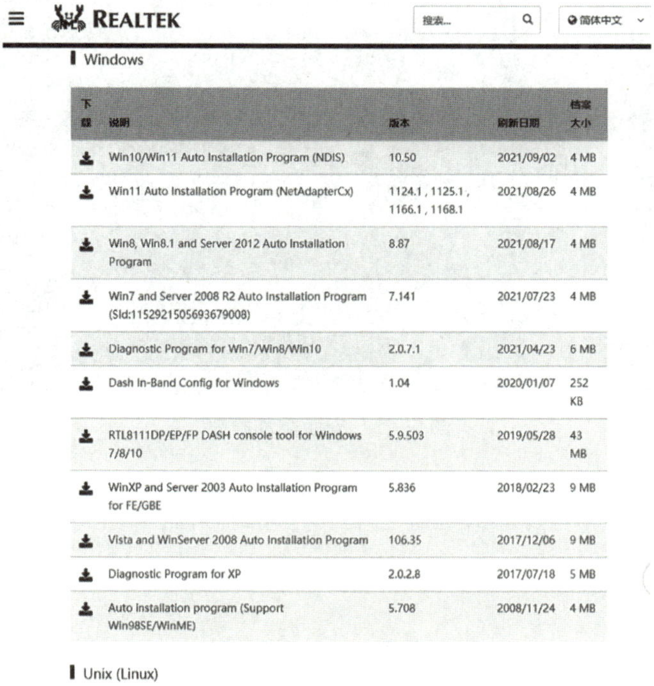

下载	说明	版本	刷新日期	档案大小
	Win10/Win11 Auto Installation Program (NDIS)	10.50	2021/09/02	4 MB
	Win11 Auto Installation Program (NetAdapterCx)	1124.1 , 1125.1 , 1166.1 , 1168.1	2021/08/26	4 MB
	Win8, Win8.1 and Server 2012 Auto Installation Program	8.87	2021/08/17	4 MB
	Win7 and Server 2008 R2 Auto Installation Program (SId:1152921505693679008)	7.141	2021/07/23	4 MB
	Diagnostic Program for Win7/Win8/Win10	2.0.7.1	2021/04/23	6 MB
	Dash In-Band Config for Windows	1.04	2020/01/07	252 KB
	RTL8111DP/EP/FP DASH console tool for Windows 7/8/10	5.9.503	2019/05/28	43 MB
	WinXP and Server 2003 Auto Installation Program for FE/GBE	5.836	2018/02/23	9 MB
	Vista and WinServer 2008 Auto Installation Program	106.35	2017/12/06	9 MB
	Diagnostic Program for XP	2.0.2.8	2017/07/18	5 MB
	Auto Installation program (Support Win98SE/WinME)	5.708	2008/11/24	4 MB

图 5-21　下载合适的驱动程序

（4）下载完成后，双击安装程序，打开网卡驱动程序的安装向导界面，如图 5-22 所示，单击"下一步"按钮进行安装。安装驱动程序如图 5-23 所示。

欢迎使用 Realtek Ethernet Controller Driver InstallShield Wizard
InstallShield(R) Wizard 将在计算机中安装 Realtek Ethernet Controller Driver。若要继续，请单击"下一步"。
上一步(B)
下一步(N) >
取消

图 5-22　网卡驱动程序的安装向导界面

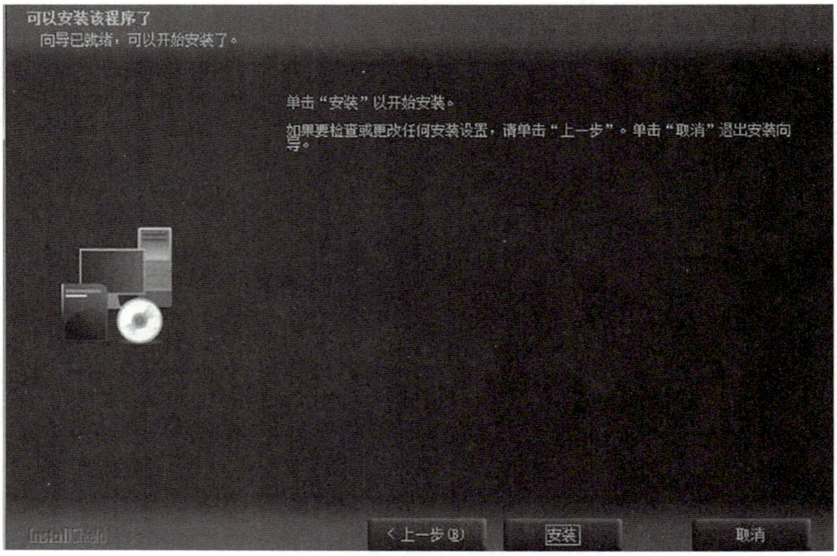
可以安装该程序了
向导已就绪，可以开始安装了。
单击"安装"以开始安装。
如果要检查或更改任何安装设置，请单击"上一步"。单击"取消"退出安装向导。
< 上一步(B)
安装
取消

图 5-23　安装驱动程序

（5）待安装完成后，会显示驱动程序已安装完成的界面，如图 5-24 所示，单击"完成"按钮，即可退出安装向导。

图 5-24　显示驱动程序已安装完成的界面

2.借助“鲁大师”软件安装驱动程序

“鲁大师”是一款非常专业的硬件检测工具。它提供的智能分辨系统可及时识别计算机运行时产生的垃圾，一个按钮即可提升系统效率，并能够为计算机提供优化方案，为计算机稳定、高效地运行提供保障。鲁大师能够全程监护硬件状态，实时检测硬件温度变化，让用户轻松掌握计算机运行状况。鲁大师还可以提供合适的、最新版本的驱动程序供用户下载和安装。具体操作步骤如下。

(1)首先，下载“鲁大师”软件，一般下载好的安装文件都是压缩文件；然后，对压缩文件进行解压；最后，双击解压后的文件夹，将其打开，用鼠标右键单击“ludashisetup2020”选项，在弹出的快捷菜单中选择“以管理员身份运行”选项，如图 5-25 所示。

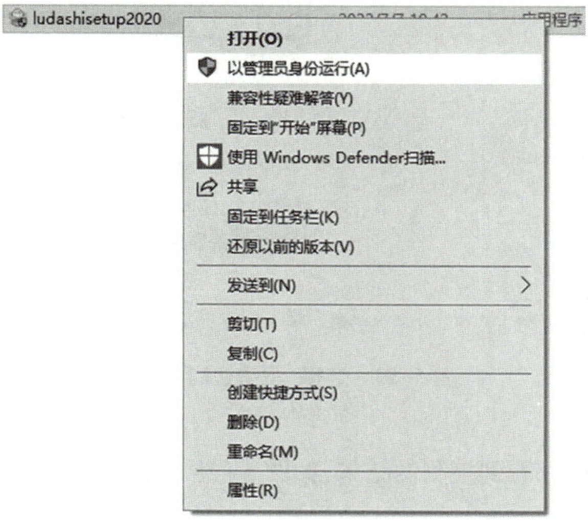

图 5-25　选择“以管理员身份运行”选项

(2)打开“鲁大师”软件的安装界面,如图 5-26 所示。在“安装在”下拉列表中选择合适的安装位置,单击“同意并安装”按钮,开始安装鲁大师。

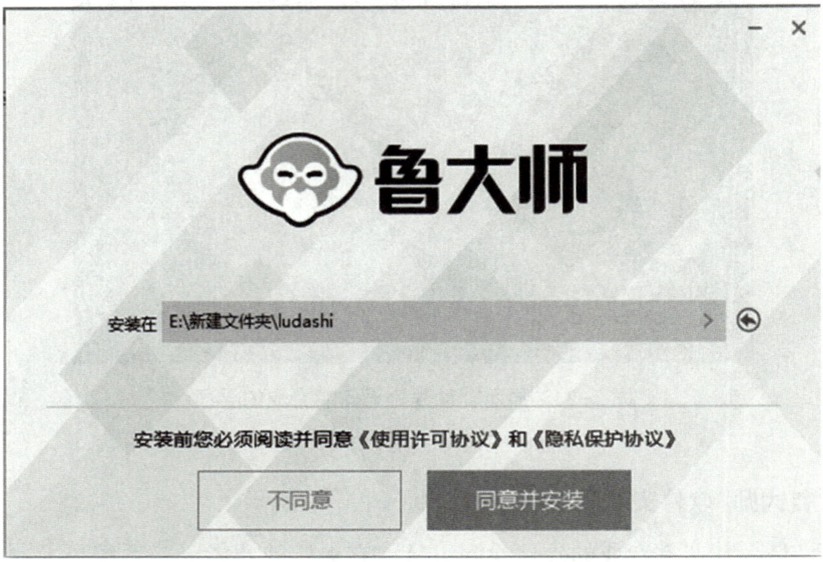

图 5-26 “鲁大师”软件的安装界面

(3)安装完成后,双击“鲁大师”图标,启动该软件,在左侧导航栏中选择“驱动检测”选项,如图 5-27 所示,开始检测驱动程序。

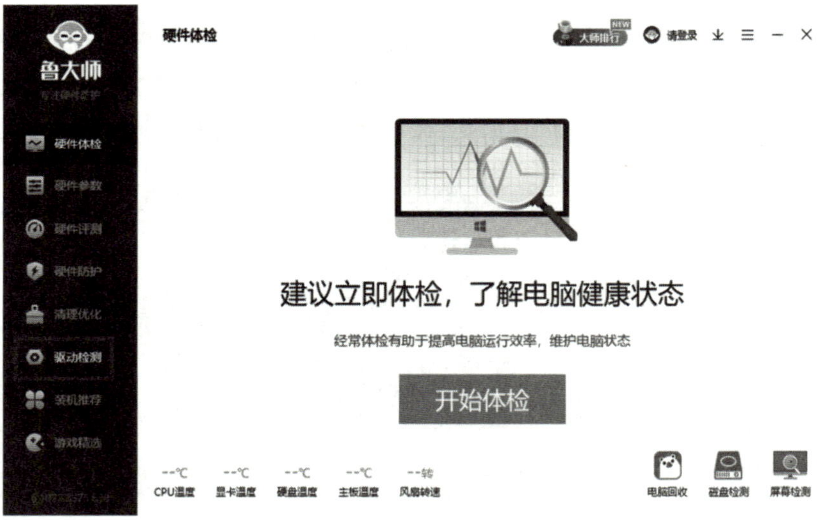

图 5-27 选择“驱动检测”选项

(4)检测完成后,可以看到检测的结果,如图 5-28 所示。单击“一键安装”按钮,即可开始安装驱动程序。

图 5-28　检测的结果

(5)安装完成后，会出现如图 5-29 所示的提示界面。

图 5-29　提示界面

二、卸载驱动程序

如果安装完新版本的驱动程序后，发现由于兼容性问题，而使硬件无法使用，则需要将驱动程序从计算机中卸载，卸载驱动程序的步骤如下。

(1)用鼠标右键单击桌面上的“此电脑”图标，在弹出的快捷键菜单中选择“管理”选项，打开“计算机管理”窗口，选择“计算机管理”→“系统工具”→“设备管理器”选项，如图 5-30 所示。

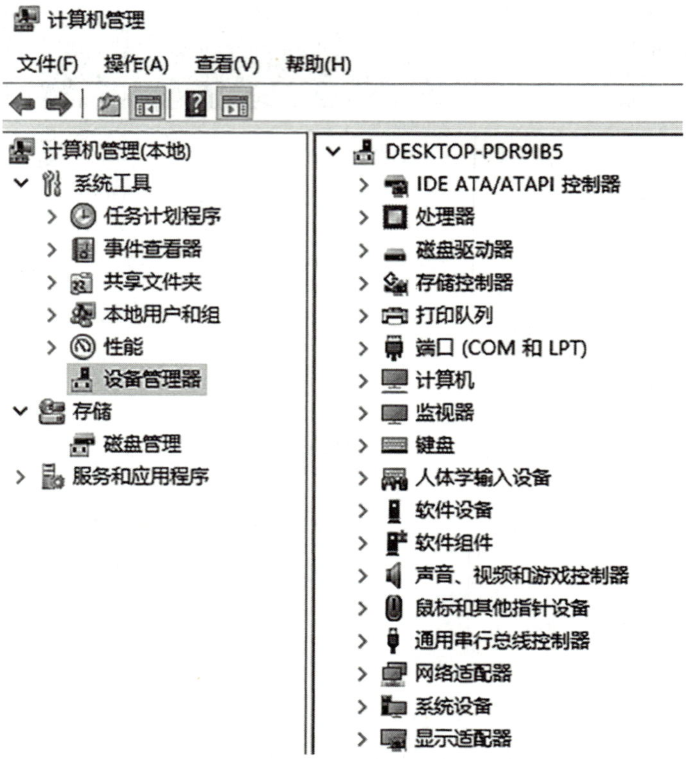

图 5-30　选择“计算机管理”→“系统工具”→“设备管理器”选项

（2）双击右侧窗格中的任一选项，均可以看到已安装的驱动程序，当用户想要卸载某个驱动程序时，用鼠标右键单击该驱动程序，在弹出的快捷菜单中选择“卸载设备”选项即可，如图 5-31 所示。

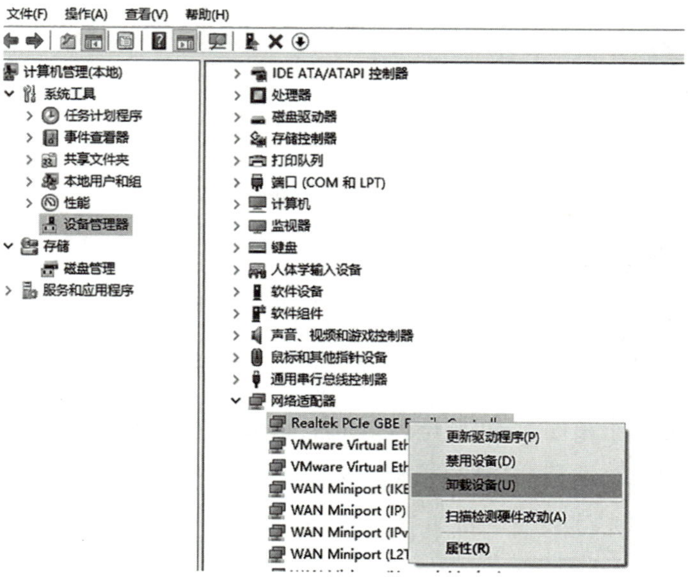

图 5-31　选择“卸载设备”选项

(3)打开“卸载设备”对话框,如图5-32所示。勾选“删除此设备的驱动程序软件。”复选框,然后单击“卸载”按钮,驱动程序就会被删除。需要注意的是,在升级和更新驱动程序时,最好先卸载原来的驱动程序,再安装最新的驱动程序。

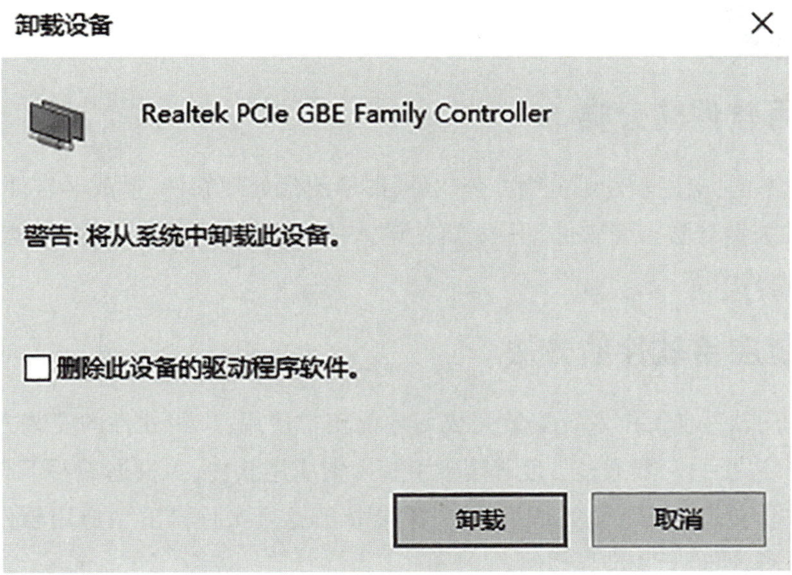
卸载设备
Realtek PCIe GBE Family Controller
警告:将从系统中卸载此设备。
删除此设备的驱动程序软件。
卸载
取消

图5-32 “卸载设备”对话框

知识加油站

有的硬件不需要安装驱动程序也可以正常工作,如CPU、内存、键盘、显示器等,但是有的硬件必须要安装驱动程序才可以正常工作,如主板、显卡、声卡、网卡等。如果计算机上安装了周边设备,如外接游戏设备、打印机、扫描仪等,也需要为这些设备安装对应的驱动程序。

任务三 应用软件的安装

任务需求

在使用计算机时,仅有操作系统远远不能满足用户的需要,因而需要安装应用软件来完成相应的工作,如使用Microsoft Office提高办公效率、使用下载工具提高下载速度等,用户也可通过安装各种应用软件来解决相应的问题。

任务计划

安装常用的应用软件并详细描述安装步骤;安装解压缩软件、下载工具、驱动工具。

任务学习

一、应用软件的分类

根据用途不同,应用软件可分为办公软件、图形图像处理软件、播放器软件、程序开发软件、翻译软件、杀毒与防火墙软件、下载软件、输入法软件、系统优化软件、光盘刻录软件、解压缩软件、其他软件等。

二、安装应用软件的方法

所有的应用软件在操作系统安装完成后才能正常使用,应用软件的安装方法都比较简单。在连接网络之后,一般通过百度等搜索引擎搜索应用软件,并根据需要下载所需应用软件的安装文件。安装文件下载完成后,通常需要执行这个文件来安装应用软件。应用软件的类型虽然很多,但是安装过程相似。

三、应用软件的安装与卸载

安装任意一款应用软件都必须要有该应用软件的安装文件,下载安装文件后一般需要解压缩。在安装完应用软件后,如果发现该软件不是需要的版本,则可以卸载该版本的应用软件再重新安装。

任务实施

一、安装应用软件

1.安装办公软件——Microsoft Office 2019

Microsoft Office 2019 是一款多功能的办公软件,其中不但包含 Word、Excel、PowerPoint 处理软件,而且由于用户选择的套装不同,还可以获得其他组件,包括 Outlook、Visio、Access、Publisher、OneDrive For Business、Skype for Business 等。Microsoft Office 2019 的具体安装步骤如下。

(1)进入微软公司的官方网站,如图 5-33 所示,单击"登录"按钮,进入微软账户;如果没有微软账户,则单击"新建账户"按钮,创建新的微软账户。

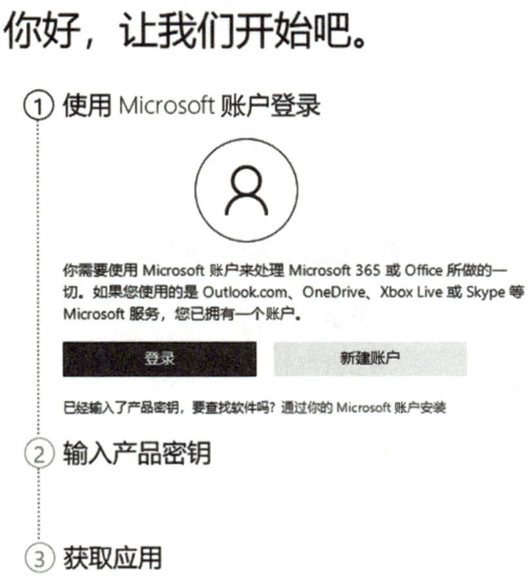
你好，让我们开始吧。
① 使用 Microsoft 账户登录
你需要使用 Microsoft 账户来处理 Microsoft 365 或 Office 所做的一切。如果您使用的是 Outlook.com、OneDrive、Xbox Live 或 Skype 等 Microsoft 服务，您已拥有一个账户。
登录
新建账户
已经输入了产品密钥，要查找软件吗？通过你的 Microsoft 账户安装
② 输入产品密钥
③ 获取应用

图 5-33 微软公司的官方网站

（2）登录成功后，首先输入购买的产品密钥，如图 5-34 所示，然后在“国家或地区”下拉列表中选择“中国”选项，在“语言”下拉列表中选择“简体中文”选项，最后单击“下一步”按钮。

你好，让我们来帮助你获取 Office
① 登录身份为 Kai Zhu
更改
② 输入产品密钥
Office
国家或地区
中国
语言
简体中文
③ 获取 Office

图 5-34 输入购买的产品密钥

（3）出现如图 5-35 所示的获取 Microsoft Office 2019 页面，单击“下一步”按钮，即可安装 Microsoft Office 2019。

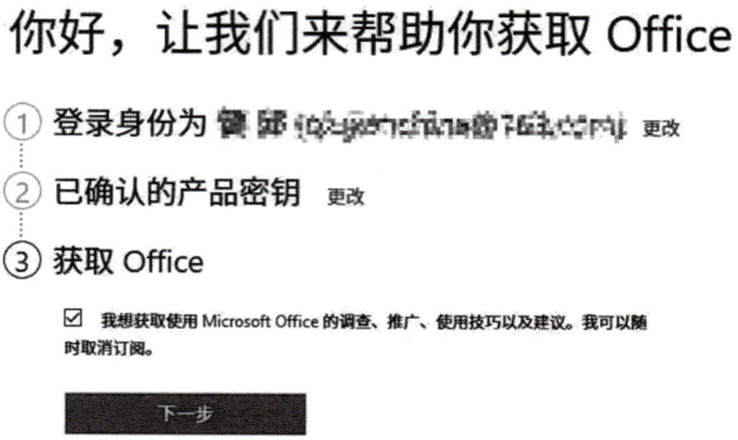

图 5-35　获取 Microsoft Office 2019 页面

（4）安装完成后，单击“开始”按钮，在“开始”菜单中单击 Microsoft Office 2019 的任一组件，打开后将自动激活 Microsoft Office 2019，如图 5-36 所示。

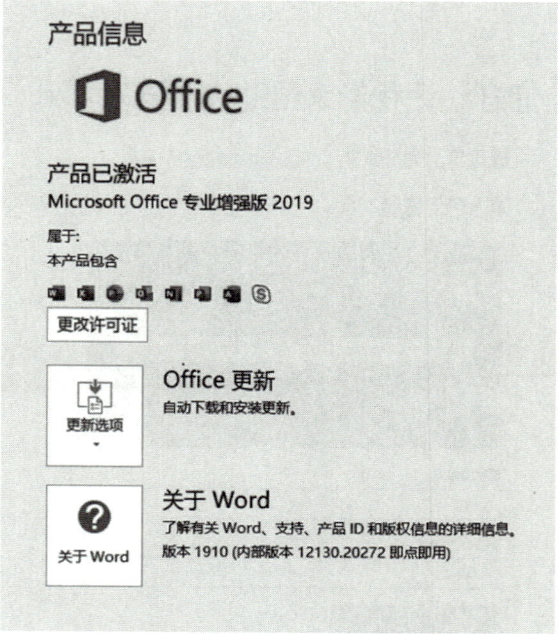

图 5-36　自动激活 Microsoft Office 2019

2.安装下载工具——百度网盘

百度网盘是百度公司推出的一项云服务产品，它支持便捷地查看、上传、下载百度云端的各类数据。通过百度云管家存入的文件,不会占用本地空间,上传、下载文件的过程更稳定,不会因为浏览器、网络等突发性问题而出现中断现象。百度网盘的具体安装步骤如下。

(1)从搜索引擎上下载百度网盘的安装文件后,首先解压此安装文件,然后用鼠标右键单击应用程序文件,在弹出的快捷菜单中选择“以管理员身份运行”选项,如图 5-37 所示。

图 5-37　选择“以管理员身份运行”选项

(2)打开百度网盘的安装界面,如图 5-38 所示,在此界面更改百度网盘的安装位置,取消勾选“同意在微软 Office 中安装百度网盘 Office 插件”复选框,然后单击“极速安装”按钮,安装百度网盘。

图 5-38　百度网盘的安装界面

(3)安装完成后,打开百度网盘,如图 5-39 所示。

图 5-39　打开百度网盘

3.安装驱动工具——驱动精灵

驱动精灵是一款集驱动管理和硬件检测于一体的、专业级的管理和维护驱动程序的工具。驱动精灵不仅为用户提供了驱动程序的备份、恢复、安装、删除、在线更新等实用功能，而且提供了 Outlook 地址簿、邮件和 IE 收藏夹的备份与恢复等功能，同时有多种语言供用户选择。驱动精灵的安装步骤如下。

(1)从搜索引擎上下载驱动精灵的安装文件后，首先解压此安装文件，然后用鼠标右键单击应用程序文件，在弹出的快捷菜单中选择“以管理员身份运行”选项，如图 5-40 所示。

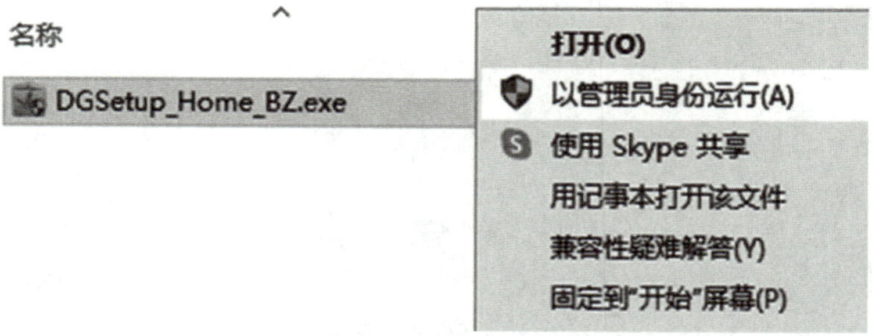

图 5-40　选择“以管理员身份运行”选项

(2)打开驱动精灵安装界面，如图 5-41 所示。首先单击“更改路径”按钮，打开“浏览文件夹”对话框，从其中选择合适的安装位置，然后取消勾选不需要安装的应用软件的复选框，最后单击“一键安装”按钮，安装驱动精灵。

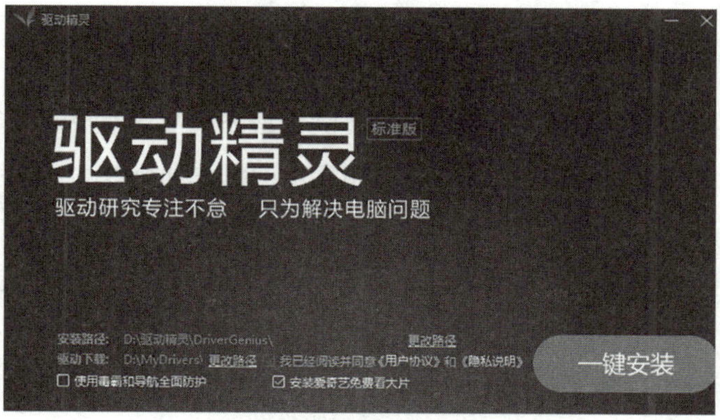

图 5-41　驱动精灵安装界面

(3)安装完成后,出现如图 5-42 所示的界面。单击“立即体验”按钮,启动驱动精灵,如图 5-43 所示。

图 5-42　安装完成后的界面

图 5-43　启动驱动精灵

二、卸载应用软件

用户在完成了应用软件的安装后，若对其不满意或不需要再使用该应用软件，则可以将其从计算机中卸载，以释放硬盘空间。卸载应用软件的操作通常在“控制面板”窗口进行，具体操作如下。

(1)单击“开始”按钮，在“开始”菜单中选择“设置”选项，打开“Windows 设置”窗口，如图 5-44 所示。

图 5-44　“Windows 设置”窗口

(2)选择“应用”选项，打开“应用和功能”窗口，如图 5-45 所示。在该窗口中选择想要卸载的应用软件，如选择“爱奇艺”选项，然后单击“卸载”按钮，根据相关提示信息，卸载应用软件。

图 5-45　“应用和功能”窗口

(3)卸载完成后,单击"完成"按钮即可,如图 5-46 所示。

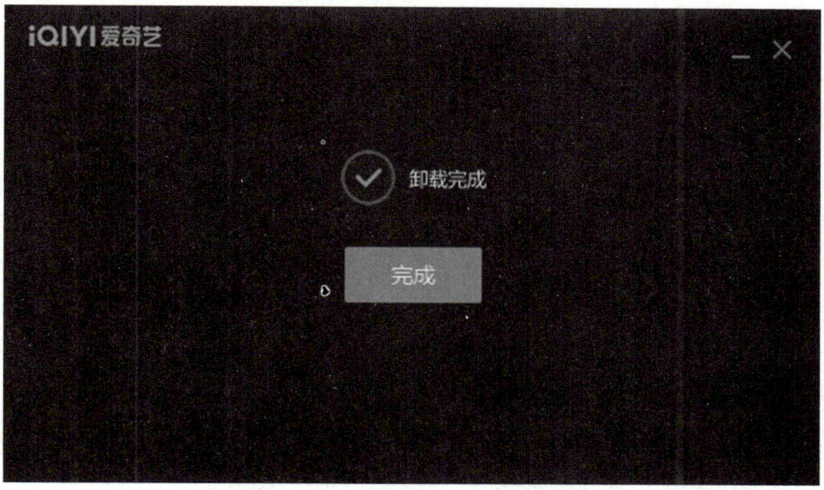

图 5-46 卸载完成

知识加油站

某些应用软件安装成功后将自动在桌面上创建一个快捷方式,用户可通过它快速启动该应用软件。若桌面上没有该应用软件的快捷方式,用户则可以单击"开始"按钮,在"开始"菜单中找到该应用软件,用鼠标右键单击该应用软件,在弹出的快捷菜单中选择"更多"→"打开文件位置"选项,打开该应用软件所存放的位置,用鼠标右键单击该应用软件,在弹出的快捷菜单中选择"发送到"→"桌面快捷方式"选项,即可在桌面上创建该软件的快捷方式。

拓展练习

一、选择题

1.操作系统的功能是( )。

A.处理机管理、存储器管理、设备管理、文件管理

B.运算器管理、控制器管理、打印机管理、磁盘管理

C.硬盘管理、软盘管理、存储器管理、文件管理

D.程序管理、文件管理、编译管理、设备管理

2.( )驱动程序可能存在问题。

A.官方正式版　　B.测试版

C.微软 WHQL 认证版　　D.第三方

3.关于操作系统,下列说法中正确的是( )。

A.操作系统是软件和硬件之间的接口　　B.操作系统是源程序和目标程序之间的接口

C.操作系统是用户和计算机之间的接口　D.操作系统是外围设备和主机之间的接口

4.关于 Mac 操作系统,下列说法中正确的是(　　)。

A.Mac 操作系统是由苹果公司自行开发的操作系统,它基于 UNIX 内核

B.Mac 操作系统与 Windows 操作系统保持良好的兼容性

C.在普通计算机上也可以安装 Mac 操作系统

D.它适用于一般的计算机架构

5.关于驱动程序的安装和管理,下列说法中错误的是(　　)。

A.驱动程序可以随时安装和卸载　　B.CPU 需要安装驱动程序才能工作

C.可以通过驱动精灵管理驱动程序　　D.可以通过搜索引擎下载驱动程序,并进行安装

6.如果发现某个硬件的驱动程序不正常,可以采用的办法是(　　)。

A.将原来的驱动程序卸载,重新安装正确的驱动程序

B.关机以后将该硬件从机箱中取出

C.将该硬件从“设备管理器”列表中删除

D.可尝试用系统工具进行修复

7.关于安装常用的应用软件,正确的做法是(　　)。

A.访问应用软件的官方网站,下载安全的应用进行安装

B.通过第三方应用软件(如软件管家)下载,然后进行安装

C.安装应用软件前,使用杀毒软件进行病毒扫描

D.以上做法都是正确的

8.在计算机系统中,(　　)的存储容量最大。

A.内存　　B.软盘　　C.硬盘　　D.光盘

9.开机后,计算机首先进行设备检测,称为(　　)。

A.启动系统　　B.设备检测　　C.开机　　D.系统自检

10.关于主流的操作系统,下列说法中正确的是(　　)。

A.Windows 10 操作系统在兼容性方面不如其他版本

B.Linux 操作系统是开源的

C.Mac 操作系统是基于 Windows 操作系统开发的

D.Mac 操作系统兼容 Windows 操作系统

二、判断题

1.操作系统是一个硬件。(　　)

2.驱动程序可以实现对硬件的识别与端口的读写操作。(　　)

3.只有已经安装并配置了适当的驱动程序,操作系统才能够使用该设备。(　　)

4.升级安装操作系统会将硬盘全部格式化。(　　)

5.所有硬件都需要安装驱动程序。(　　)

6.驱动程序是指允许特定的硬件与操作系统进行通信的程序。(　　)

7.驱动程序一旦安装就无法卸载,因此安装前需要谨慎选择。(　　)

三、思考与练习

1.简述操作系统的安装方式。

2.尝试在计算机上安装 Windows 10 操作系统。

3.简述驱动程序的定义和驱动程序的来源。

06 项目六 系统的备份与还原

人文素养

《差不多先生传》是一篇传记体式的寓言，其中讲述了“差不多”先生遇到的一些事情。这位“差不多”先生，常常将差不多作为口头禅。例如，在钱铺做伙计时，“十”和“千”总是弄混；搭火车时，总想要火车能等他几分钟。“差不多”先生总是做差不多的事，工作和生活都处于得过且过的状态，结果错误百出，处处碰壁。而作为新时代的青年工作者，绝不能像“差不多”先生那样得过且过，不负责任。无论从事哪种工作，都应该时刻保持严谨、认真、负责的工作态度，以拥有开拓创新的职业品格为目标。

学习目标

知识目标

了解操作系统自带的备份与还原功能。

掌握利用 Ghost 备份、还原操作系统的方法。

技能目标

能够根据维护需要或用户数据安全需要，对系统软件或用户数据进行备份或还原。

素养目标

树立正确的价值观，努力提高自己的职业技能。

思维导图

- 系统的备份与还原
  - 操作系统的备份与还原
    - Windows 10 操作系统的备份与还原
  - 利用 Ghost 备份、还原操作系统
    - Ghost 简介
    - 利用 Ghost 进行备份和还原
    - 利用 Ghost 备份操作系统
    - 利用 Ghost 还原操作系统

项目导读

经常对操作系统进行维护虽然可以降低故障发生的概率，但是不能保证操作系统不出现问题，在操作系统出现故障时，可以利用备份文件将操作系统还原到出现故障之前的一个相对稳定的状态，以减少用户维护的时间和精力。

任务一　操作系统的备份与还原

任务需求

能够利用操作系统自带的备份与还原功能，帮助用户在操作系统出现故障时，将操作系统还原到出现故障前的一个相对稳定的状态。

任务计划

在 Windows 10 操作系统中模拟备份与还原操作。

任务学习

在使用计算机的过程中，计算机可能会因为感染计算机病毒或用户不小心删除了系统文件而使操作系统崩溃，如果重新安装操作系统，则会浪费较多时间。但如果之前备份了操作系统，则可以直接将备份的操作系统还原，这样就能节省很多时间。

Win 10系统
创建还原点

任务实施

Windows 10 操作系统的备份与还原

1.备份 Windows 10 操作系统

(1)单击“开始”按钮,在“开始”菜单中选择“设置”选项,打开“Windows 设置”窗口,从中选择“更新和安全”选项,如图 6-1 所示。

图 6-1 选择“更新和安全”选项

(2)打开“更新和安全”窗口后,选择窗口左侧的“备份”选项,然后在右侧窗格中单击“转到‘备份和还原’(Windows 7)”超链接,如图 6-2 所示。

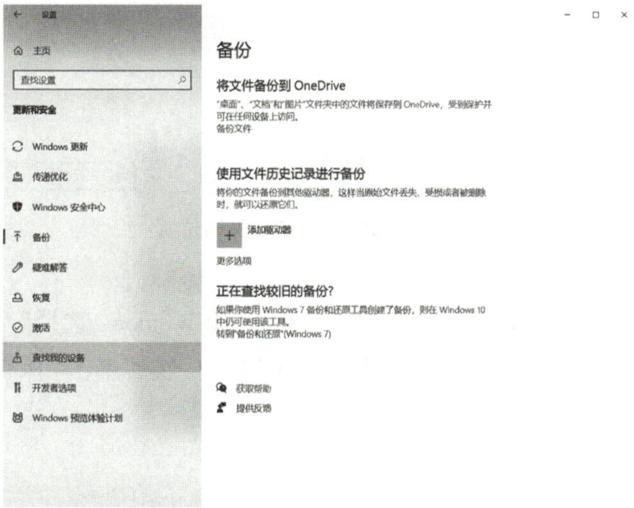

图 6-2 单击“转到‘备份和还原’(Windows 7)”超链接

(3)打开“备份和还原(Windows 7)”窗口,从中选择“设置备份”选项,如图 6-3 所示。

图 6-3　选择“设置备份”选项

(4)打开“设置备份”对话框,在“保存备份的位置”列表框中选择要保存备份的位置,然后单击“下一页”按钮,如图 6-4 所示。

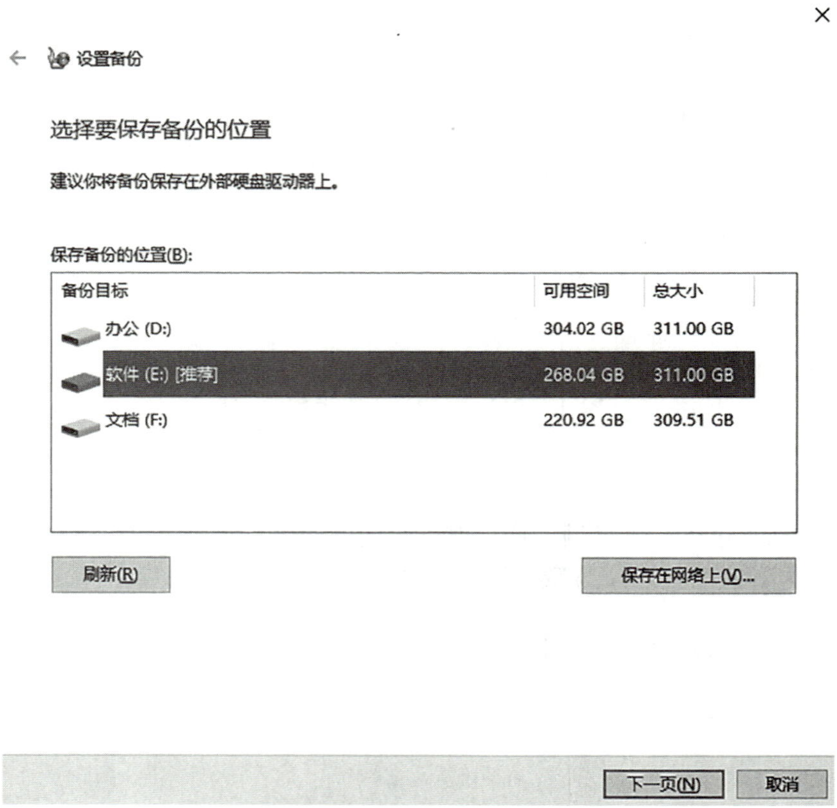

图 6-4　选择要保存备份的位置

(5)切换到“你希望备份哪些内容?”界面,选中“让 Windows 选择”单选按钮,如图 6-5 所示。单击“下一页”按钮,切换到“查看备份设置”界面,然后单击“保存设置并运行备份”按钮,如图 6-6 所示,保存备份。

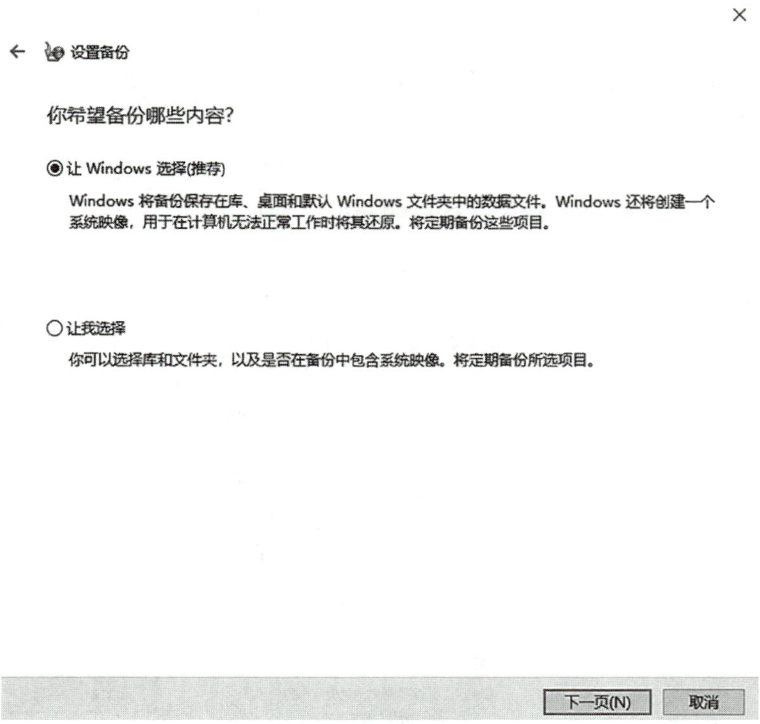

图 6-5　选中“让 Windows 选择”单选按钮

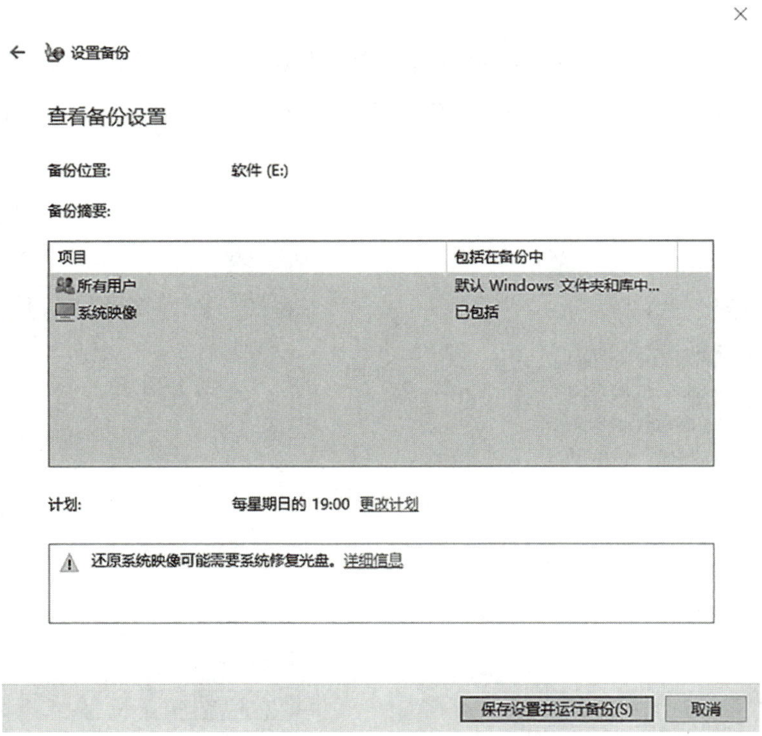

图 6-6　单击“保存设置并运行备份”按钮

2.还原 Windows 10 系统

(1)当操作系统出现问题时,可以按照以上操作方法,打开“备份和还原(Windows 7)”窗口,如图 6-7 所示,单击“还原我的文件”按钮。

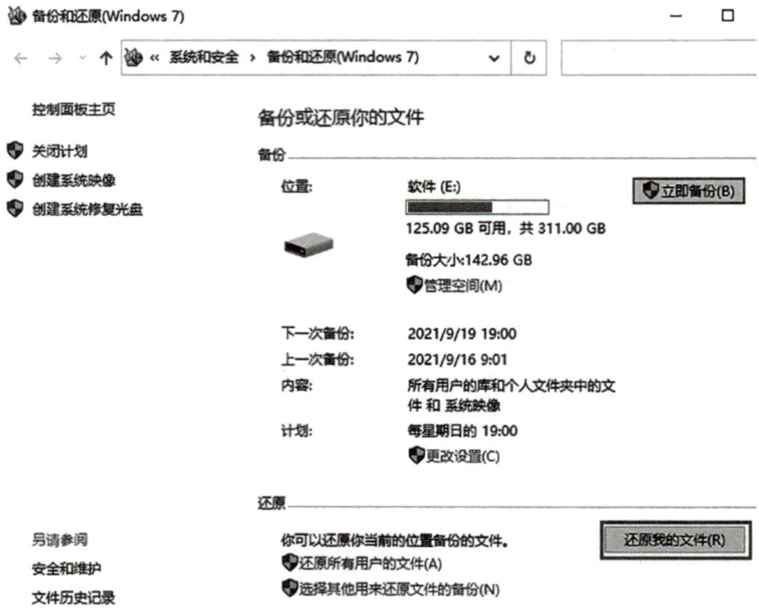

图 6-7　“备份和还原(Windows 7)”窗口

(2)打开“还原文件”对话框,选择“浏览文件”选项。打开“浏览文件的备份”对话框,选择之前做的 C 盘备份,然后单击“添加文件”按钮,如图 6-8 所示,返回“还原文件”窗口,并单击“下一页”按钮。

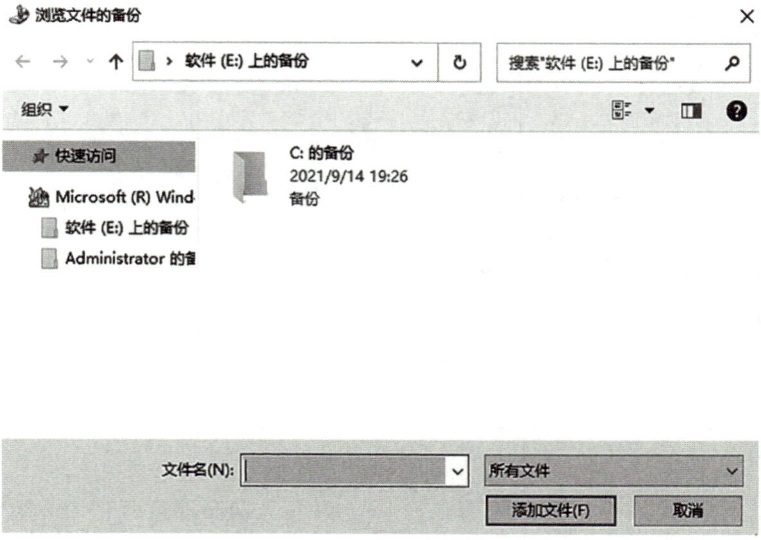

图 6-8　单击“添加文件”按钮

(3)切换到“你想在何处还原文件?”界面,选择还原文件的位置,如图 6-9 所示,若选中“在原始位置”单选按钮,则在原来的位置还原文件,然后单击“还原”按钮,完成还原。

图 6-9 选择还原文件的位置

任务二 利用 Ghost 备份、还原操作系统

任务需求

如果由于硬盘数据受到损坏或操作系统被病毒破坏,而导致计算机无法启动,或者操作系统运行太慢,则可以利用备份的数据进行完全修复而无须重新安装操作系统或程序。

任务计划

通过 U 盘启动计算机后,利用 Ghost 备份、还原操作系统。

任务学习

Ghost(General Hardware Oriented System Transfer,通用硬件导向系统转移)功能强大、使用方便,多数版本只能在 DOS 操作系统中运行,但是 Windows PE 操作系统自带 Ghost。用户可以根据维护需要或数据安全需要,利用 Ghost 对系统软件或用户数据进行备份或还原。

一、Ghost 简介

Ghost 是美国赛门铁克公司(Symantec Corporation)推出的一款出色的硬盘备份和还原工具,可以实现 FAT16、FAT32、NTFS 等多种硬盘分区格式的分区及硬盘的备份和还原。在这些功能中,硬盘的备份和还原的使用频率很高。

Ghost 可以将一个硬盘上的物理信息完整复制,而不仅是数据的简单复制。Ghost 既可以将分区或硬盘直接备份到一个扩展名为“.gho”的镜像文件中，也可以将其直接备份到另一个分区或硬盘中，其中备份为镜像文件是最常用的方法。

二、利用 Ghost 进行备份和还原

利用Ghost备份和还原操作系统

利用 Ghost 手动备份操作系统的方法，主要针对组装机而言。品牌机都有自己的系统还原工具，因此无须使用 Ghost。目前，人们在计算机出现系统崩溃问题时，都会采取重新安装操作系统的办法。然而，重新安装操作系统是一件比较麻烦的事，其中的软件都需要重新安装，全部完成需要花费较长的时间。因此最好在计算机系统的软件安装完成之后，就利用 Ghost 对操作系统进行备份。这样当操作系统出现故障不能正常启动时，就可以从光盘或 U 盘启动计算机，然后将操作系统还原，省时省力。

任务实施

一、利用 Ghost 备份操作系统

（1）利用 U 盘启动计算机，进入“大白菜超级 U 盘装机工具”界面，选择“【3】运行 Ghost 备份恢复工具”选项，如图 6-10 所示，然后按 Enter 键。

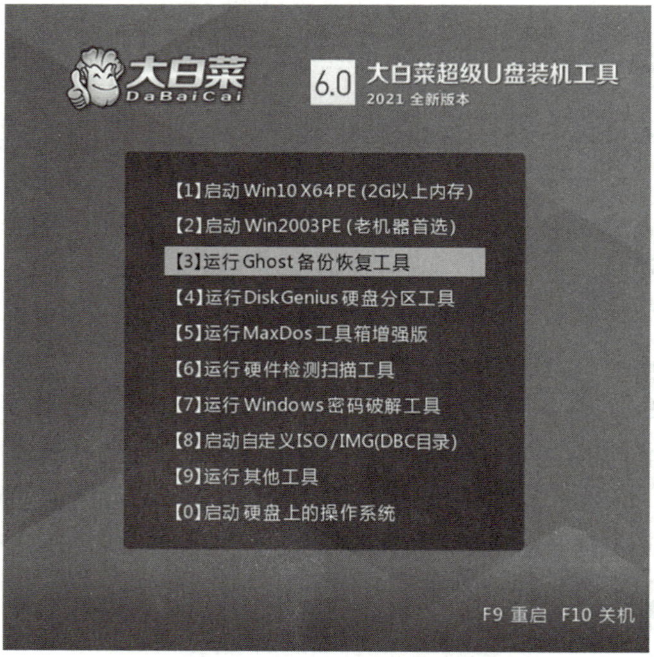

图 6-10　选择“【3】运行 Ghost 备份恢复工具”选项

（2）打开“About Symantec Ghost”窗口，其中显示了 Ghost 的基本信息，如图 6-11 所示，单击“OK”按钮。

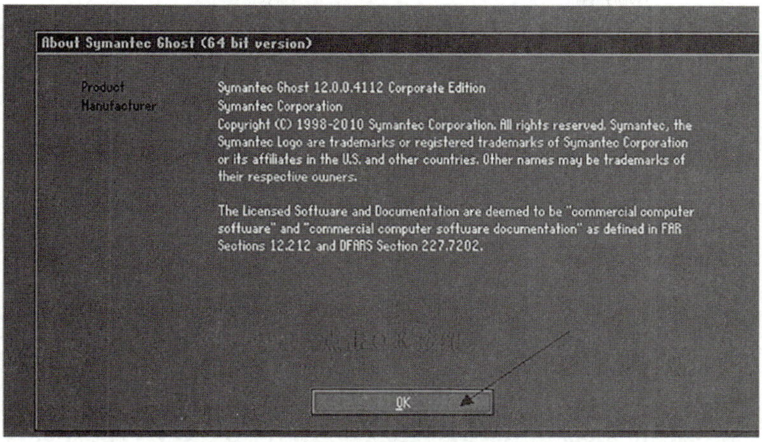

图 6-11 Ghost 的基本信息

(3)打开 Ghost 操作界面,选择"Local"→"Partition"→"To Image"选项,如图 6-12 所示。

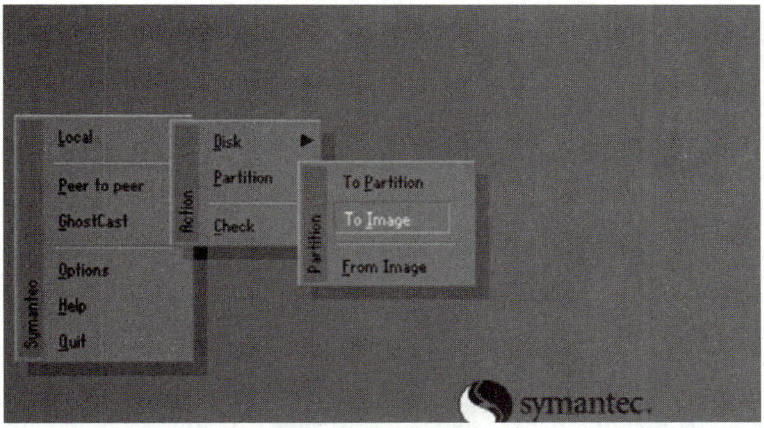

图 6-12 选择"Local"→"Partition"→"To Image"选项

(4)打开"Select local source drive by clicking on the drive number"对话框,选择需要备份的硬盘(在有多个硬盘的情况下需慎重选择),这里只有一个硬盘,如图 6-13 所示,单击"OK"按钮。

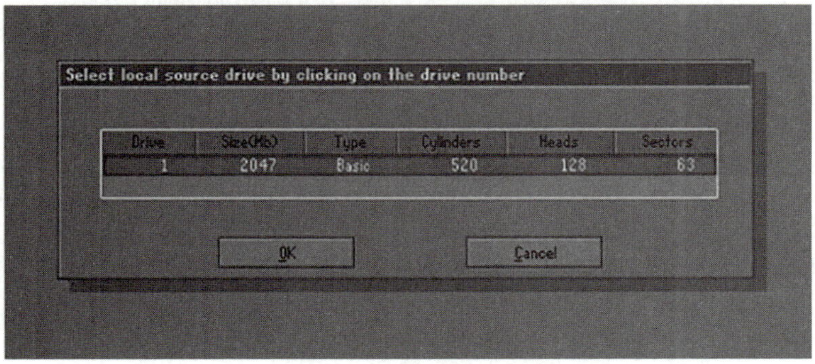

图 6-13 选择需要备份的硬盘

(5)打开“Select source partition(s) from Basic drive: 1”对话框,选择需要备份的分区,通常选择第一分区,如图 6-14 所示,单击“OK”按钮。

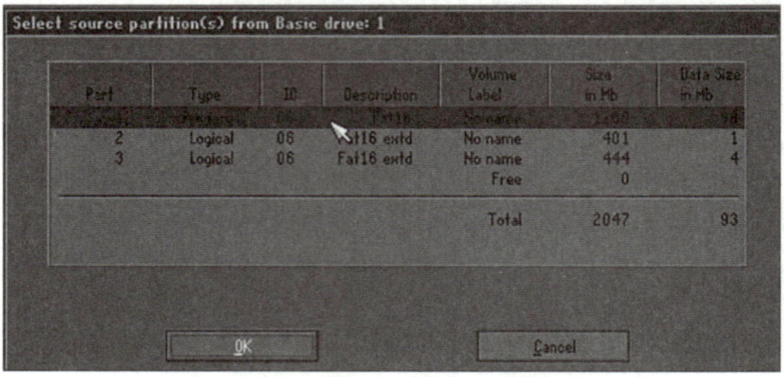

图 6-14　选择需要备份的分区

(6)打开“File name to copy image to”对话框,在“Look in”下拉列表中选择镜像文件保存的位置,在“File name”文本框中输入镜像文件的名称,单击“Save”按钮,保存镜像文件,如图 6-15 所示。

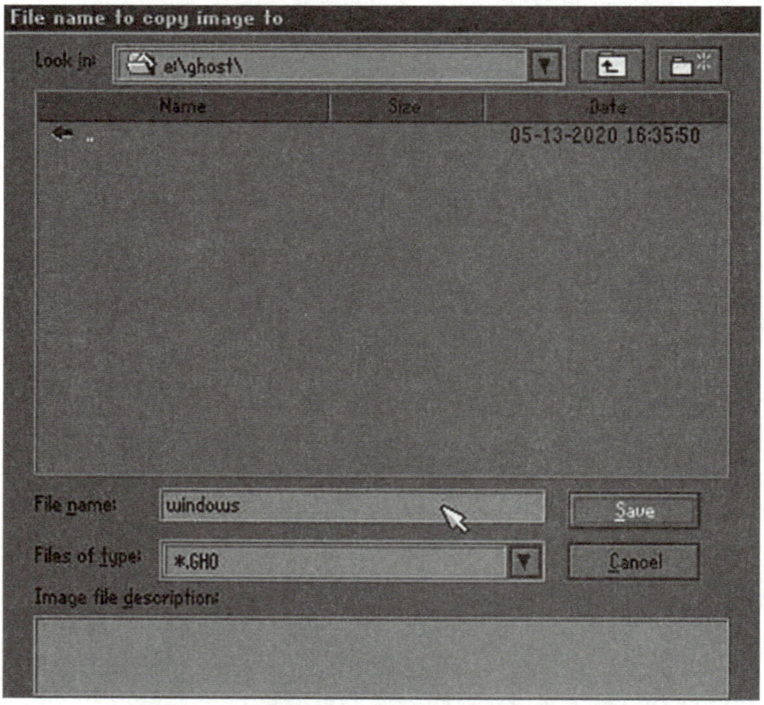

图 6-15　保存镜像文件

(7)打开“Compress Image”对话框,选择合适的压缩方式,通常选择“Fast”选项,如图 6-16 所示。

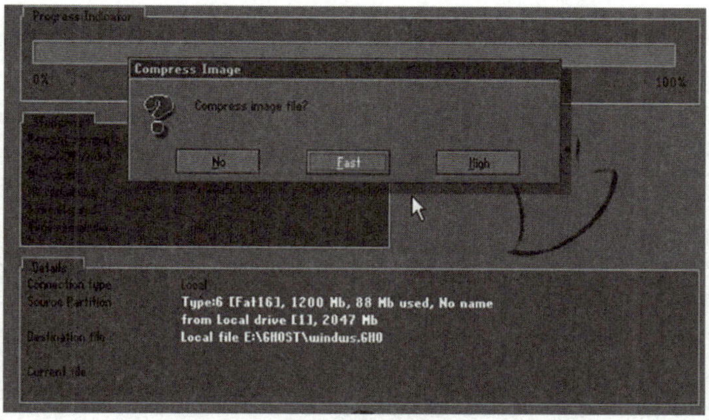

图 6-16　选择"Fast"选项

压缩方式有 3 种,其中,"No"选项代表不做任何压缩;"Fast"选项代表进行小比例压缩,但是备份速度较快;"High"选项代表采用较高比例的压缩,但是备份速度较慢。

(8)准备工作完成后,会打开信息提示对话框,询问是否进行备份操作,单击"Yes"按钮,开始备份。镜像文件制作完成后,按机箱的重启按钮或 Ctrl+Alt+Del 组合键重启计算机即可。

知识加油站

备份操作系统最好在驱动程序安装完成后进行,这时的操作系统最"干净",也最不容易出现问题。用户也可以在安装完各种软件后进行备份,这样在之后还原系统时,可以省略重新安装软件的操作。

二、利用 Ghost 还原操作系统

(1)按照备份操作系统的方法打开"About Symantec Ghost"窗口,如图 6-17 所示,单击"OK"按钮。

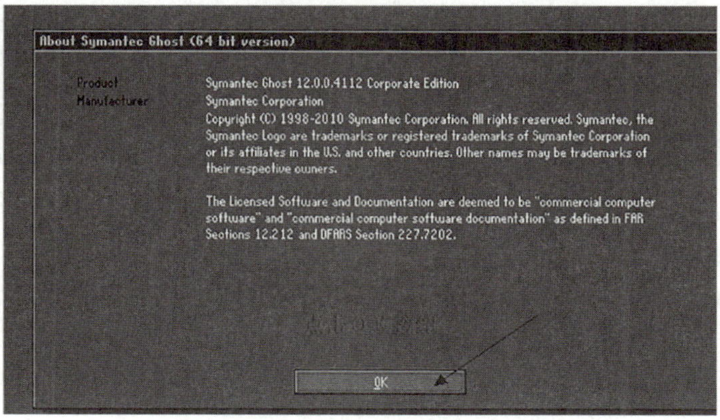

图 6-17　"About Symantec Ghost"窗口

(2)打开 Ghost 操作界面,选择"Local"→"Partition"→"From Image"选项,如图 6-18 所示。

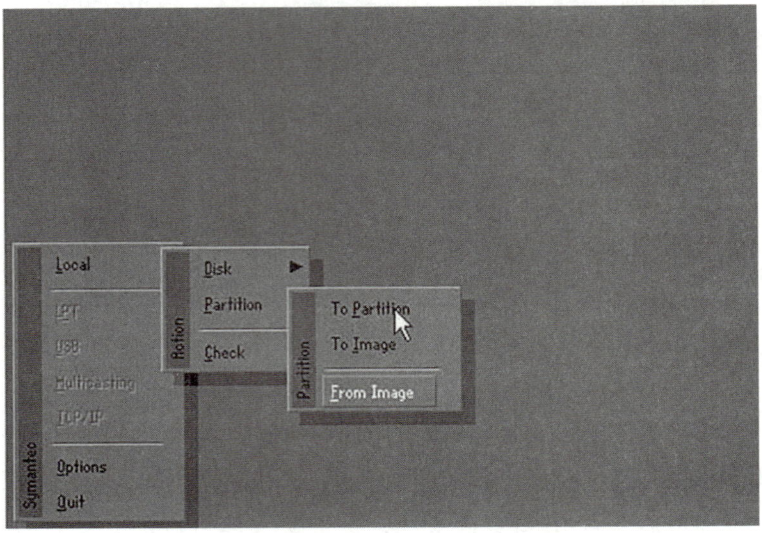

图 6-18　选择"Local"→"Partition"→"From Image"选项

(3)打开"File name to load image from"对话框,选择备份的镜像文件,单击"Open"按钮,打开镜像文件,如图 6-19 所示。

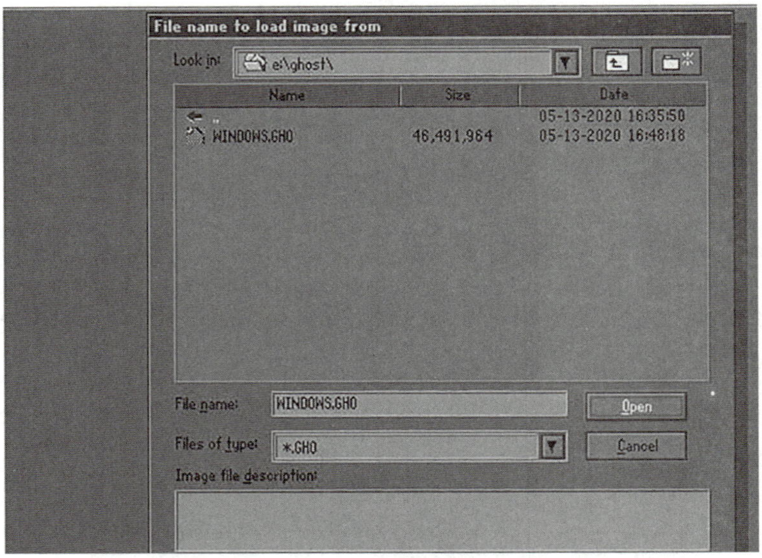

图 6-19　打开镜像文件

(4)打开"Select source partition from image file"对话框,其中显示了该镜像文件的大小、类型等相关信息,如图 6-20 所示,单击"OK"按钮。

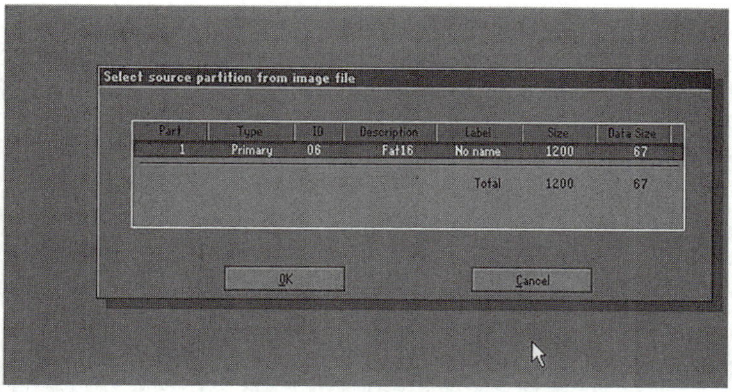

图 6-20　镜像文件的相关信息

(5)打开“Select local destination drive by clicking on the drive number”对话框,选择镜像文件还原后所在的硬盘,这里只有一个硬盘,选择此硬盘,如图 6-21 所示,单击“OK”按钮。

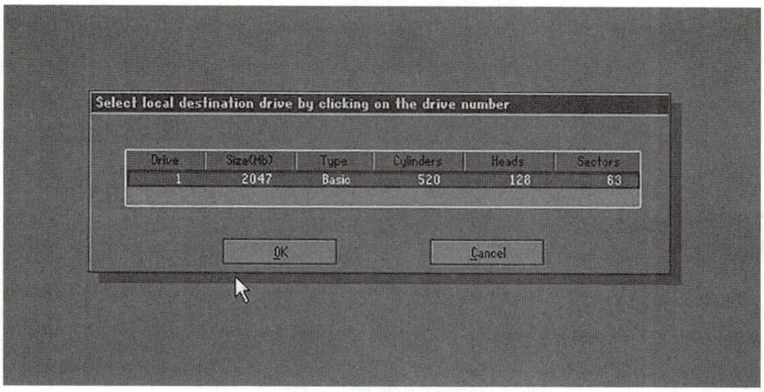

图 6-21　选择镜像文件还原后所在的硬盘

(6)打开“Select destination partition from Basic drive: 1”对话框,选择镜像文件还原后所在的分区,这里选择第一个分区,如图 6-22 所示,单击“OK”按钮。

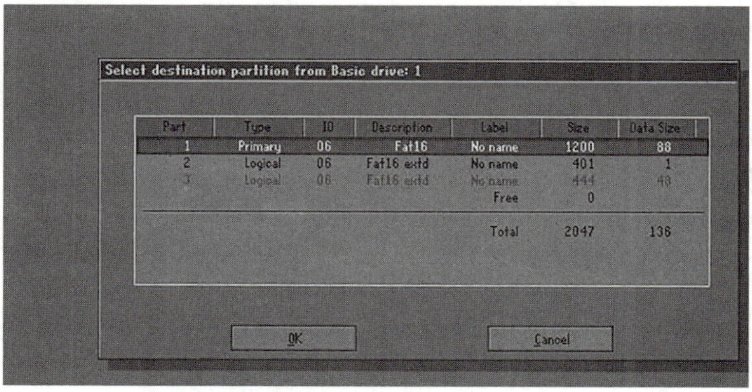

图 6-22　选择镜像文件还原后所在的分区

(7)打开“Question:”对话框,如图6-23所示,单击“Yes”按钮。

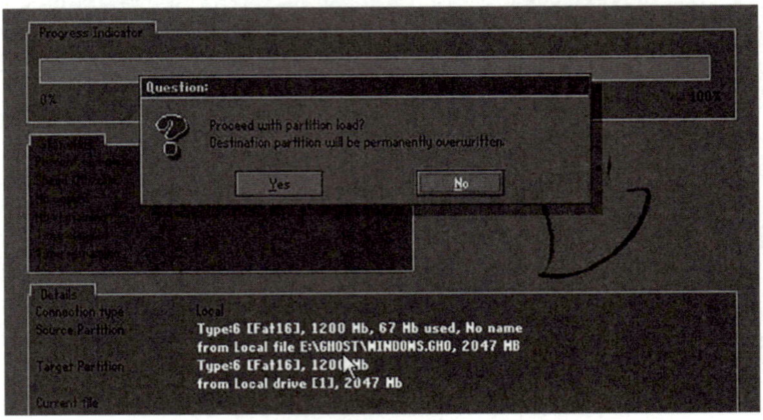

图6-23 “Question:”对话框

(8)此时,Ghost开始还原该镜像文件,并显示还原速度、进度、时间等信息,还原完毕后,重启计算机即可。

注意:在进行备份或还原操作时,一定要清楚每一步操作的意义,要选择正确的硬盘或分区,否则会造成一定的损失。

拓展练习

一、选择题

1.(　　)对于一般用户而言还原操作系统最简单。

A.使用一键还原精灵　　B.使用Ghost

C.使用系统自带的备份与还原工具　　D.重新安装系统

2.对分区进行备份时,可以利用Ghost的(　　)选项。

A.“Partition”→“To Partition”　　B.“Partition”→“To Image”

C.“Partition”→“From Image”　　D.“Disk”→“To Image”

3.关于Windows 10操作系统的备份,下列说法中错误的是(　　)。

A.Windows 10操作系统自带备份与还原工具

B.在备份时,用户可以将文件备份在其他硬盘中

C.在备份时,用户可以自己选择备份的文件

D.备份时需要重启操作系统

4.关于Windows 10操作系统的还原,下列说法中错误的是(　　)。

A.在还原时,如果知道备份文件的具体位置,则可单击“浏览文件”按钮

B.在还原时,如果不知道备份文件具体位置,则可单击“搜索”按钮

C.还原备份时,只能还原到默认位置

D.还原后不需要重启计算机

5.关于使用 Ghost 进行备份和还原，下列说法中错误的是（　　）。

A.Ghost 在备份系统时需要重启计算机

B.Ghost 在还原系统后需要重启计算机

C.Ghost 在备份系统时不支持 U 盘

D.Ghost 在备份系统时支持 SATA 模式

6.为了防止操作系统在发生意外时崩溃，选择（　　）备份方式较为合适。

A.使用 Ghost 进行备份　　B.使用一键还原精灵进行备份

C.使用操作系统自带的还原工具进行备份　　D.重新安装系统

7.使用 Ghost 生成的镜像文件的扩展名为（　　）。

A.“.gho”　　B.“.img”　　C.“.rar”　　D.“.iso”

8.使用 Ghost 可以同时备份（　　）分区。

A.1 个　　B.2 个　　C.3 个　　D.多个

9.下列选项中，（　　）不是 Ghost 支持的运行模式。

A.1KEY GHOST 11.2　　B.1KEY GHOST 11.5

C.DOS TOOLS　　D.DOS MINI

10.Ghost 针对硬盘的操作不包括（　　）。

A.“Disk”→“To Disk”　　B.“Disk”→“To Image”

C.“Disk”→“From Image”　　D.“Disk”→“To Partition”

二、判断题

1.对操作系统进行备份的主要目的是防患于未然，所以需要提前备份操作系统。（　　）

2.Ghost 可以将某个分区或整个硬盘上的内容完全复制到其他分区或硬盘中，并可将其压缩为一个镜像文件，利用该镜像文件即可还原备份的操作系统。（　　）

3.利用 Ghost 在备份系统时不需要重启计算机。（　　）

4.Windows 10 操作系统崩溃后，可以使用操作系统自带的备份与还原工具进行还原。（　　）

5.在实际运行过程中，如果遇到文件、数据等不慎丢失或损坏的情况，则可以使用 Windows 10 操作系统的还原工具还原操作系统。（　　）

6.当操作系统无法正常工作时，可以通过 Ghost 利用备份的镜像文件快速还原操作系统。（　　）

三、思考与练习

1.简述 Ghost 的特点。

2.使用 Ghost 对系统盘进行备份。

07 项目七 计算机的硬件检测、性能测试与系统优化

人文素养

青年兴则国家兴，青年强则国家强。当代青年有理想、有本领、有担当，青年的前景就会兴旺发达，青年的综合实力就坚韧刚强，国家就前途似锦，民族就充满希望。当代大学生更是青年的主力军，是未来建设美丽中国、实现中国梦的中坚力量和未来的希望。因此我们应该肩负起国家的希望，不断地提高自己的综合技能和文化素养，为实现自己的人生价值而不懈努力。

学习目标

知识目标

掌握计算机硬件信息的检测方法。

掌握计算机性能的测试方法。

掌握操作系统的优化方法。

技能目标

能够使用常用的硬件检测软件获取硬件配置信息。

能够使用测试软件对计算机性能进行测试。

能够对操作系统进行优化。

素养目标

提升综合技能和文化素养，促进全面发展。

思维导图

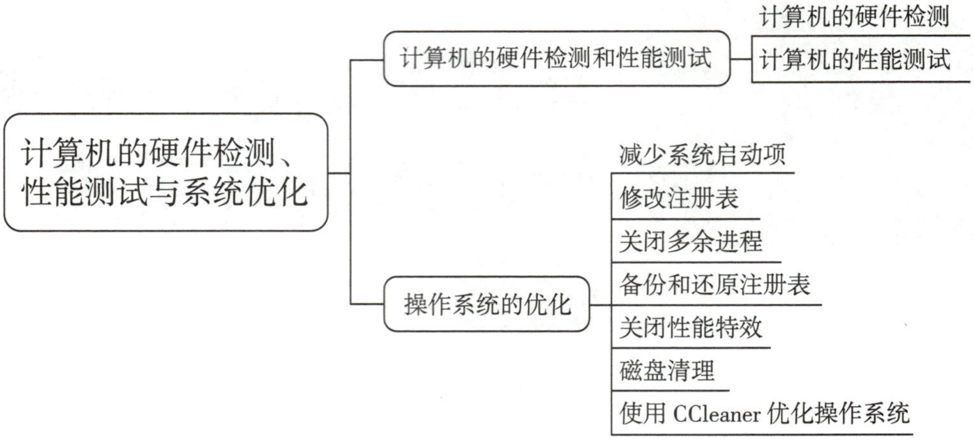

项目导读

计算机配置完成后,很多用户最关心的是计算机的运行速度和整体性能。若用户需要熟悉计算机的性能、识别计算机硬件的真伪以及让计算机长期保持最佳的工作状态,则需要对计算机系统的性能进行测试和优化。

任务一　计算机的硬件检测和性能测试

任务需求

通过硬件检测,用户既可以了解计算机硬件的型号与配置,也可以验证硬件的真伪。硬件检测主要包括硬件的型号和一些基本功能的检测。性能测试是通过测试软件与具体的计算机平台相结合进行的,它得出的是综合信息,反映了硬件在某一环境下的实际能力。

任务计划

通过 Windows 10 操作系统查看硬件信息,通过第三方软件查看硬件信息以及测试硬件性能。

任务学习

确认硬件的信息对于用户认识和选购硬件而言非常重要。通过查看硬件的基本信息,可以了解硬件的规格,有助于用户选购硬件和辨别硬件的真伪。硬件的基本信息既可以通过 Windows 10 操作系统检测,也可以借助第三方软件进行检测。

进行性能测试的目的是全面了解计算机的性能、实时掌握计算机的工作状态,以及为对比、评估、维护计算机提供依据。

任务实施

一、计算机的硬件检测

1.通过 Windows 10 操作系统查看硬件信息

Windows 10 操作系统安装完成后,一般需要检测计算机的硬件,查看硬件的基本信息,具体方法如下。

(1)用鼠标右键单击桌面上的"此电脑"图标,在弹出的快捷菜单中选择"属性"选项,如图 7-1 所示。

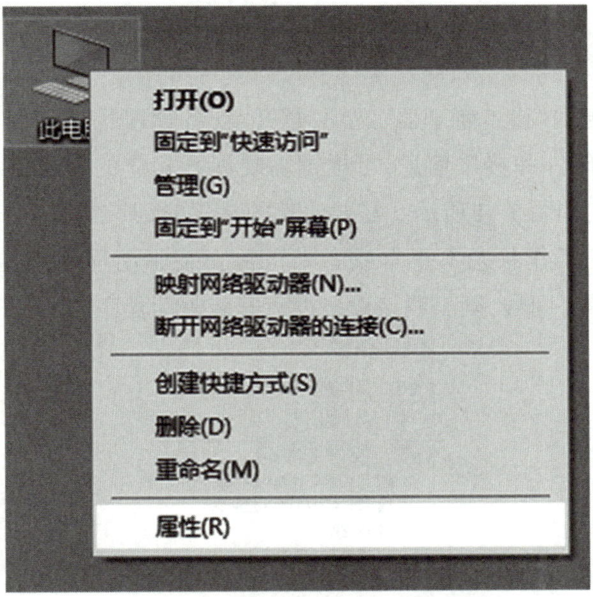

图 7-1 选择"属性"选项

(2)打开"系统"窗口,窗口中显示了计算机的一些相关信息,包括操作系统的基本信息(如操作系统的版本、处理器型号、内存容量、操作系统的类型等),计算机名、域和工作组设置,系统的激活状态等,如图 7-2 所示。

图 7-2　计算机的相关信息

(3)选择窗口左侧的“设备管理器”选项，打开“设备管理器”窗口，如图 7-3 所示。该窗口列出了计算机所有硬件和接口信息，可根据需要展开相应的项目，以了解更详细的信息，如处理器的详细信息，如图 7-4 所示。需要注意的是，如果某个设备中的某一项前面带有感叹号，则表明该设备的工作状态不正常或者未正常安装驱动程序，需要安装正确的驱动程序；如果某一项前面带有问号，则表明该设备没有安装驱动程序，需要安装驱动程序。

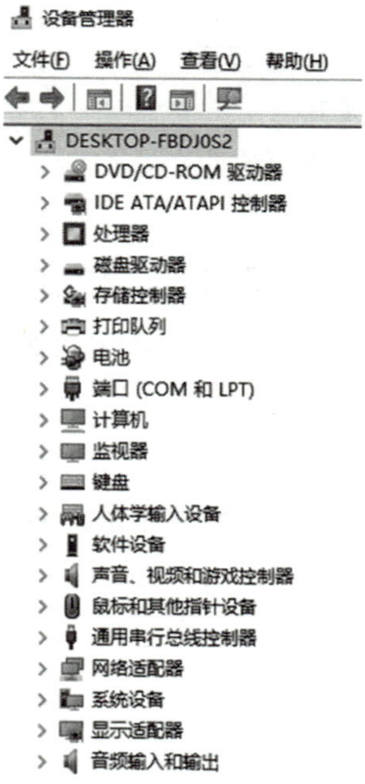

图 7-3　“设备管理器”窗口

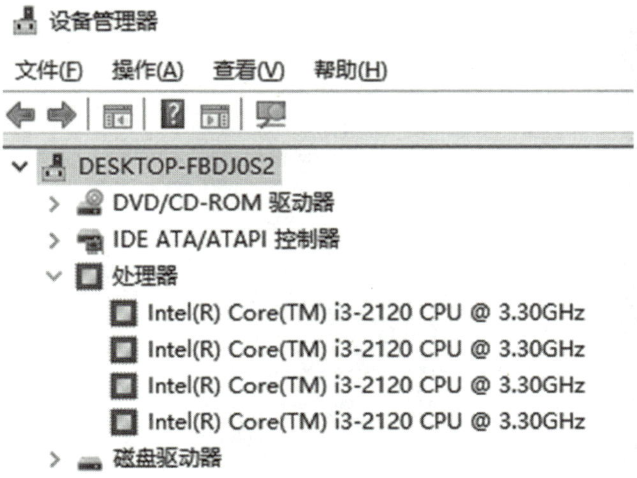

图 7-4 处理器的详细信息

通过 Windows 10 操作系统只能粗略地了解计算机的硬件信息，如果想要了解更详细的信息，则需要借助第三方软件进行检测，如 Windows 优化大师、CPU-Z、驱动精灵、鲁大师等。

2.借助第三方软件查看硬件信息

双击“鲁大师”图标，启动鲁大师，如图 7-5 所示。

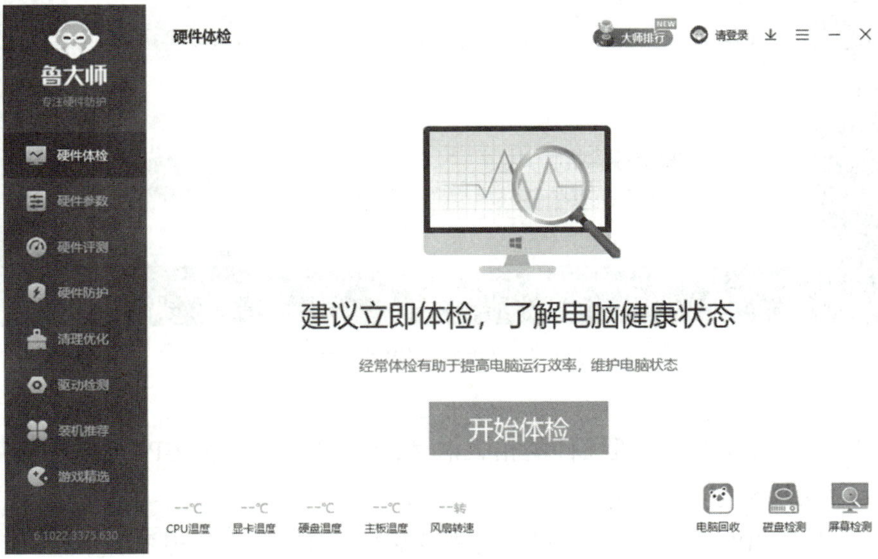

图 7-5 启动鲁大师

如果想要查看计算机硬件的相关信息，则用户既可以单击图 7-5 右侧窗格中的“开始体检”按钮，也可以选择左侧导航栏中的“硬件参数”选项，如图 7-6 所示。单击图 7-6 中右下角的“生成报告”按钮，在打开的“生成报告”对话框中，选择一个合适的选项，如图 7-7 所示，然后生成指定格式的配置清单，方便将检测到的信息留存。

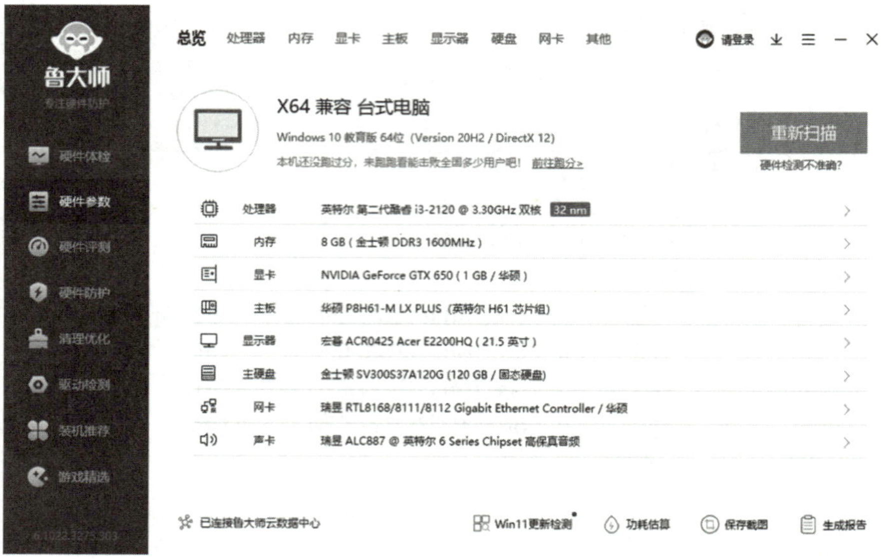

图 7-6 计算机硬件的相关信息

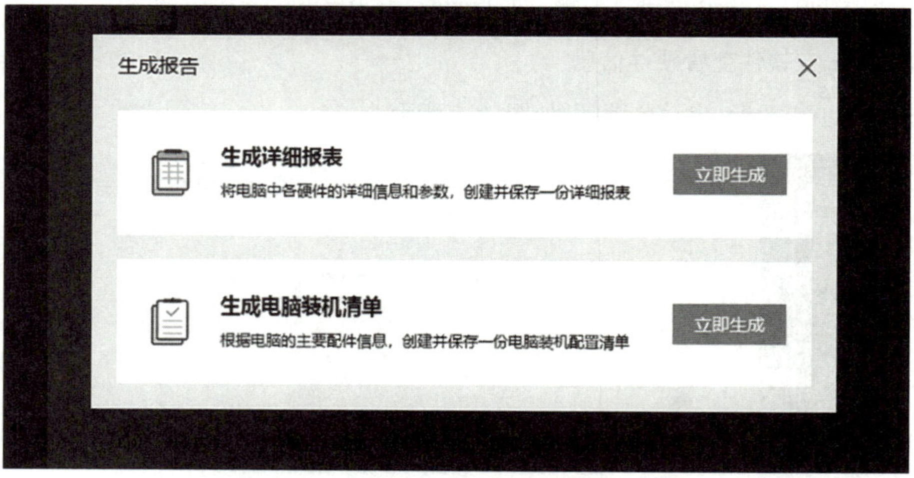

图 7-7 “生成报告”对话框

鲁大师除了可以检测计算机硬件的相关信息，还可以单独检测 CPU、主板、内存、显卡、硬盘、显示器等关键部件的详细信息。

如果想要查看 CPU 的详细信息，则可以选择图 7-6 上方的“处理器”选项卡，将切换到 CPU 的详细信息界面，如图 7-8 所示。

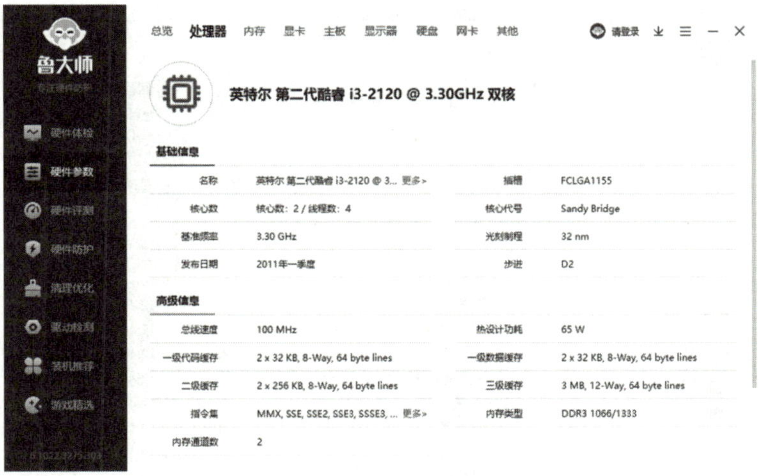

图 7-8　CPU 的详细信息界面

使用鲁大师查看其他硬件的详细信息的方式和查看 CPU 的详细信息的方式类似，这里不再一一赘述。

二、计算机的性能测试

计算机性能测试

1.通过 Windows 10 操作系统的内置工具进行性能测试

资源监视器是 Windows 10 操作系统的系统监控工具，它可以实时监控 CPU、内存、硬盘、网络的使用情况。资源监视器类似于任务管理器，但它的功能比任务管理器更细致，可以显示更多资源使用信息。在 Windows 10 操作系统中，打开资源监视器的方法如下。

（1）用鼠标右键单击桌面上的“此电脑”图标，在弹出的快捷菜单中选择“属性”选项，打开“系统”窗口。在左侧控制台中选择“控制面板主页”选项，打开“控制面板”窗口。单击“查看方式”下三角按钮，在打开的下拉列表中选择“大图标”选项，切换为“所有控制面板项”窗口，如图 7-9 所示。选择“管理工具”选项，打开“管理工具”窗口，如图 7-10 所示。

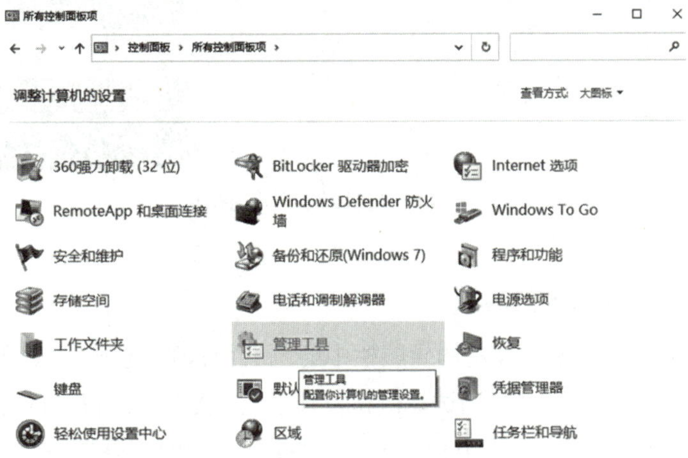

图 7-9　“所有控制面板项”窗口

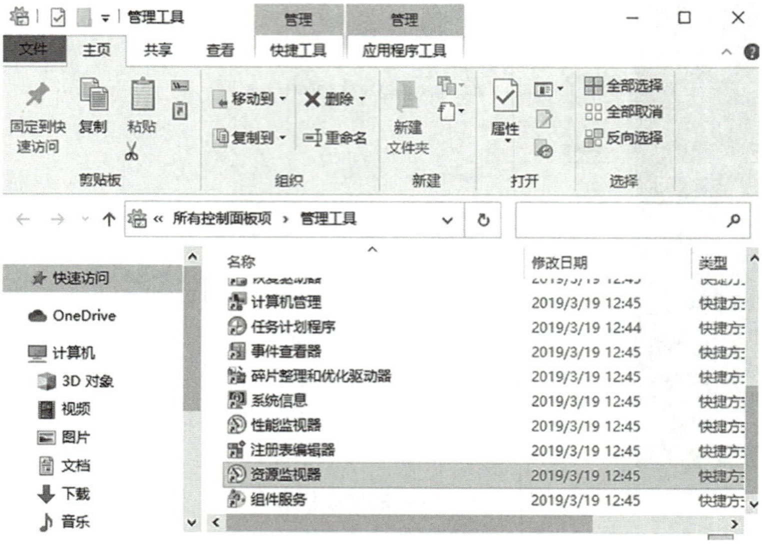

图 7-10 “管理工具”窗口

(2)双击“资源监视器”选项,打开“资源监视器”窗口,如图 7-11 所示。在该窗口中,可以看到 CPU、磁盘、网络、内存的使用情况。

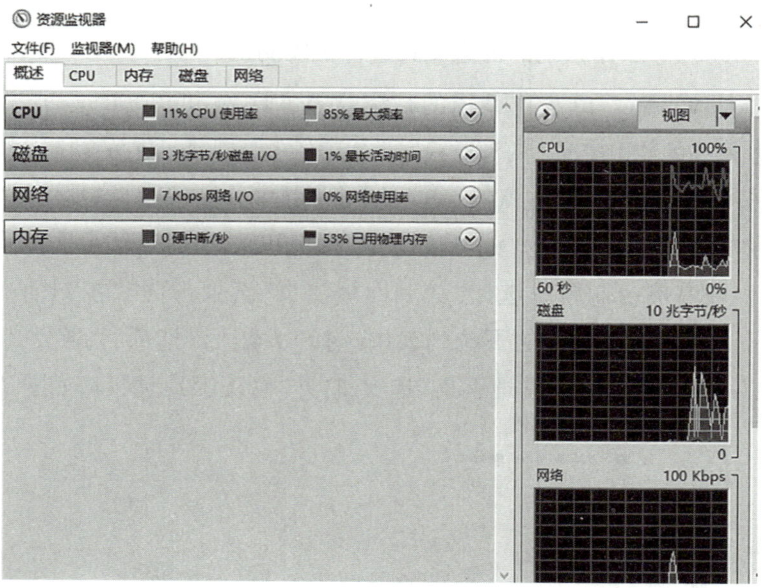

图 7-11 “资源监视器”窗口

2.借助第三方软件进行性能测试

在鲁大师中,用户可以先选择左侧导航栏中的“硬件评测”选项,然后在右侧窗格中单击“开始评测”按钮,对硬件性能进行测试。测试完成后,该软件会以得分的方式反馈测试的结果,包括计算机本身和关键部件的测试得分。测试硬件性能的结果如图 7-12 所示。

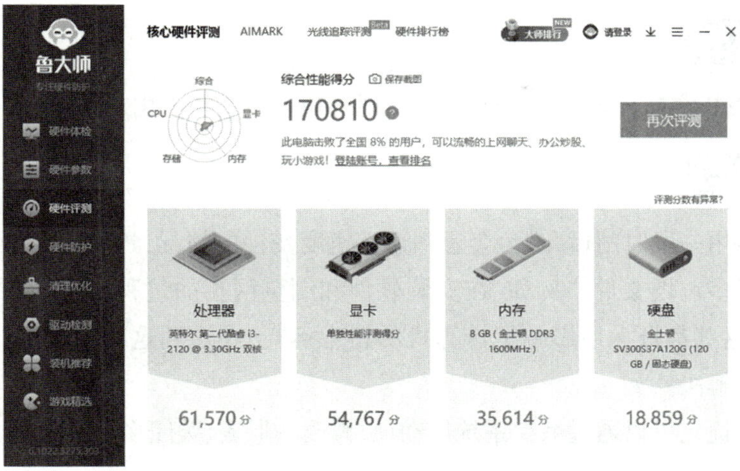

图 7-12 测试硬件性能的结果

在“硬件评测”窗口中选择“硬件排行榜”选项卡,可以分别查看 CPU 和显卡的排行榜,此处显示的是 CPU 的排行榜,如图 7-13 所示。

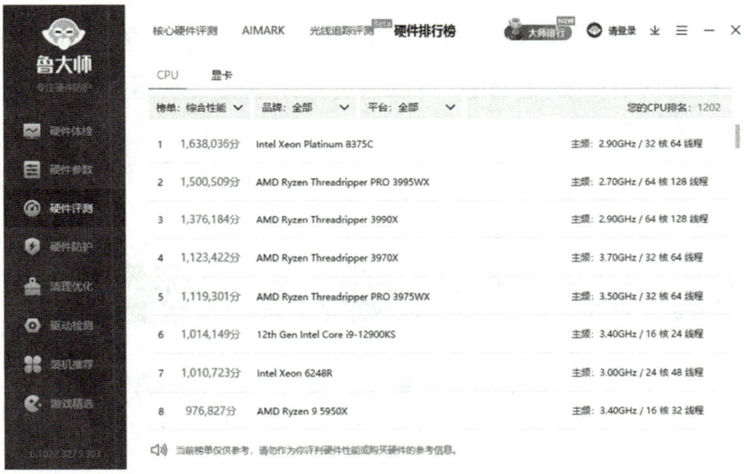

图 7-13 CPU 的排行榜

任务二 操作系统的优化

任务需求

计算机只能机械地按照设计的程序运行,而不能自行优化程序,因此需要手动优化计算机的操作系统,提升计算机的性能。

任务计划

通过修改操作系统中设置不当的项目，实现对操作系统的优化。

任务学习

计算机在使用一段时间后，难免会遇到运行速度变慢的情况，这是因为操作系统在运行过程中产生了很多垃圾文件。例如，在安装软件和浏览网页的过程中可能会被动地安装很多恶意插件等，这些都极大地影响了计算机的正常运行，在遇到这些问题时，用户可以通过优化操作系统来解决。

操作系统的优化可以通过减少系统启动项、修改注册表、关闭多余进程等方式来进行。

任务实施

一、减少系统启动项

操作系统的优化

用户在使用计算机的过程中，通常需要安装一些应用软件，其中某些应用软件会默认加入系统启动项，这个功能对于部分用户而言不仅是非必要的，而且会使计算机启动速度变慢。用户可以通过关闭这些自动运行的软件，加快操作系统启动的速度，具体步骤如下。

（1）按 Windows+R 组合键打开“运行”对话框，在“打开”下拉列表框中输入“taskmgr”，如图 7-14 所示，然后单击“确定”按钮。

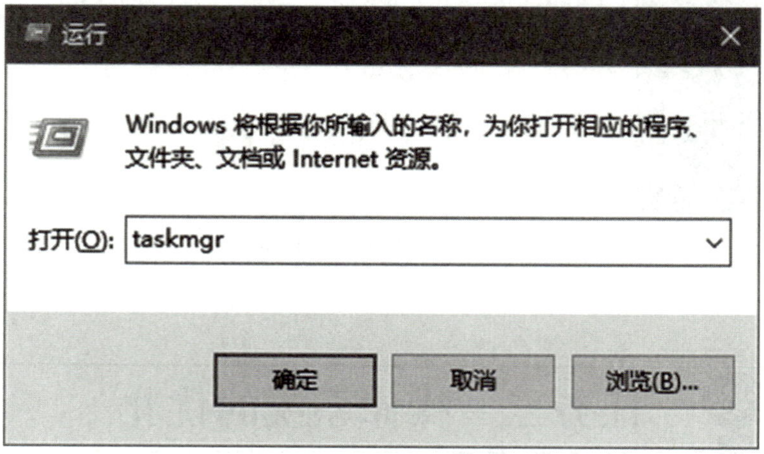

图 7-14　输入“taskmgr”

（2）在打开的“任务管理器”窗口中，选择“启动”选项卡，其中会列出所有系统启动项，如图 7-15所示。

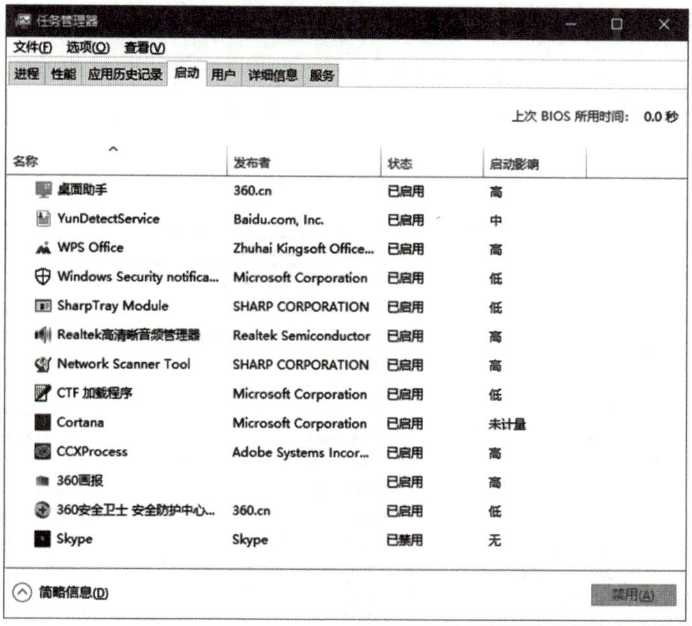

图 7-15 所有系统启动项

(3)如果想要禁用某个系统启动项，则用户既可以用鼠标右键单击某个选项，在弹出的快捷菜单中选择“禁用”选项；也可以先选择某个选项，再单击“禁用”按钮。启用某个系统启动项的方法和禁用某个系统启动项的方法类似，只是需要单击“启用”按钮。

二、修改注册表

虽然 Windows 10 操作系统的开/关机速度较之前的 Windows 操作系统有了很大的提升，但是修改注册表中的部分内容可以使开/关机更迅速，具体操作步骤如下。

(1)按 Windows+R 组合键打开“运行”对话框，在“打开”下拉列表框中输入“regedit”，如图 7-16 所示，然后单击“确定”按钮。

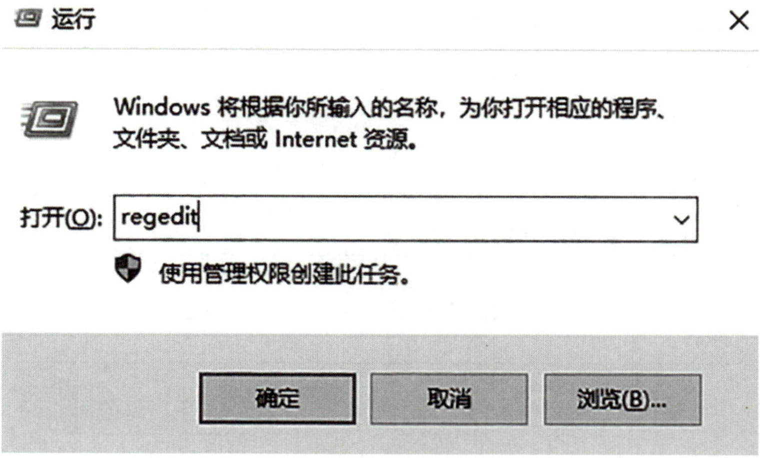

图 7-16 输入“regedit”

（2）打开“注册表编辑器”窗口，在左侧控制台中选择“HKEY_LOCAL_MACHINE”→“SYSTEM”→“CurrentControlSet”→“Control”选项，如图 7-17 所示。然后在右侧窗格中用鼠标右键单击“WaitToKillServiceTimeout”选项，在弹出的快捷菜单中选择“修改”选项，如图 7-18 所示。

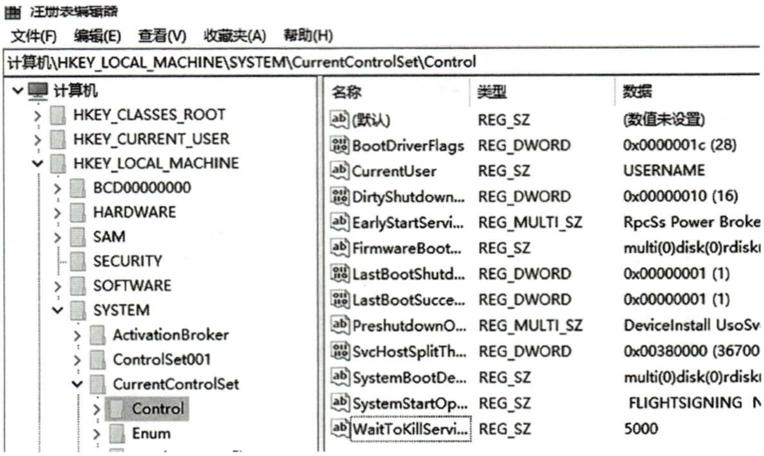

图 7-17　选择“HKEY_LOCAL_MACHINE”→“SYSTEM”→“CurrentControlSet”→“Control”选项

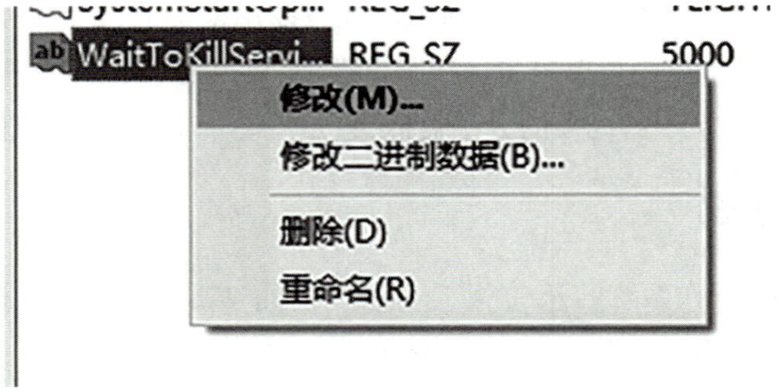

图 7-18　选择“修改”选项

（3）打开“编辑字符串”对话框，在“数值数据”文本框中输入“2000”，如图 7-19 所示，然后单击“确定”按钮，即可完成注册表的修改。

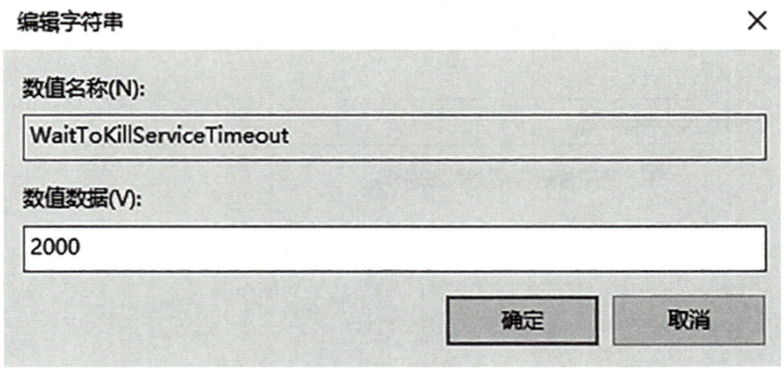

图 7-19　输入“2000”

三、关闭多余进程

计算机在使用过程中，打开的软件越多，操作系统运行的速度越慢，这时用户可以通过关闭多余进程来加快操作系统的运行速度。关闭多余进程的操作步骤如下。

（1）用鼠标右键单击任务栏，在弹出的快捷菜单中选择"任务管理器"选项，打开"任务管理器"窗口，如图7-20所示。

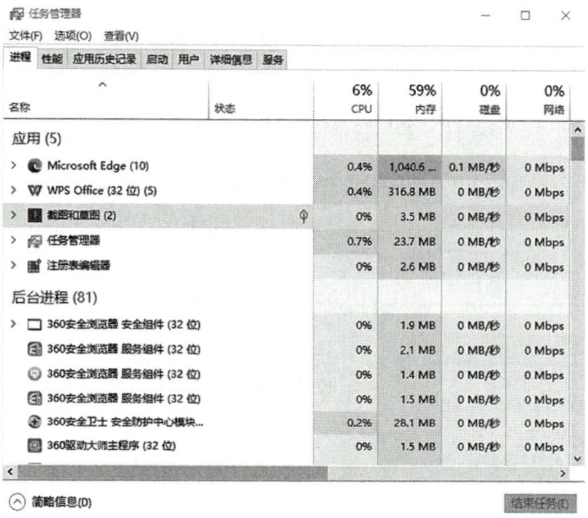

图7-20 "任务管理器"窗口

（2）选择"进程"选项卡，"任务管理器"窗口会列出所有启动的服务的进程，选中不需要使用的服务，用鼠标右键单击该服务，在弹出的快捷菜单中选择"结束任务"选项，如图7-21所示，即可结束该进程。

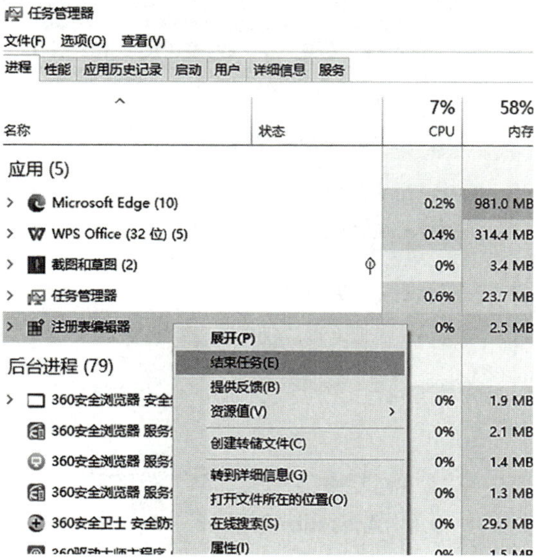

图7-21 选择"结束任务"选项

四、备份和还原注册表

注册表是 Windows 操作系统的核心数据库,存放着控制系统启动、硬件程序的装载及应用程序运行的参数,在整个计算机系统中起着核心作用。备份和还原注册表的具体操作步骤如下。

1.备份注册表

(1)按 Windows+R 组合键打开“运行”对话框,在“打开”下拉列表框中输入“regedit”,再单击“确定”按钮。

(2)打开“注册表编辑器”窗口,在左侧的控制台中选择需要备份的注册表,这里选择“HKEY_CLASSES_ROOT”选项,如图 7-22 所示。

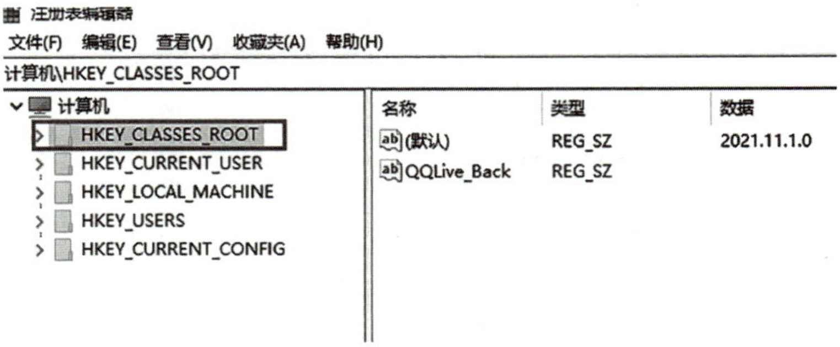

图 7-22　选择“HKEY_CLASSES_ROOT”选项

(3)在“注册表编辑器”窗口中,单击“文件”菜单,在弹出的快捷菜单中选择“导出”选项,如图 7-23 所示。

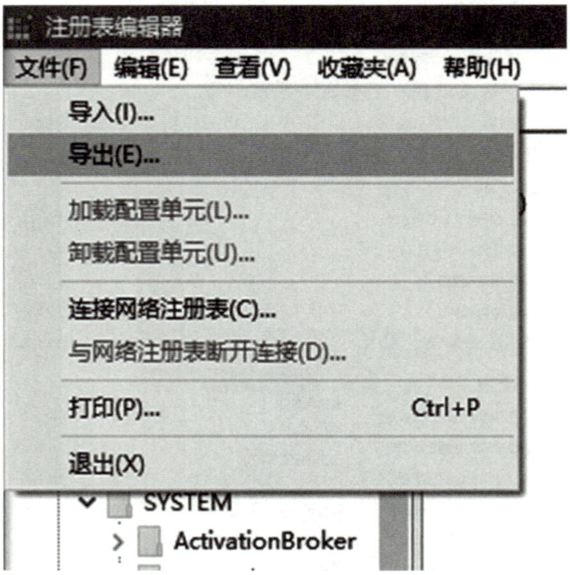

图 7-23　选择“导出”选项

(4)打开“导出注册表文件”对话框,如图 7-24 所示,首先选择注册表要保存的位置,然后在“文件名”下拉列表框中输入注册表文件的名称,最后单击“保存”按钮。

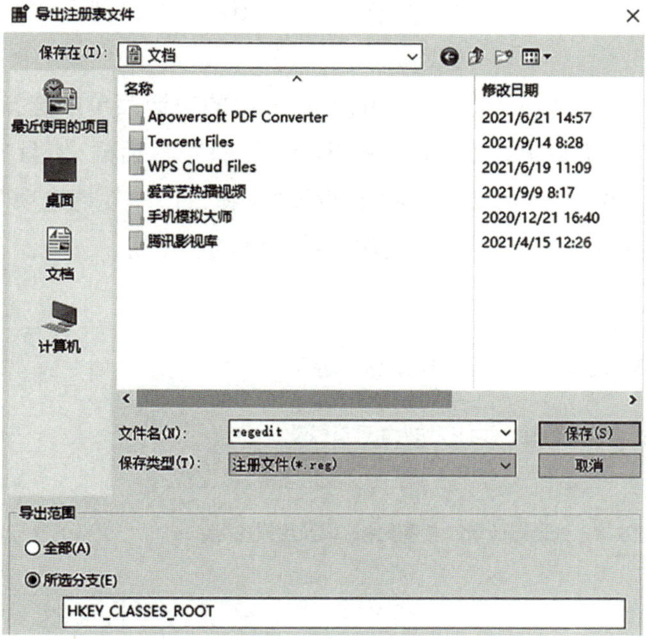

图 7-24 “导出注册表文件”对话框

2.还原注册表

在“注册表编辑器”窗口中,单击“文件”菜单,在弹出的快捷菜单中选择“导入”选项,打开“导入注册表文件”对话框,如图 7-25 所示,选中导出的注册表文件“regedit”,单击“打开”按钮即可导入注册表。

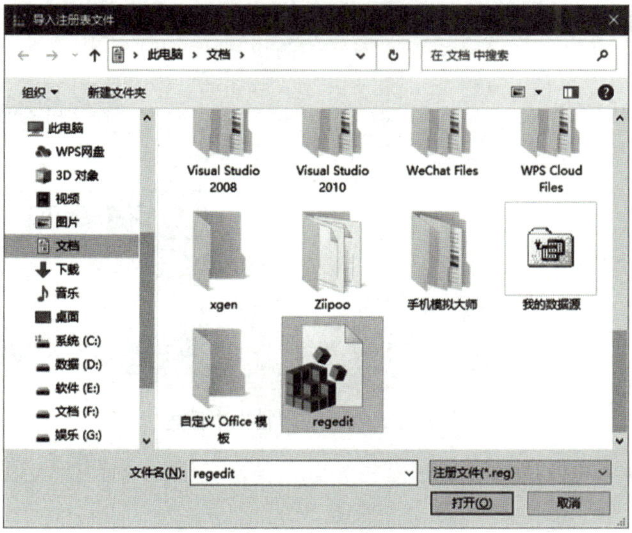

图 7-25 “导入注册表文件”对话框

五、关闭性能特效

如果计算机配置不高，不追求华丽的视觉效果，则用户可以把视觉效果调整为最佳。具体操作步骤如下。

用鼠标右键单击桌面上的“此电脑”图标，在弹出的快捷菜单中选择“属性”选项，打开“系统”窗口。选择“高级系统设置”选项，打开“系统属性”对话框，如图 7-26 所示。在此对话框的“高级”选项卡中单击“性能”选区的“设置”按钮，打开“性能选项”对话框，如图 7-27 所示。选中“调整为最佳性能”单选按钮，然后单击“确定”按钮。

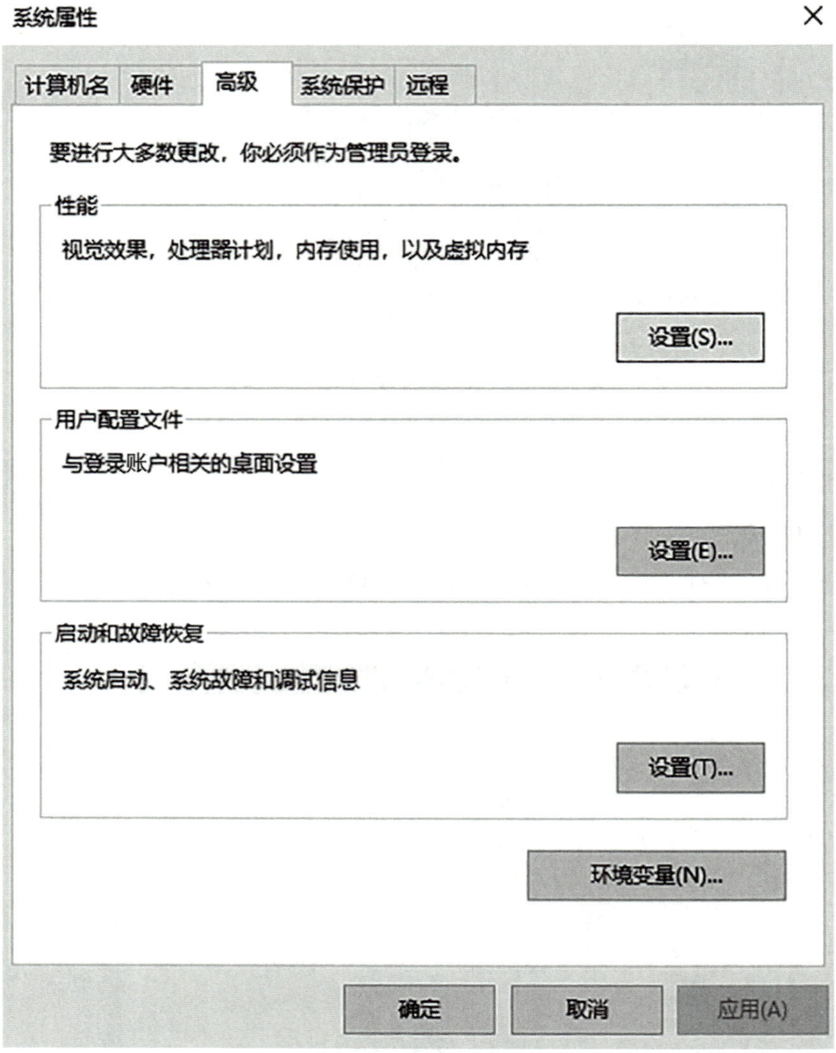

图 7-26 “系统属性”对话框

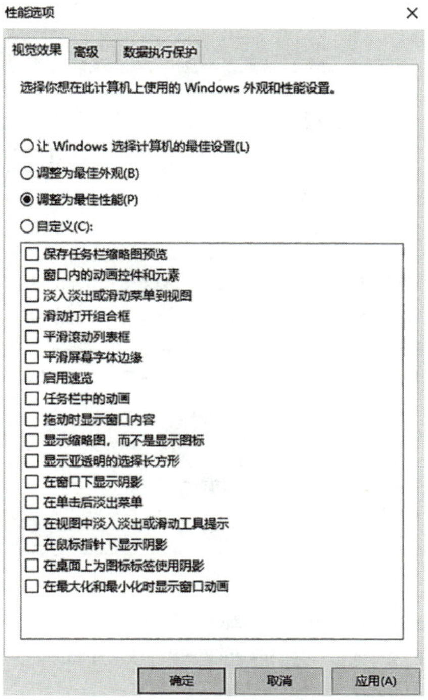

图 7-27 “性能选项”对话框

六、磁盘清理

(1)双击“此电脑”图标,打开“此电脑”窗口,如图 7-28 所示。用鼠标右键单击需要清理的磁盘,在弹出的快捷菜单中选择“属性”选项,会打开对应磁盘的属性对话框,“系统(C:)属性”对话框如图 7-29所示。

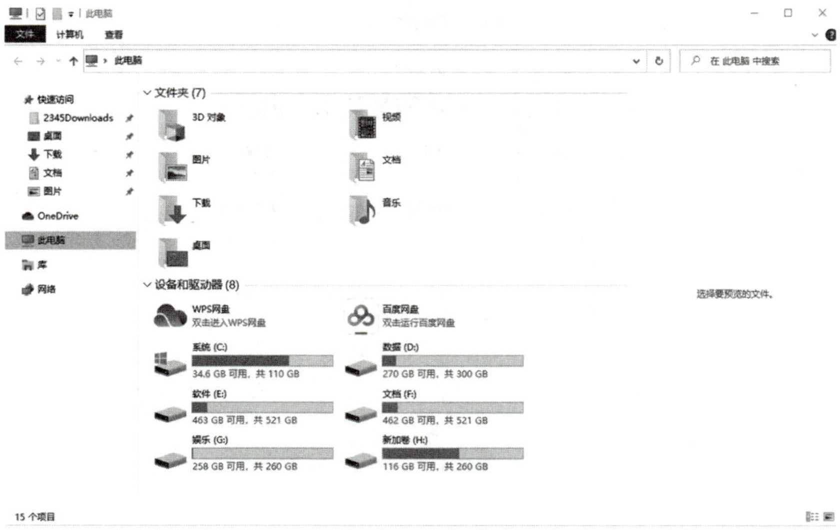

图 7-28 “此电脑”窗口

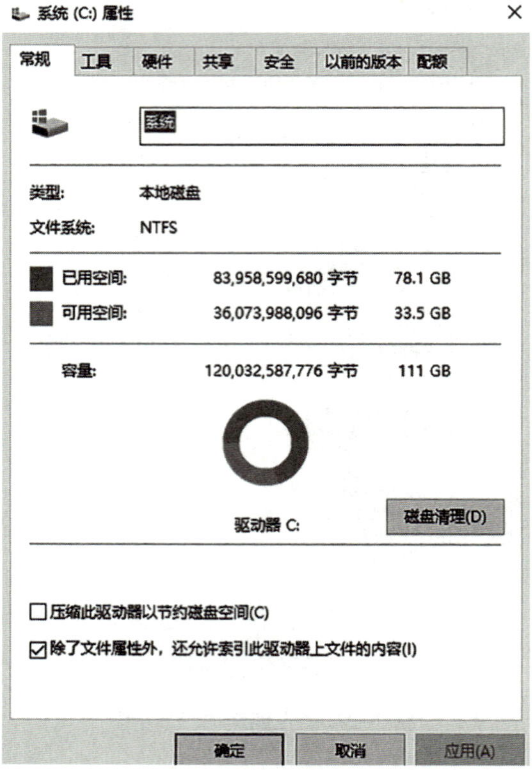

图 7-29 “系统(C:)属性”对话框

（2）在“系统(C:)属性”对话框中单击“磁盘清理”按钮，打开“系统(C:)的磁盘清理”对话框，如图 7-30 所示。

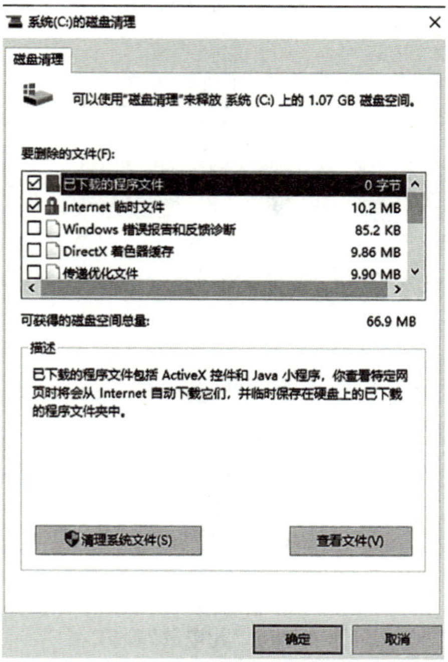

图 7-30 “系统(C:)的磁盘清理”对话框

(3)在“要删除的文件”列表框中勾选要清理的项目左侧的复选框，单击“确定”按钮。打开“磁盘清理”对话框，如图 7-31 所示，单击“删除文件”按钮，开始清理磁盘。

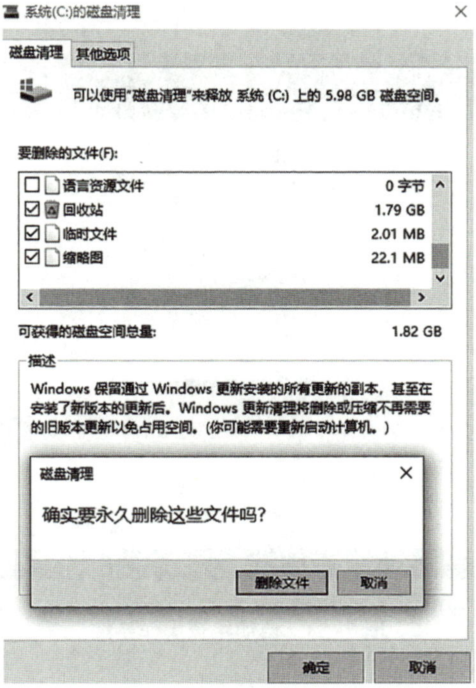

图 7-31 “磁盘清理”对话框

七、使用 CCleaner 优化操作系统

(1)双击“CCleaner”快捷方式，打开“CCleaner”应用程序，如图 7-32 所示。

图 7-32 “CCleaner”应用程序

（2）选择“Health Check”选项卡，单击“跳过，开始使用 Health Check”按钮，CCleaner 将开始自动检查操作系统，如图 7-33 所示。检查完成后，单击“改善”按钮，即可修补计算机存在的漏洞。

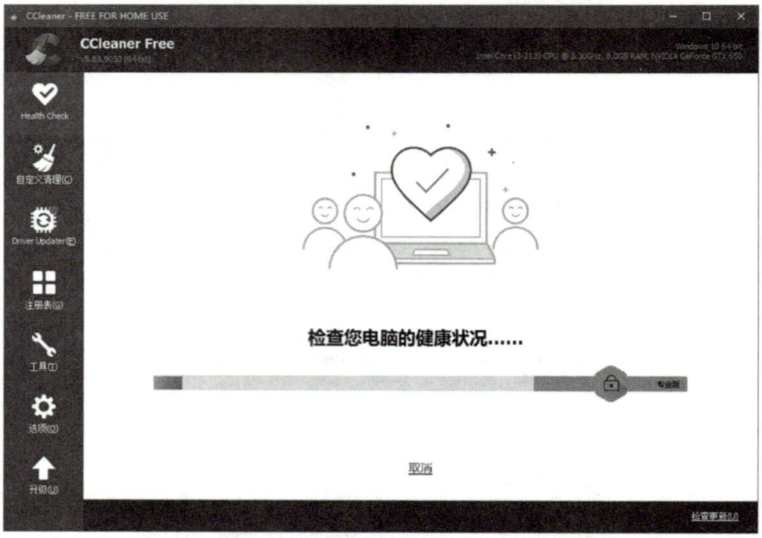

图 7-33　自动检查操作系统

（3）选择“自定义清理”选项卡，打开“Windows”窗格，单击“分析”按钮，CCleaner 将列出操作系统需要删除的选项，如图 7-34 所示。单击“运行清理程序”按钮，可以删除列出的选项。

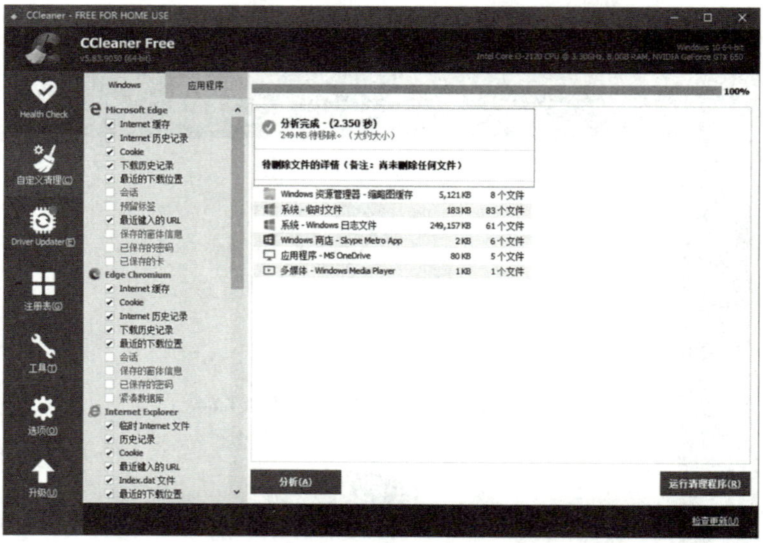

图 7-34　列出操作系统需要删除的选项

（4）选择“Driver Updater”选项卡，在打开的页面中可以扫描驱动程序，以判断驱动程序是否需要更新,如图 7-35 所示。

图 7-35 “Driver Updater”选项卡页面

(5)选择“注册表”选项卡,单击“扫描问题”按钮,即可列出注册表中存在的问题,如图 7-36 所示。单击“查看选定问题”按钮,会弹出“在作出更改之前是否要备份注册表?”对话框,如果要备份注册表,则单击“是”按钮,否则单击“否”按钮。确定之后,可以更改注册表。

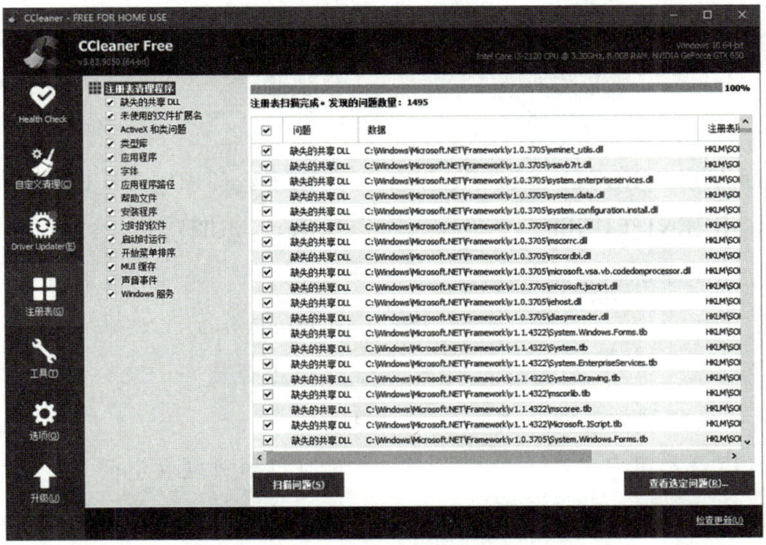

图 7-36 注册表中存在的问题

(6)选择“工具”选项卡,在打开的页面中可以卸载、更新应用程序,设置开机时自动运行的程序,清理磁盘,查找重复文件,进行系统还原等,如图 7-37 所示。

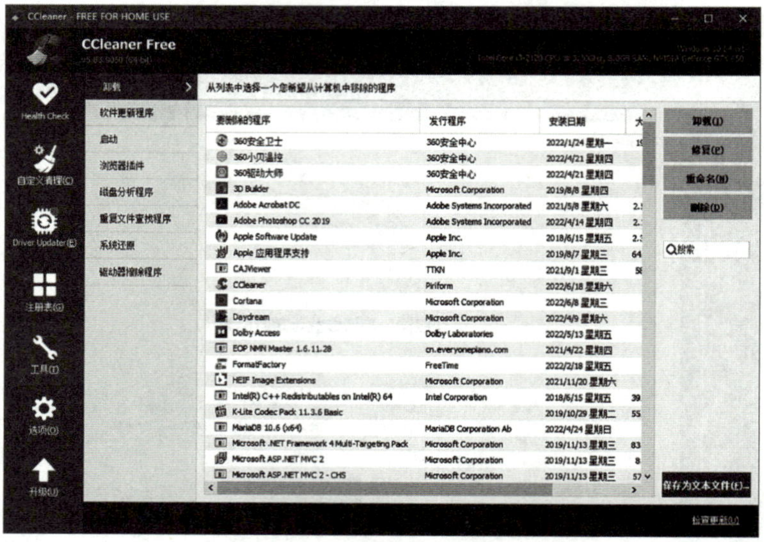

图 7-37 “工具”选项卡页面

拓展练习

一、选择题

1.下列关于优化操作系统的说法错误的是(　　)。

A.可以增加磁盘空间利用率　　B.可以提高计算机的运行速度

C.对于计算机而言无关紧要　　D.可以提高计算机的启动速度

2.下列(　　)不是资源监视器所监视的设备。

A.CPU　　B.主板　　C.硬盘　　D.内存

3.下列(　　)不是注册表的组成部分。

A.HKEY_CLASSES_ROOT　　B.HKEY_CURRENT_USER

C.HKEY_CURRENT_CONFIG　　D.REG_MUlTI_SZ

4.下列(　　)是系统优化软件。

A.360 安全卫士　　B.Windows 优化大师

C.腾讯电脑管家　　D.以上都是

5.下面关于磁盘清理的说法正确的是(　　)。

A.不能增加磁盘利用率　　B.可以释放磁盘空间

C.不能提高计算机的运行速度　　D.不能有效优化操作系统

6.内存优化的主要目的是(　　)。

A.增加容量　　B.管理方便

C.增加内存占用　　D.提高计算机的运行速度

7.(多选)对计算机的硬件信息进行检测和对计算机进行性能测试的目的是(　　)。

A.了解计算机的硬件配置,识别硬件真伪　　B.测试计算机的硬件性能

C.了解计算机硬件的工作状态　　D.优化硬件和操作系统的性能

8.计算机的性能可以通过第三方软件进行测试,这些软件包括(　　)。

A.鲁大师　　B.360 卫士　　C.EVEREST Ultimate　　D.以上都是

二、判断题

1.计算机的性能主要包括软件性能和硬件性能,但软件性能对计算机的性能起着决定性的作用。(　　)

2.为了优化计算机性能,需要定期对磁盘进行清理和优化。(　　)

3.Windows 10 操作系统不仅可以进行磁盘清理,而且携带了磁盘优化管理的程序。(　　)

4.Windows 10 操作系统的资源监视器只能监视 CPU 与内存的使用情况。(　　)

5.减少系统启动项,可以加快计算机的启动速度。(　　)

三、思考与练习

1.对操作系统的优化主要涉及哪几项操作?

2.按照课程内容,在计算机中关闭多余的进程。

3.按照课程内容,在计算机中关闭不需要的系统启动项。

08

项目八

计算机的日常维护和故障处理

人文素养

2019 年,教育部等部门联合发布文件《关于在院校实施"学历证书+若干职业技能等级证书"制度试点方案》以来,"学历证书+若干职业技能等级证书"(简称"1+X 证书")制度的实施和落实工作取得了丰富的成果。"1+X 证书"制度鼓励学生在获得学历证书的同时,积极取得各类职业技能等级证书。这个制度的实施不仅要求学生掌握理论知识,获得学历证书,而且要求学生掌握多种技能,将"理论与实践相结合"的概念融入学生的学习中,既掌握理论知识,又具备实践经验和实践技术。因此我们在提高自身学识的同时,更要注重自身实际应用技能的全面提升。

学习目标

知识目标

了解计算机的日常维护事项。

掌握常见故障的分析和处理方法。

技能目标

能够运用所学知识找到计算机故障的原因,并解决问题。

素养目标

培养创新意识,树立正确的学习方向。

思维导图

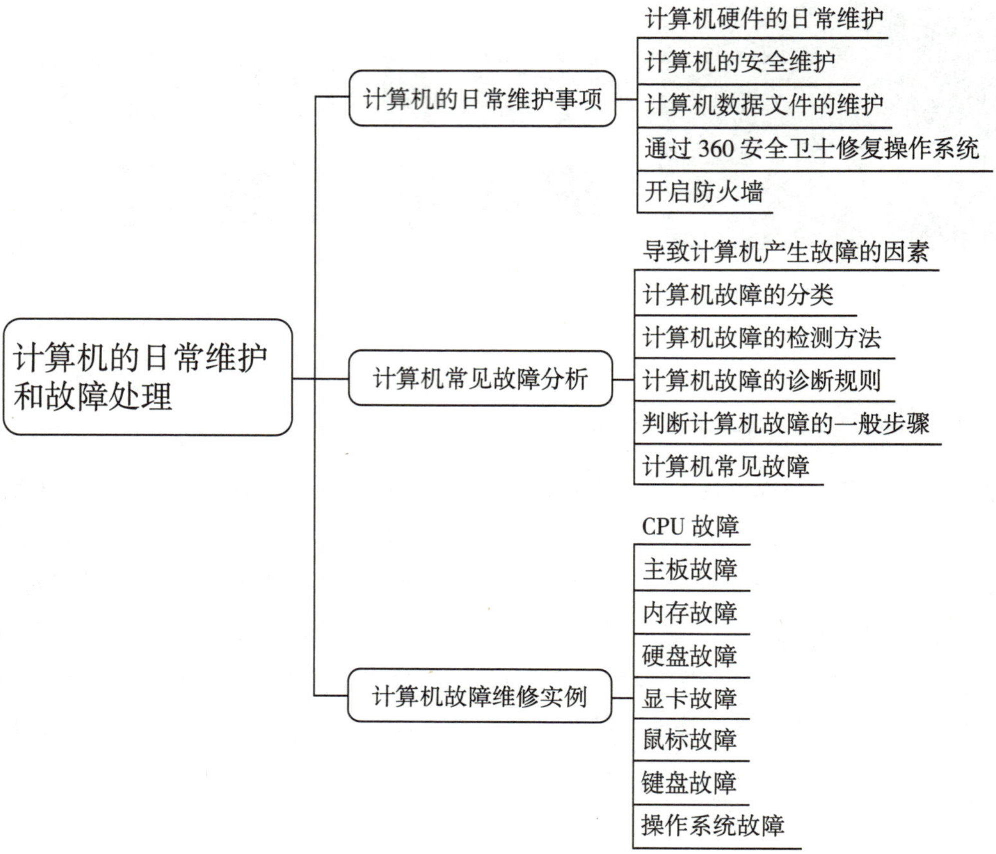

项目导读

科技的发展日新月异，计算机已经成为人们日常生活中的重要角色。由于计算机是软件和硬件的统一体，因而人们在重视软件系统的同时，往往不能忽视对计算机硬件的维护。如何保养和维护一台计算机，并尽可能延长计算机的使用寿命，是人们重点关注的问题。本项目针对计算机软件和硬件的日常维护总结的方法，基本可以解决这些问题。

任务一　计算机的日常维护事项

任务需求

计算机使用寿命的长短与日常是否维护计算机有直接关系。因此在使用计算机的过程中,应养成良好的使用习惯,做好日常维护工作。

任务计划

通过了解计算机硬件适宜的工作环境和使用计算机的注意事项,对计算机进行日常维护和安全维护,以及对计算机数据文件的维护。

任务学习

保养计算机

一、计算机硬件的日常维护

1.理想的工作环境

(1)理想的温度。一般来说,15~30 ℃的温度较为适宜,超出这个范围的温度会影响电子元器件的工作稳定性。当温度过高时,各部件运行过程中产生的热量不易散发,可能会烧毁某些电子元器件;当温度过低时,电子元器件不能正常工作,会增加出错率。

(2)适合的湿度。40%~60%的相对湿度较为合适。相对湿度过低,容易产生静电,会对计算机造成干扰;相对湿度过高,会使计算机内部的焊点和插座的焊点的接触电阻增大,容易使计算机的电子元器件锈蚀。

(3)清洁度。由于计算机的机箱和显示器等部件都不是完全密封的,长期使用且未按时清理时会使过多的灰尘进入其中,而过多的灰尘附着在 PCB 上,会影响 PCB 的散热,甚至会引起短路等问题,所以要定期清理计算机部件上附着的灰尘,以免因灰尘过多造成计算机损坏。

(4)电磁场干扰。计算机如果放在有较强磁场的环境中,那么可能会出现数据损失、显示器产生花斑或抖动现象。这种现象主要是由音响设备、电机、电源静电以及较大功率的变压器等产生的电磁干扰引起的,因此应尽量使计算机远离 UPS(Uninterruptible Power Supply,不间断电源)、日光灯、电扇等干扰源。

(5)防静电。静电干扰会对计算机的电子元器件造成损害。为防止静电对计算机的电子元器件造成损害,在打开机箱前应用手接触钥匙、暖气管或水管等物体,将身体的静电释放。另外,在安装计算机时将机箱用导线接地,也可以起到防静电的作用。

(6)电源的稳定性。对于电力环境不稳定的用户而言,最好购买 UPS 设备。此外,不要让计算机与空调等设备使用相同的电源,以免发生意外事故波及计算机。

2.养成良好的使用习惯

(1)正常开机和关机。开机时要先打开外围设备和周边设备(如显示器、打印机、扫描仪等)的电源,再打开主机电源;关机时要先关闭主机电源再关闭外围设备和周边设备的电源。

(2)不要频繁地开机和关机。开机和关机之间的时间间隔应大于 30 秒。

(3)定期清洁计算机。在清洁计算机前一定要关机并且切断电源。

(4)在增加或拆除计算机的硬件时,必须要做断电处理,并确认身体不带静电才可操作。

(5)在接触 PCB 时,不应用手直接触摸 PCB 上的铜线和集成电路的引脚,以免人体所带的静电击穿这些部位。

(6)计算机在开机之后不应随意地移动和震动,以免划伤硬盘表面或发生意外情况造成不必要的损失。

3.各部件的日常维护

(1)CPU 的维护。CPU 的运行状态会对计算机的稳定性产生直接影响,对 CPU 的维护主要在于减压和散热两方面。

①减压。如果 CPU 和散热风扇安装过紧,可能导致 CPU 的针脚或触点被压损,因此在安装 CPU 和散热风扇时应注意用力均匀,扣具的压力也要适中。

②保证良好的散热。CPU 的正常工作温度为 40~50 ℃,具体工作温度根据不同 CPU 的主频而定。另外,CPU 的散热风扇应选择质量较好且带有测速功能的,以便与主板监控功能配合检测散热风扇的工作情况。

③用好的导热硅脂。导热硅脂是涂在 CPU 表面的,涂薄薄的一层即可,过量的导热硅脂可能会渗漏到 CPU 接口处,使其产生故障。导热硅脂在一段时间后就会干燥,需要除净后再重新涂上导热硅脂。

(2)主板的维护。主板是计算机的核心部件,部分硬件故障是因为主板与其他部件接触不良或主板损坏所产生的。维护好主板既可以保证计算机的正常运行,也可以延长计算机的使用寿命。主板的维护主要包括以下 3 方面。

①防范高压。停电时应立刻拔掉主机电源,避免突然恢复供电时产生的瞬间高压击坏主板。

②防范灰尘。清理灰尘是主板最重要的日常维护工作,可以使用比较柔软的毛刷清除主板上的灰尘。平时使用计算机时,不要将机箱打开,以减少灰尘积聚。

③最好不要带电拔插。除了支持即插即用的设备(即使是这种设备,最好也不要多次带电拔插),在计算机运行时,禁止带电拔插各种控制板卡和连接电缆,因为在带电拔插瞬间产生的静电放电和信号电压不匹配等现象容易损坏芯片。

(3)硬盘的维护。硬盘是计算机中主要的数据存储设备,其日常维护包括以下 4 方面。

①正确地使用电源。当硬盘处于工作状态时(读写硬盘的过程中),尽量不要强行关闭主机电源,因为硬盘在读写过程中突然断电容易造成硬盘物理性损伤或丢失数据等问题。

②保证工作平台的稳定性。必须将计算机放在平稳、无震动的工作平台上,尤其是在硬盘处于工作状态时,要尽量避免移动计算机。在启动或关闭计算机的过程中也不要随意移动计算机。

③保证硬盘的散热。硬盘的温度直接影响硬盘的稳定性和使用寿命,硬盘在工作中的温度以 20~25 ℃为宜。

④不要压缩硬盘。不要使用 Windows 操作系统自带的"磁盘空间管理"功能压缩硬盘,因为硬盘压缩之后,不仅读写数据的速度会变慢,而且读取次数也会因此变得频繁,这对硬盘的发热量和稳定性都会产生影响,还可能缩短硬盘的使用寿命。

(4)显示器的维护。如果使用不当,不仅显示器的性能会快速降低,而且显示器的寿命也会缩短,甚至在两三年后就会报废,因此,一定要注意显示器的日常维护。例如,不要频繁地开/关显示器,注意防尘、防潮、防电磁场干扰、防强光。

(5)显卡和声卡的维护。显卡是计算机的“发热大户”,现在的显卡都单独带有一个散热风扇,在使用计算机时,要注意散热风扇的运转是否正常,是否有明显的噪声,或者是否出现运转不灵活,转一会儿就停等现象。如果发现上述问题,则需要及时更换显卡的散热风扇,以延长显卡的使用寿命。对于声卡而言,在插拔麦克风和音箱时,一定要关闭电源,以免损坏其他部件。

(6)机箱和电源的维护。机箱是部分硬件的保护罩,本身就有很强的自我保护能力。在使用计算机时一定要将机箱摆放平稳,同时保持机箱表面和内部的清洁。机箱和电源的维护主要包括以下 3 个方面。

①保证机箱散热。在使用计算机时,不要在机箱附近堆放杂物,保证空气畅通,使主机工作时产生的热量能够及时散出。

②保证电源散热。如果发现电源的散热风扇停止工作,必须切断电源,防止电源烧毁或造成其他更大的损失。另外,要定期检查电源的散热风扇是否正常工作。

③注意防尘。计算机长时间工作,会积累很多灰尘,容易造成散热不良的问题。同时,灰尘过多,在潮湿的环境中也会造成电源短路的问题,因此,为了计算机系统能正常、稳定地工作,电源应定期除尘。当计算机使用一年左右时,最好打开机箱,用毛刷清除内部的灰尘,同时也为散热风扇加些润滑油。

(7)光驱的维护。计算机的光驱易出现故障,其故障率仅次于鼠标。如果经常维护光驱,则光驱可以正常使用多年;如果使用不当或保养不够,有的光驱只能使用半年左右。在日常使用光驱时,应注意保持光驱的清洁、使用正版光盘及养成正确使用光驱的习惯。

(8)鼠标和键盘的维护。在计算机的所有部件中,鼠标是最容易出故障的。在使用鼠标时,应避免摔碰鼠标或强力拉拽鼠标线;点击鼠标时不要过度用力,以免损坏弹性开关;配置专用的鼠标垫,既可以减少污垢附着在鼠标上,又增加了鼠标的灵活性。在使用键盘时,要注意保持清洁,不要将液体洒到键盘上,按键要注意力度,同时不要带电插拔。

对于计算机的用户而言,都希望计算机在稳定的状态下运行。因此在日常生活中,要多注意计算机的日常维护,以延长计算机的使用寿命,并使计算机在最佳状态下工作,为用户正常的工作和学习提供良好的服务。

二、计算机的安全维护

操作系统存在漏洞,会产生严重的计算机安全问题。用户可以通过以下 4 种方式对计算机进行安全维护。

(1)修复操作系统漏洞。通过 360 安全卫士、百度安全卫士、腾讯电脑管家、金山卫士等第三方软件进行操作系统漏洞的检测及修复。修复漏洞的操作应在操作系统安装完成后进行。

(2)计算机病毒的防范。计算机病毒已成为计算机安全的主要威胁之一,随着计算机的不断普及,这种威胁也变得越来越严重。因此,防范计算机病毒是保障计算机安全的首要任务,计算机操作人员必须做好必要的防范措施。使用杀毒软件(如 360 杀毒、金山毒霸、百度杀毒等)可最大限度地保证计算机不受病毒的威胁,确保计算机的安全运行。通常情况下,用户需要定期杀毒和更新病毒库。

(3)开启防火墙。防火墙是一种网络安全防护措施,它采用的是隔离控制技术,是设置在内部网络和外部网络之间的一道“屏障”,用于分隔内部网络和外部网络的地址,使外部网络无法查探内部网络的 IP 地址,无法与使用内部网络的操作系统发生直接的数据交流。开启防火墙的方式有两种,第一种是通过操作系统自带的防火墙软件开启;第二种是通过专用的网络防火墙软件开启。

(4)提高安全防范意识。不访问非法网站,不使用非官方渠道下载的软件;使用数字和字母混合的方式设置密码,并且不少于 8 位;及时更新操作系统的安全补丁;硬盘的主引导扇区、分区表、注册表等极重要的数据文件要定期备份;安装杀毒软件并开启杀毒软件的实时监测等功能,并且经常更新病毒库;使用外置移动存储设备时应及时杀毒;对重点保护的计算机系统应做到专机、专人、专盘、专用。

三、计算机数据文件的维护

1.数据文件的加密方法

每台计算机的硬盘中都会有一些隐私或机密文件,如个人照片或客户资料等。在上网时,这些信息就有可能被黑客窃取并非法利用。解决这个问题的办法之一就是对重要文件加密,下面介绍 3 种常见的加密方法。

(1)利用组策略工具加密。利用组策略工具把存放隐私资料的硬盘分区设置为不可访问即可。具体方法是:按 Windows+R 组合键打开“运行”对话框,在“打开”下拉列表框中输入“gpedit. msc”,单击“确定”按钮,打开“本地组策略编辑器”窗口,如图 8-1 所示,在窗口左侧的列表框中依次选择“用户配置”→“管理模板”→“Windows 组件”→“文件资源管理器”选项,然后在右侧的“设置”列表框中双击“防止从‘我的电脑’访问驱动器”选项。

打开“防止从‘我的电脑’访问驱动器”对话框,选中“已启用”单选按钮,然后在“选择下列组合中的一个”下拉列表框中选择一个限制的驱动器,单击“确定”按钮即可。设置驱动器参数如图 8-2 所示。

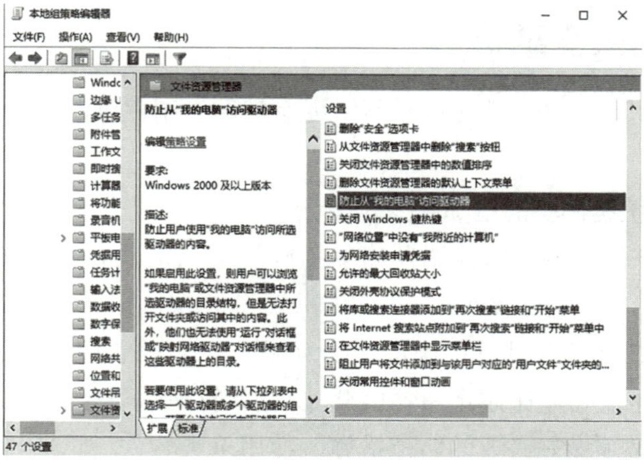

图 8-1 “本地组策略编辑器”窗口

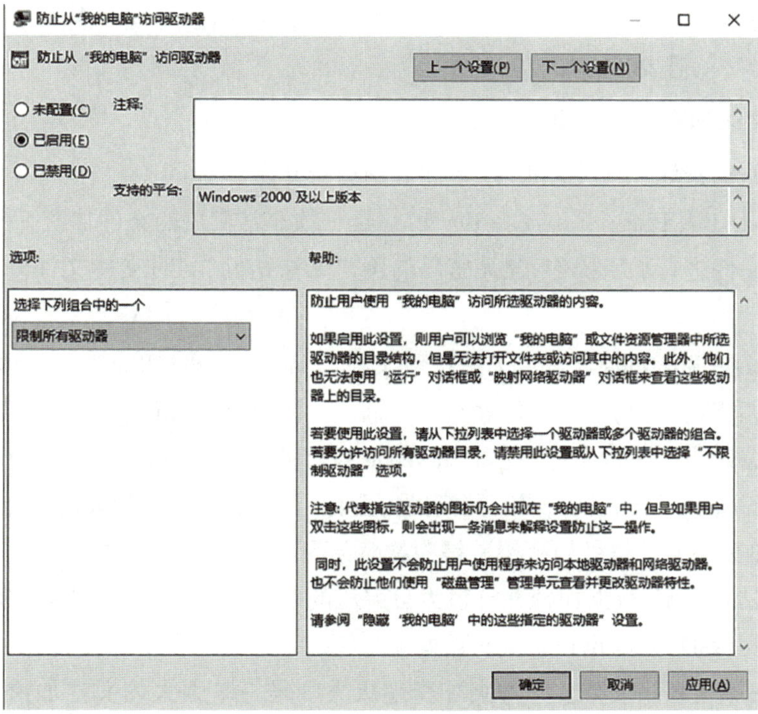
防止从"我的电脑"访问驱动器
防止从"我的电脑"访问驱动器
上一个设置(P)
下一个设置(N)
未配置(C)
已启用(E)
已禁用(D)
注释:
支持的平台:
Windows 2000 及以上版本
选项:
帮助:
选择下列组合中的一个
限制所有驱动器
防止用户使用"我的电脑"访问所选驱动器的内容。
如果启用此设置，则用户可以浏览"我的电脑"或文件资源管理器中所选驱动器的目录结构，但是无法打开文件夹或访问其中的内容。此外，他们也无法使用"运行"对话框或"映射网络驱动器"对话框来查看这些驱动器上的目录。
若要使用此设置，请从下拉列表中选择一个驱动器或多个驱动器的组合。若要允许访问所有驱动器目录，请禁用此设置或从下拉列表中选择"不限制驱动器"选项。
注意: 代表指定驱动器的图标仍会出现在"我的电脑"中，但是如果用户双击这些图标，则会出现一条消息来解释设置防止这一操作。
同时，此设置不会防止用户使用程序来访问本地驱动器和网络驱动器。也不会防止他们使用"磁盘管理"管理单元查看并更改驱动器特性。
请参阅"隐藏'我的电脑'中的这些指定的驱动器"设置。
确定
取消
应用(A)

图 8-2 设置驱动器参数

(2)利用 WinRAR 加密文件。利用 WinRAR 可以安全地为数据加密。WinRAR 不仅具有压缩功能,而且具有较好的加密功能。WinRAR 软件采用的是单向加密,而单向加密是很难被破解的。因此,如果需要保护隐私,只要把这些隐私文件压缩成一个包,再添加密码就比较安全了。

用 WinRAR 加密虽然安全,但是加密速度会很慢,而且每一次使用都要先解密,然后再加密,比较麻烦。因此,用 WinRAR 加密的方法仅适用于对加密强度要求很高的用户。

(3)利用加密软件进行加密。这种加密方法也是安全的。通过加密软件进行加密时,既可以直接对硬盘物理扇区进行加密,也可以进行写保护硬盘分区、加密隐藏硬盘分区、锁定 USB 和光驱等加密保护操作。

2.数据文件加密的重要性

(1)防范失窃。笔记本电脑、平板电脑越来越流行,而这类便捷式移动设备也增加了丢失的概率。一旦移动设备丢失,存储在其中的个人敏感信息就有暴露的风险,如用浏览器保存的登录口令、邮件客户端存储的私人邮件等。如果相关敏感信息是加密的,失窃后暴露的风险就会大大降低。

(2)保护个人隐私。很多家用计算机都是几个家庭成员共用的。某家庭成员可能会有一些个人隐私的信息不希望被其他家庭成员看到,文件加密就可以防止隐私外泄。

(3)加密备份数据。很多用户把计算机中的数据备份到移动硬盘上。有些人认为放在家里的移动硬盘仍不保险，就开始考虑用“云存储”（俗称网盘）来进行异地备份。一旦把数据备份到“云端”，就需要考虑加密问题了。

3.数据文件的加密软件种类

数据文件的加密软件种类有很多，下面分别进行介绍。

（1）Easycode Boy Plus。Easycode Boy Plus 是一款非常实用的文件加密工具，通过该软件可以对指定的文件进行加密操作，让无密码的用户无法访问，同时支持文件分割及目录伪装等功能。

使用 Easycode Boy Plus 软件可加密任何文件。Easycode Boy Plus 软件采用高速算法，具有加密速度快、安全性能高、有加/解密列表功能、独有的密码查询功能等特点。此外，还可以将加密文件编译为可执行文件，脱离 Easycode Boy Plus 环境独立运行，并可对自解密文件进行分割、对程序设置访问密码，具有更高的安全性，且有加密历史列表的功能。

（2）超级加密精灵。超级加密精灵是一款简单易用、功能强大的加密工具。该软件的主要功能有：数据加/解密、数据加密并打包为自解压的 EXE 文件、文件夹保护（加锁、伪装和隐藏）、移动盘数据保护、数据粉碎删除和数据锁定等。

（3）文件夹加密超级大师。文件夹加密超级大师是一款强大的文件加密软件和文件夹加密软件。

文件夹加密超级大师软件具有以下 7 大功能。

①对文件夹具有 4 种加密方法。除了有加密强度极高、加/解密快速的闪电和隐藏加密；还有用较成熟领先的加密算法，将文件夹内所有文件加密成加密文件的全面加密；把文件夹打包加密成加密文件的金钻加密；把文件夹加密成 EXE 文件的移动加密。通过这 4 种加密方式可以满足各种加密需求。

②加密文件和文件夹的临时解密。加密文件和文件夹解密时输入正确密码选择打开，就处于临时解密状态，使用完毕后文件及文件夹自动恢复到加密状态，不需要再次加密。

③磁盘彻底隐藏。磁盘彻底隐藏后，在任何环境下都无法找到。

④禁止使用或只读使用 USB 存储设备。

⑤不仅可以加密文件夹，还可以加密文件。加密文件也采用加密算法加密，确保绝密文件的保密性。

⑥文件和文件夹的粉碎删除。粉碎删除后的文件和文件夹是无法通过数据恢复软件恢复的。

⑦具有系统安全设置、优化系统、系统垃圾清理等辅助功能。

（4）超级秘密磁盘。超级秘密磁盘是一款专业免费的加密磁盘软件，该软件可以帮助用户创建一个秘密磁盘，把所有的秘密文件都放在该软件中，包括照片、视频、财务信息等文件，其安全性能比一般的文件加密软件要好，可以杜绝数据外泄的危险。

（5）TrueCrypt。TrueCrypt 是一款免费开源的加密软件，同时支持 Windows、Mac、Linux 等操作系统。使用 TrueCrypt 软件不需要生成任何文件即可在硬盘上建立虚拟磁盘，直接按照盘符进行访问，所有虚拟磁盘上的文件都会被自动加密，需要通过密码来进行访问。TrueCrypt 提供多种加密算法，包括 AES-256、Blowfish(448 bit key)等。

(6)便携式文件夹加密器。便携式文件夹加密器是一款高强度的文件夹加密软件，可以方便地加密任意文件夹，并且便携式文件夹加密器支持 U 盘加密、移动硬盘加密。

4.文件夹和磁盘驱动器的隐藏

对于一些重要、隐私的文件或文件夹，或者某个重要的硬盘驱动器分区，可以将其隐藏，以防被其他人看到。下面分别介绍文件夹和磁盘驱动器的隐藏方法。

(1)隐藏文件夹。使用系统自带的隐藏功能可以对重要的文件或文件夹进行隐藏操作。其具体操作步骤是：双击“此电脑”图标，打开“此电脑”窗口，选择需要隐藏的文件夹(这里选择“财务办公资料”文件夹)并用鼠标右键单击，在弹出的快捷菜单中选择“属性”选项，打开“音乐 属性”对话框，勾选“隐藏”复选框，如图 8-3 所示，单击“确定”按钮，即可隐藏文件夹。

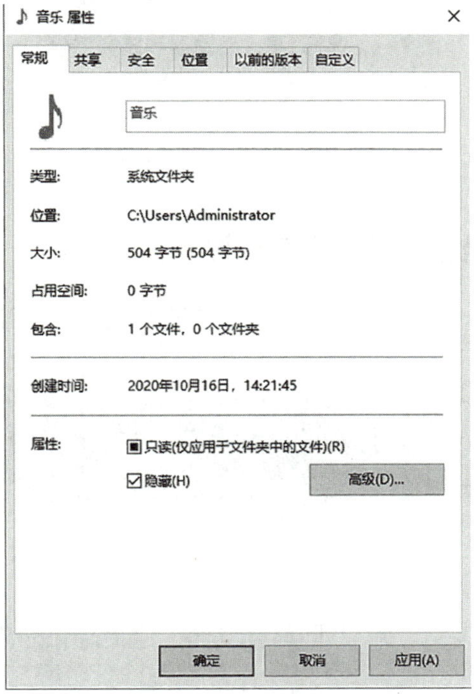

图 8-3 勾选“隐藏”复选框

(2)隐藏磁盘驱动器。隐藏磁盘驱动器的具体操作步骤是：用鼠标右键单击桌面上的“此电脑”图标，在弹出的快捷菜单中选择“管理”选项，打开“计算机管理”窗口，在左侧的窗格中选择“存储”→“磁盘管理”选项，在右侧窗格中显示出当前计算机中的所有磁盘分区，选择相应的磁盘分区并用鼠标右键单击，在弹出的快捷菜单中选择“更改驱动器号和路径”选项，如图 8-4 所示。弹出“更改(E:)的驱动器号和路径”对话框，单击“删除”按钮，打开“磁盘管理”对话框，单击“是”按钮，即可隐藏所选的磁盘分区。

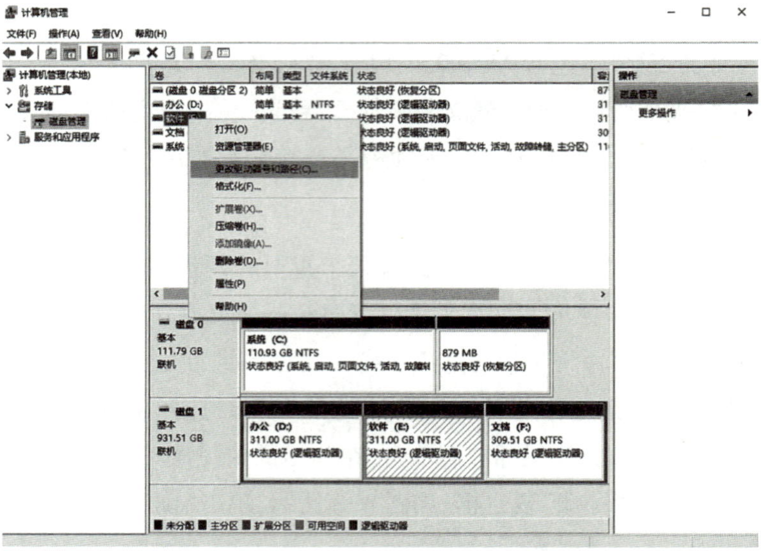

图 8-4　选择“更改驱动器和路径”选项

任务实施

一、通过 360 安全卫士修复操作系统

(1)启动 360 安全卫士,打开“360 安全卫士”窗口,选择“系统修复”选项卡,如图 8-5 所示。

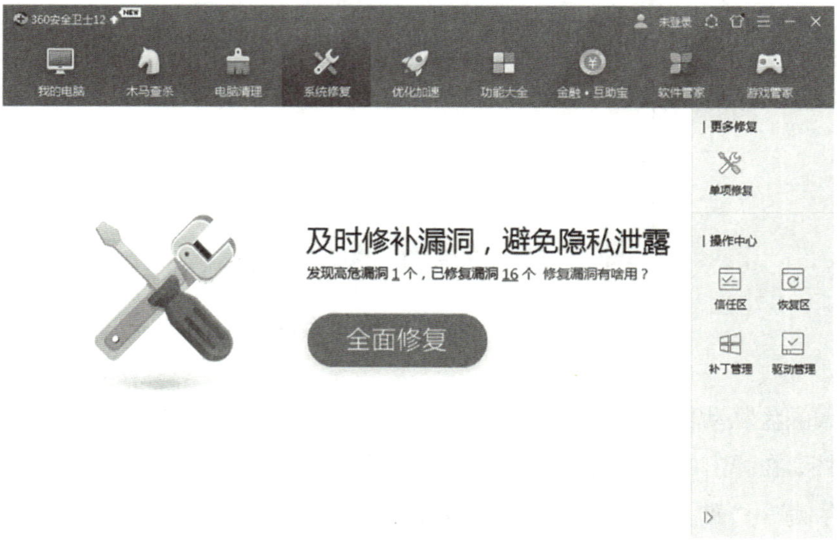

图 8-5　选择“系统修复”选项卡

(2)单击“全面修复”按钮,360 安全卫士将会自动检测操作系统中存在的各种漏洞,如图 8-6 所示。

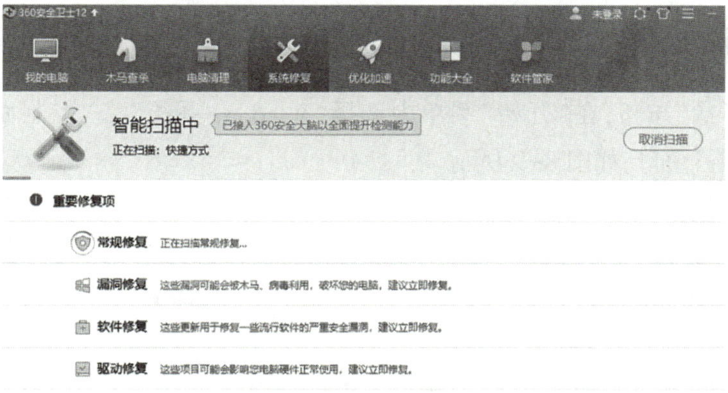

图 8-6　自动检测操作系统中存在的各种漏洞

(3)扫描完成后，在“系统修复”窗口中会列出需要修复的项目，如图 8-7 所示。单击“一键修复”按钮，开始修复漏洞。

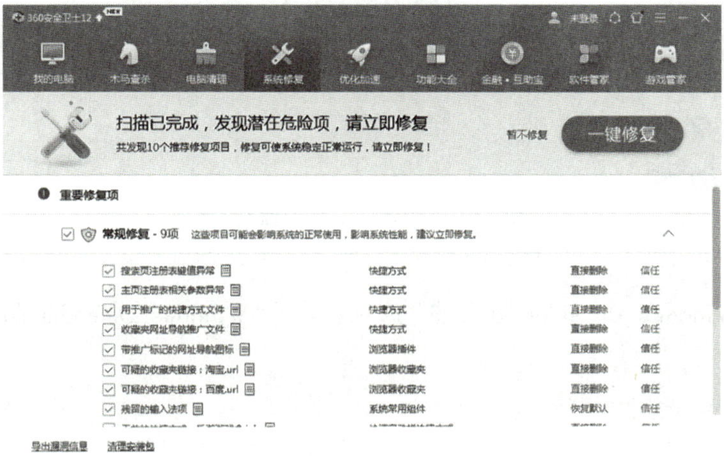

图 8-7　需要修复的项目

(4)待全部漏洞修复完成后，单击“完成修复”按钮，即可完成修复，如图 8-8 所示。

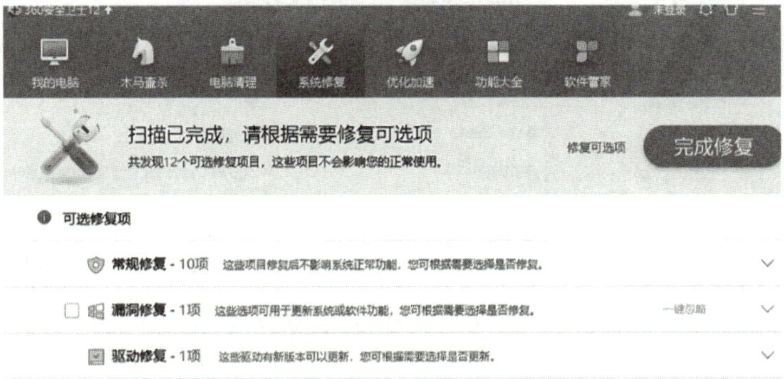

图 8-8　完成修复

二、开启防火墙

(1)单击“开始”按钮,在“开始”菜单中选择“Windows 系统”→“控制面板”选项,打开“所有控制面板项”窗口,如图 8-9 所示。

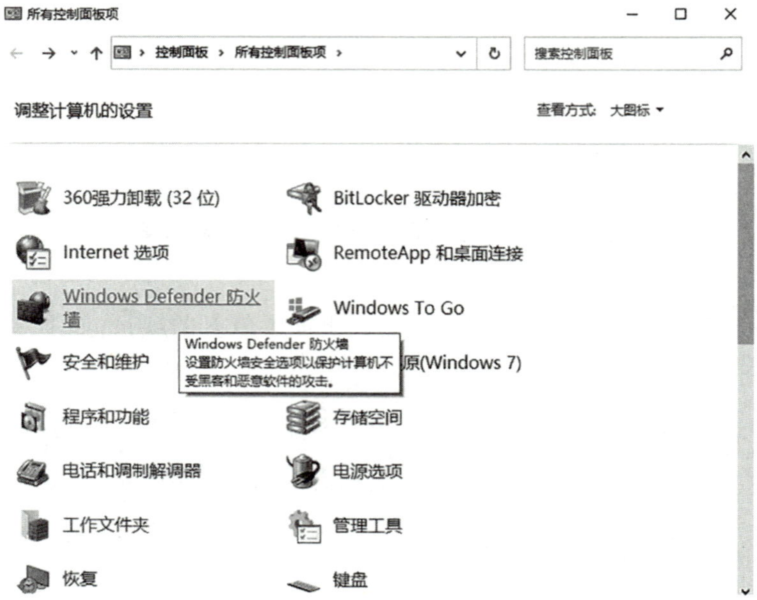

图 8-9 “所有控制面板项”窗口

(2)选择“Windows Defender 防火墙”选项,打开“Windows Defender 防火墙”窗口,如图 8-10 所示。

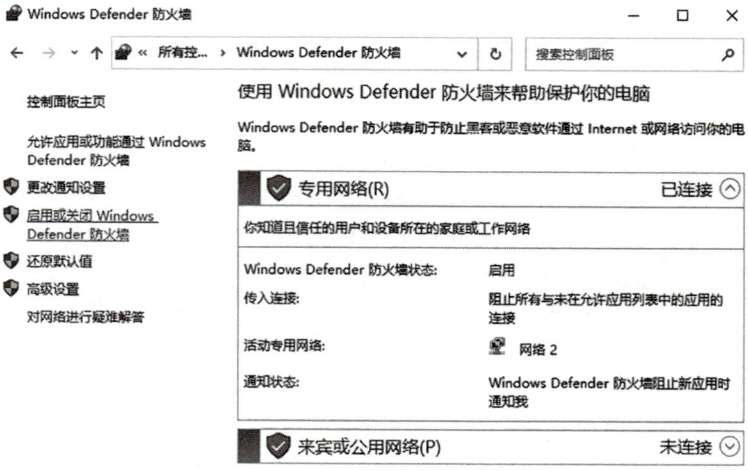

图 8-10 “Windows Defender 防火墙”窗口

(3)在左侧控制台中选择“启用或关闭 Windows Defender 防火墙”选项,打开“自定义设置”对话框。选中“启用 Windows Defender 防火墙”单选按钮,如图 8-11 所示。专用网络和公用网络都要选中“启用 Windows Defender 防火墙”单选按钮，然后单击“确定”按钮，即可开启防火墙。

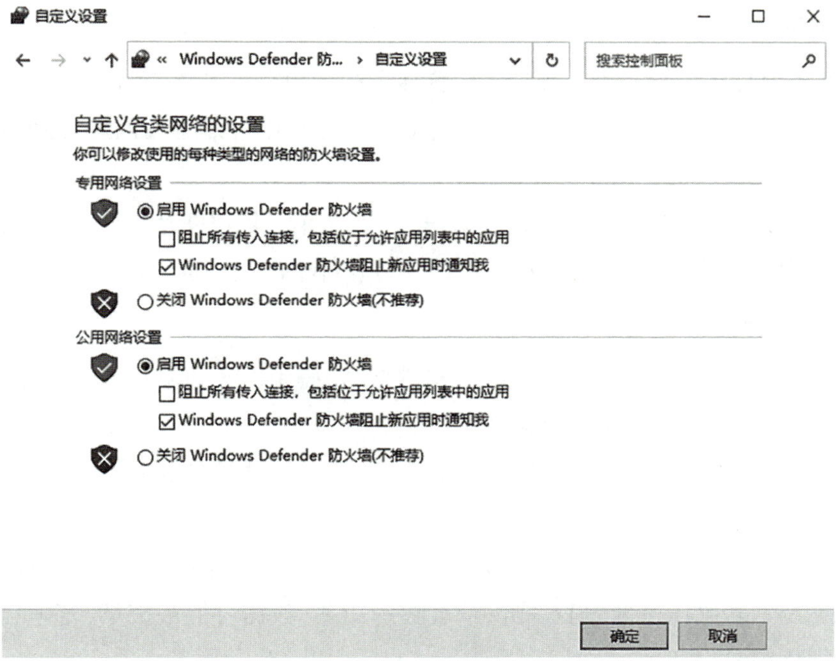

图 8-11　选中“启用 Windows Defender 防火墙”单选按钮

任务二　计算机常见故障分析

任务需求

在使用计算机的过程中，难免会遇到各种各样的故障，当时首先需要根据具体情况来判断到底是什么原因导致的，然后针对产生故障的原因进行维修。

任务计划

分析导致计算机产生故障的因素；掌握检测计算机故障的方法和判断计算机故障的一般步骤。

任务学习

要排除故障首先要找到产生故障的原因。计算机故障是指在使用计算机的过程中，出现操作系统不能正常运行或运行不稳定，以及硬件损坏或出错等现象。

一、导致计算机产生故障的因素

1.兼容性问题

(1)硬件兼容性。计算机中的硬件是由许多不同的电子元器件构成的,如果硬件之间出现兼容性问题,那么其结果往往是不可调解的。如果存在硬件兼容性问题,通常在计算机组装完成后第一次启动时就会出现故障(如蓝屏)。

(2)软件兼容性。软件兼容性问题容易解决,下载并安装软件补丁即可。软件的兼容性问题主要是因操作系统自身的某些设置,拒绝运行软件中的某些程序而引起的。

2.工作环境的影响

(1)灰尘。灰尘附着在计算机的电子元器件上,妨碍了电子元器件在正常工作时的热量散发。PCB 上的芯片故障,很多都是由灰尘引起的。

(2)温度。如果计算机工作环境的温度过高,则会影响计算机散热,甚至引起短路等故障。

(3)电源。交流电的正常范围为 220×(1±10%)V,频率范围为 50×(1±5%)Hz,并且具有良好的接地系统。若电压过低,则不能供给足够的功率,数据可能被破坏;若电压过高,则硬件的电子元器件容易损坏。

(4)电磁波。计算机对电磁波的干扰较敏感,较强的电磁波干扰可能会造成硬盘数据丢失、显示器抖动等故障。

(5)湿度。计算机对工作环境的湿度有一定的要求,如果湿度太高,则会影响计算机硬件的性能,甚至引起短路问题;如果湿度太低,则易产生静电,损坏硬件。

3.硬件质量问题

(1)电子元器件质量差。虽然我国制定了一系列电子元器件的生产标准,但是有的厂商并未按照国家制定的生产标准生产,以致生产出的产品质量较差,虽然短时间内并未出现故障,但是时间一长,故障可能会频繁出现。

(2)电路设计有缺陷。某些厂商设计的硬件的电路存在缺陷,由于生产成本等问题,并未进一步改善,这使得产品的稳定性较差。

(3)假冒产品。某些厂商为了利益,假冒大厂商的品牌产品,用户一时无法辨别,使用一段时间后才发现存在质量问题。

4.使用和维护不当

(1)带电拔插。除了 SATA 接口和 USB 接口的设备,计算机的其他设备都不能在未断电时拔插,带电拔插很容易造成短路,将硬件烧毁。

(2)带静电触摸硬件。静电有可能损坏计算机中的各种芯片,因此在维护硬件前应先释放自身静电。

(3)安装不当。安装显卡、声卡等硬件时,需要用螺丝钉将其固定到适当的位置,如果安装不当，可能导致板卡变形，最后会因为接触不良导致故障。

(4) 划伤板卡。计算机中的板卡一般都是多层 PCB，如果被划伤，则可能切断其中的电路，导致短路，甚至烧毁板卡。

5.计算机病毒的破坏

病毒往往会利用计算机操作系统的弱点进行传播，提高系统的安全性是防止病毒入侵的一个重要方面。因此，病毒与反病毒将作为一种技术对抗长期存在。计算机病毒虽是一个小程序，但它和普通计算机程序不同，一般的计算机病毒都具有以下 6 个共同特征。

(1) 隐蔽性。计算机病毒具有很强的隐蔽性，有的可以通过杀毒软件检测出来，有的完全无法检测出来，有的时隐时现、变化无常，这类病毒处理起来通常很困难。

(2) 寄生性。计算机病毒寄生在其他程序之中，当执行这个程序时，病毒就被激活，而在未启动这个程序之前，它是不易被人发觉的。

(3) 潜伏性。有些病毒像定时炸弹一样，预先设计好了发作时间。这种计算机病毒程序，进入系统之后一般不会马上发作，因此病毒可以静静地躲在磁盘内或在磁盘内待上几天，甚至几年，一旦时机成熟，得到运行机会，就会四处繁殖、扩散，破坏计算机。

计算机病毒内部往往有一种触发机制，当不满足触发条件时，计算机病毒除传染外不做任何破坏。而触发条件一旦得到满足，有的在屏幕上显示信息、图形或特殊标识；有的则执行破坏系统的操作，如格式化磁盘、删除磁盘文件、对数据文件进行加密、封锁键盘或使系统死机等。

(4) 传染性。传染性是病毒的基本特征，一旦网络中的一台计算机感染了病毒，则这台计算机中的病毒就会通过各种渠道从已被感染的计算机扩散到未被感染的计算机中，以实现自我繁殖。

(5) 破坏性。计算机感染病毒后，可能会导致一些程序无法正常运行，使计算机中的部分文件受到不同程度的损坏，甚至被删除，通常表现为增、删、改、移。

(6) 可触发性。某个事件或数值的出现，诱使病毒实施感染或进行攻击的特性称为可触发性。为了隐蔽自己，病毒必须潜伏，少做动作。如果完全不动，一直潜伏，那么病毒既不感染也不进行破坏，便失去了杀伤力。病毒既要隐蔽又要维持杀伤力，它必须具有可触发性。病毒的触发机制就是用于控制感染和破坏动作的频率。病毒具有预定的触发条件，这些条件可能是时间、日期、文件类型或某些特定数据等。病毒运行时，触发机制检查预定条件是否满足，如果满足，启动感染或破坏动作，则病毒进行感染或攻击；如果不满足，则病毒继续潜伏。

二、计算机故障的分类

常见硬件故障

1.硬件故障

硬件故障是指由于用户使用不当或电子元器件故障而使计算机硬件不能

正常运行的故障。常见的硬件故障有以下 5 种。

(1)电源故障。没有供电或只有部分供电,以及供电不正常。

(2)硬件工作故障。计算机中的主要硬件如显示器、键盘、硬盘等产生的故障。

(3)电子元器件与芯片松动、接触不良、脱落或因温度过热而不能正常运行。

(4)计算机外部或计算机内部的各硬件之间的连接线缆松动,甚至脱落或错接。

(5)跳线连接错误。

2.软件故障

软件故障是指与操作系统和应用程序相关的故障。常见的软件故障有以下 5 种。

(1)软件的版本与运行环境配置不兼容,造成软件不能正常运行、死机、文件丢失等现象。

(2)计算机的驱动程序安装不当,造成计算机硬件不能正常运行。

(3)计算机由于长时间运行产生了大量的垃圾文件,从而造成操作系统运行缓慢,或者进行了错误操作使操作系统不能正常运行。

(4)计算机病毒的破坏使操作系统不能正常运行。

(5)基本 BIOS 设置、引导过程配置错误或配置参数不正确使操作系统不能正常运行。

三、计算机故障的检测方法

初步诊断计算机故障

1.直接观察法

直接观察法即通过看、听、闻、摸等手段观察计算机,由故障的表象来判断产生故障的原因。

(1)看。观察板卡的接口、插座是否歪斜;电阻、电容引脚是否碰触,表面是否烧焦;芯片表面是否开裂;主板上的铜箔是否烧断。还要观察是否有异物掉进主板的电子元器件之间,主板上是否有烧焦变色的地方;PCB 上的导线(铜箔)是否断裂等。

(2)听。监听电源、散热风扇、显示器和变压器等设备的工作声音是否正常。另外,发生短路故障时常常伴随着异常声响。监听可以及时发现一些事故隐患并在事故发生时及时采取措施。

(3)闻。闻主机中是否有烧焦的气味,根据烧焦的气味便于确定故障所在位置。

(4)摸。用手按压活动芯片,查看芯片是否松动或接触不良。另外,在计算机运行时用手触摸或接近 CPU、显示器、硬盘等设备的外壳,根据其温度可以判断设备运行是否正常。用手触摸一些芯片的表面,如果发烫,则表明该芯片损坏。

2.拔插法

拔插法是通过将部件拔出或插入计算机来检查故障的。拔插法是一种有效的检查方法,常用于检测计算机死机及无任何显示时的故障原因。将故障系统中的部件逐一拔出,每拔出一个部件,都重新启动一次计算机,测试计算机当前的状态。如果拔出某部件后,计算机处于正常工作状态，那么故障就发生在这个部件上。拔插法还可以用于检测因安装和接触不良引起的故障。

3.交换法

交换法是指用相同或相似的性能良好的插卡、部件、器件进行交换，观察故障的变化，如果故障消失，则说明换下来的部件是坏的。交换可以是部件级的，也可以是芯片级的，如两台显示器的交换、两台打印机的交换、两块插卡的交换、两条内存的交换等。交换法是一种常用的简单、快捷的检测方法。若想要确定故障机的主板是否出现故障，则应将故障机除主板以外的所有部件插在好的计算机上进行测试。交换时，尽量用同一种型号的部件，否则故障现象可能不一样。

4.比较法

对怀疑有故障的部位或部件不能用交换法确定时可以使用比较法，如某部件很难拆卸和安装，或拆卸和安装后将会造成该部件的损坏等。同时，还必须有两台同样的设备或部件，并且要处于同一工作状态或相同的外界条件。当怀疑某部件有故障时，分别测试相同设备或部件的相同测试点，将正常的特征与故障的特征进行比较，来判断和排除故障。

5.万用表测量法

在排除故障时，对电压和电阻进行测量也可以判断相应的部件是否存在故障。对电压和电阻的测量需要使用万用表，如果测量出某个电子元器件的电压或电阻不正常，则说明该电子元器件可能存在故障。万用表测量法最大的优点是不必将电子元器件取下或将需要的部分取下就可以判断电子元器件是否正常，应用十分普遍。

6.清洁法

对于使用环境较差，或使用较长时间的计算机而言，应先进行清洁。可用毛刷轻轻刷去主板、外围设备上的灰尘，如果灰尘已清扫或无灰尘，则进行下一步的检测。另外，由于板卡上的一些插卡或芯片采用引脚形式，而震动、灰尘等原因常会造成引脚氧化，接触不良，这时可用橡皮擦擦去表面的氧化层，重新插好后检查故障是否排除。

7.最小系统法

最小系统是指由最少的部件组成的能正常运行的计算机系统。安装基本部件启动计算机，即安装 CPU、主板、显存和内存，连接显示器和键盘。如果计算机能正常启动，则表明核心部件没有问题，然后逐步安装其他部件，这样就可以快速找出产生故障的部件。如果使用最小系统法不能启动计算机，则表明核心部件存在故障，可根据计算机发出的报警声来分析和排除故障。

四、计算机故障的诊断规则

(1)先静后动。在计算机出现故障时，先分析故障出现的位置，再根据现象直观检查，最后采用具体措施解决故障。

(2)先易后难。在计算机出现故障时,先不要考虑复合性故障,有时电源或硬件连接等小问题会造成表面的大故障。因此,在分析与排除计算机故障时,首先应从简单故障入手,然后再分析复合性故障。

(3)先假后真。从计算机的使用环境、清洁度、软件设置等问题入手,这些“假”故障往往会让许多人束手无策。

(4)先软后硬。在计算机发生故障时,要先考虑软件问题,如先进行计算机病毒、木马程序的查杀,然后检查操作系统、应用软件的设置情况等,最后检查硬件的问题。

(5)先外后内。首先检查计算机的外围设备,如电源、线路,检查插头接触是否良好、显示器是否损坏,然后再打开机箱检查其内部。

五、判断计算机故障的一般步骤

在计算机出现故障时,首先判断问题出现在哪个方面,如操作系统、内存、主板、显卡、电源等方面。如果无法确定,则需要按照一定的顺序来判断故障。判断计算机故障所在部位的基本方法如表 8-1 所示。

表 8-1 判断计算机故障所在部位的基本方法

过程	判断故障
①开机	—
②屏幕是否出现画面	否,但有报警声:根据报警声进行检查。 否,但无报警声:检查各接口是否良好,硬件是否正常工作。 是:进行第③步
③屏幕是否出现错误提示	是:根据错误提示进行检查。 否:进行第④步
④进入操作系统是否失败	是:系统文件错误,用 U 盘启动。 否:进行第⑤步
⑤进入操作系统后是否死机	是:内存、CPU 或系统设置错误。 否:进行第⑥步
⑥显示画面是否有问题	是:显示器故障。 否:进行第⑦步

续表

过程	判断故障
⑦声音是否有问题	是:声卡和音箱故障。 否:进行第⑧步
⑧光驱是否有问题	是:检查光驱。 否:进行第⑨步
⑨其他外围设备是否有问题	是:外围设备故障。 否:进行第⑩步
⑩计算机运行速度是否越来越慢	是:感染计算机病毒。 否:一切正常

六、计算机常见故障

1.计算机“假”故障

计算机故障的诊断规则有一条是“先假后真”,即有时计算机会出现一些由于操作不当造成的“假”故障。造成这种现象的原因主要有以下 4 种。

(1)电源开关未打开。计算机的很多部件都需要单独供电(如显示器等),因此计算机工作时应先打开其电源。如果启动计算机后某些设备无反应,则应检查是否已打开电源。

(2)操作和设置不当。如果对一些基本操作和设置的细节问题没有注意,则很容易导致“假”故障现象的出现,如不小心删除拨号连接,不能上网,可能会被误认为是网卡故障;计算机设置了休眠,可能会被误认为是计算机黑屏等。

(3)数据线接触不良。各种外围设备、周边设备与计算机之间,以及主机中各硬件与主板之间,都是通过数据线连接的,数据线接触不良或脱落都会导致某个设备不能正常工作。例如,操作系统提示“未发现鼠标”或“找不到键盘”,那么应检查鼠标或键盘与计算机的接口是否松动或是否未连接好。

(4)对正常提示和报警信息不了解。由于操作系统的智能化程度逐步提高,因此如果某个硬件在使用过程中出现异常情况,操作系统就会给出一些提示和报警信息,如果用户不了解这些提示或报警信息,就会认为设备出现故障。

2.启动故障

按下计算机电源开关后,BIOS 中的启动代码首先要对 CPU、主板、内存、硬盘、鼠标、键盘等硬件进行检测,以确定这些硬件是否处于正常工作状态,这就是 POST 的过程。在进行 POST 时,如果某个硬件没有通过检测,那么检测程序会中止,并根据内置预设进行声音报警

（BIOS 厂商定义了报警声，不同的厂商设置的故障报警声也不同）或显示错误信息。

在进行 POST 时，如果核心部件出现故障，则计算机系统会通过喇叭发出长短各异、有规律的“嘀”声来通知用户。如果出现非关键性故障，则会显示错误信息。因此可以根据报警声和错误信息来确定故障所在的位置。

AMI BIOS 与 AWARD BIOS 报警声的类型、含义及解决方法分别如表 8-2 和表 8-3 所示。

表 8-2　AMI BIOS 报警声的类型、含义及解决方法

类型	含义	解决方法
1 短	内存刷新失败	更换内存
2 短	ECC 错误	在 BIOS 设置中将 ECC 校验设置为“Disabled”，首选的方法是更换内存
3 短	基本内存（第 1 个 64 KB）检查失败	更换内存
4 短	系统时钟出错	维修或更换主板
5 短	CPU 错误	将 CPU 取下再重新安装或更换 CPU
6 短	键盘控制器错误	重新插上键盘或更换键盘
7 短	CPU 异常中断，模式错误，不能切换到保护模式	更换主板
8 短	显示内存错误	更换显卡
9 短	ROM BIOS 检验出错	刷新 BIOS 或更换 ROM
1 长 3 短	内存错误	更换正常内存
1 长 8 短	显示测试错误	插好显示器数据线或插牢显卡

表 8-3　AWARD BIOS 报警声的类型、含义及解决方法

类型	含义	解决方法
1 短	系统正常启动	计算机没有问题
2 短	常规错误	在 BIOS 设置中，重新设置不正确的选项
1 长 1 短	内存或主板出错	更换内存，若故障依旧存在，则需要更换主板

续表

类型	含义	解决方法
1长2短	显示器或显卡错误	重新连接或更换显示器、显卡
1长3短	键盘控制器错误	检查主板与键盘接口的连接情况
1长9短	RAM或EPROM错误,BIOS损坏	刷新BIOS或更换FLASH和RAM
不断长鸣	内存未插好或损坏	清除内存"金手指"上的锈迹并重新插入内存插槽(或更换内存插槽)。若故障没有排除,则需更换内存
不停地响	电源、显示器未与显卡连接	检查所有的接口
重复短响	电源故障	更换电源
无声音无显示	电源故障	更换电源

3.蓝屏故障

计算机蓝屏,也称蓝屏死机(Blue Screen of Death,BSOD),是微软公司的Windows操作系统在无法从一个系统错误中恢复过来时,为保护计算机数据文件不被破坏而强制显示的屏幕图像。计算机出现蓝屏的原因有以下6种。

(1)驱动程序的兼容性问题。蓝屏代码中出现的后缀为.sys的文件,表示的是驱动类文件,这种蓝屏是由相关驱动程序不兼容引起的,如常见的nvlddmkm.sys蓝屏。解决方法是:在出现开机画面后,按F8键打开启动菜单,选择网络的安全模式,进入操作系统后删除相应的驱动程序,并重新下载对应的、最新版本的驱动程序,最好选择微软WHQL认证版的驱动程序。

(2)内存兼容性问题或接触不良。内存兼容性问题或接触不良的解决方法有以下3种。

①在断电状态下重新插拔内存。先将干净的A4纸折叠至一定厚度,并用它擦拭内存插槽,再用干净的橡皮擦擦拭"金手指"。

②大部分主板会有多个内存插槽,可将其更换到其他内存插槽。

③更换兼容性好的内存。

(3)硬盘出现故障。硬盘异常和坏道也会出现蓝屏故障,可先用Windows操作系统自带的磁盘扫描程序修复计算机硬盘异常、坏道,如上述方法不能修复,说明故障严重,需要更换硬盘。

(4)计算机病毒、木马程序导致的蓝屏。如果计算机感染病毒或遭到木马入侵,只是被动地依靠杀毒软件和防火墙是不够的,解决方法通常有以下8种。

①木马既可能是黑客在已经获取用户操作系统写权限的前提下上传的,也可能是用户

存在不良用网习惯经由网页浏览感染等。因此,应提高防范意识,不要随意运行不明软件,还应安装木马查杀软件并及时更新。

②若操作系统存在不安全的口令,则黑客很容易通过系统中的共享服务进入个人计算机。这时,可以禁用 Windows 下的 Service 服务、Task Scheduler 服务以及网络文件和打印机共享服务,从而有效地防止黑客入侵,同时也要为自己的登录账户添加安全的口令。

③若黑客通过操作系统中的 IIS 漏洞,对个人计算机进行远程攻击,则可以及时为自己的计算机安装 IIS 漏洞补丁程序。

④若遇到不正规网站上附带的恶意代码擅自修改计算机的注册表,如修改 IE 默认主页、修改鼠标右键菜单等,则可以安装具有注册表实时监控功能的防护软件,并备份注册表。

⑤若 Flash BIOS 被破坏,则可以重写 BIOS 程序(一般需要专业技术人员进行)或者更换主板来进行补救。

⑥若 COMS 被破坏,则可以将 COMS 放电,然后重新设置。

⑦若主引导扇区或引导区被破坏,则可以用某些杀毒软件提供的备份和恢复系统主引导扇区和引导区信息来进行恢复。

⑧若有备份文件,则病毒对磁盘的破坏均可通过备份文件进行恢复。

(5)计算机温度过高。计算机温度过高也会导致蓝屏,应检查 CPU 或者显卡的温度。CPU 的正常温度是 40~50 ℃,运行大型游戏的温度是 70 ℃,显卡的温度应小于 60 ℃,硬盘的温度应小于 50 ℃,主板的温度应小于 60 ℃。如果超出上述正常温度,则需要给计算机清理灰尘,更换散热方式。用户既可以使用吹风机清理灰尘,也可以使用毛刷清理灰尘。如果清理完灰尘后,CPU 的温度还高,则可以给 CPU 更换导热硅脂,为散热风扇轴承添加润滑油。如果还不能解决,则需要更换散热风扇或全套散热装置。

(6)硬件不兼容或主板电容问题。这种情况一般出现在组装机上,在组装计算机时应注意硬件的匹配。电容爆浆也会引发蓝屏,检查主板并更换相应的电容即可。

4.自动重启故障

(1)病毒控制。“冲击波”病毒运行时会提示将在 60 秒后自动重启计算机。木马程序可以远程控制计算机的一切活动,包括使计算机重新启动。解决方法是清除病毒、木马程序或重新安装操作系统。

(2)操作系统文件被破坏。如果操作系统文件(如 kernel32.dll)被破坏,则操作系统会在启动时因无法完成初始化而强制重新启动。解决方法是覆盖安装或重新安装操作系统。

(3)电源因素。组装计算机时选购价格便宜的电源,也很可能会引起自动重启故障。这种电源可能会由于输出功率不足、直流输出不纯、动态反应迟钝、超额输出等问题,导致计算机经常性死机或重启。解决方法是更换大功率的正规电源。

(4)CPU 因素。通常有两种情况,一种情况是机箱或 CPU 散热不良;另一种情况是 CPU 内部的一级缓存、二级缓存损坏。解决方法是在 BIOS 中屏蔽二级缓存或一级缓存,或者更换 CPU。

(5)内存因素。通常有两种情况,一种情况是热稳定性不强,开机后温度一旦升高就会使计算机死机或重启;另一种情况是芯片轻微损坏,当运行一些 I/O 吞吐量大的软件(如媒体播放、游戏、3D 绘图等)时就会重启或死机。解决方法是更换内存。

(6)外围设备或周边设备因素。通常有两种情况,一种情况是外围设备或周边设备本身有故障或者与计算机不兼容;另一种情况是在热插拔外围设备或周边设备时抖动过大,引起信号或电源瞬间短路。解决方法是更换外围设备或周边设备,也可以请专业人员维修。

(7)光驱因素。通常有两种情况,一种情况是内部电路或芯片损坏导致主机在工作过程中突然重启;另一种情况是光驱本身的设计不良,在读取光盘时重启。解决方法是更换光驱或请专业人员维修。

(8)RESET 开关因素。通常有 3 种情况,第一种情况是内 RESET 开关损坏,使其始终处于闭合位置,操作系统无法通电自检;第二种情况是当 RESET 开关弹性减弱,按下不易弹起时,就会出现开关稍有震动就闭合的现象,导致操作系统复位重启;第三种情况是机箱中的 RESET 开关引线短路,导致主机自动重启。解决方法是更换开关。

任务三　计算机故障维修实例

任务需求

要真正了解计算机故障维修,最好的方法是在实际操作中学习。本任务以排除计算机故障的具体操作为例,讲解排除故障的相关知识。

任务计划

根据实际情况对故障出现的原因进行分析,并给出解决方法。

任务实施

常见故障维修

一、CPU 故障

实例一　温度太高导致操作系统报警。

故障现象:计算机新升级了主板,在开始格式化硬盘时,喇叭发出刺耳的报警声。

故障分析处理:打开机箱,用手触摸 CPU 的散热风扇,发现温度不高,主板的主芯片也只是微温。仔细检查一遍,没有发现问题。再次启动计算机,在 BIOS 设置的硬件检测中发现 CPU 的温度为 95 ℃,但是用手触摸 CPU 的散热风扇时温度却不高,说明 CPU 有问题。通常主板测量的是 CPU 的内核温度,而某些没有使用原装的 CPU 散热风扇和内核接触不好,因此内核的温度很高,而散热风扇却是正常的温度。拆下 CPU 的散热风扇,发现散热风扇和芯片之间贴着一片像塑料的东西,先将其清除,然后涂一层导热硅脂,最后安装好散热风扇,重新插到主板上检查 CPU 温度,发现一切正常。

实例二 CPU 使用率达 100%。

故障现象:在使用 Windows 10 操作系统时,运行速度变慢,打开“任务管理器”窗口发现 CPU 的使用率达到 100%。

故障分析处理:CPU 使用率达 100% 的情况,可能是由以下原因引起的。

(1)杀毒软件造成故障。很多杀毒软件都加入了对网页、插件和邮件的随机监控功能,这无疑增大了操作系统的负担,可能造成 CPU 使用率达到 100% 的情况。解决方法是使用最少的实时监控服务,或者升级硬件配置,如增加内存或使用更好的 CPU 等。

(2)驱动程序没有经过认证造成故障。通常搜索引擎中有大量测试版的驱动程序,安装后可能会产生无异常或难以发现的故障,尤其是显卡驱动程序。想要排除这种故障,应使用微软 WHQL 认证版或官方正式版驱动程序进行替换,并且严格核对型号和版本。

(3)计算机病毒或木马程序造成故障。如果大量的“蠕虫”病毒在操作系统内部迅速复制,则很容易造成 CPU 使用率居高不下的情况。解决方法是用可靠的杀毒软件彻底清理内存和本地硬盘,并且打开系统设置软件,查看有无异常启动的程序。

(4)“svchost”进程造成故障。svchost.exe 进程是 Windows 操作系统的一个核心进程,在 Windows 7 操作系统中,svchost.exe 进程的数目一般为 6 个,在 Windows 10 操作系统中则更多,最多可达 90 个。如果该进程过多,则很容易使 CPU 的使用率提高。解决方法是将多余的进程关闭。

二、主板故障

实例一 主板变形导致计算机无法工作。

故障现象:对主板进行清洗后,发现电源指示灯不亮,计算机无法启动。

故障分析处理:由于对主板进行了清洗,因此可能是主板上的水未清除干净,导致电源损坏。更换电源后,故障仍然存在,可能是电源对主板供电不足,导致主板不能正常通电工作。更换一个新电源后,故障仍然存在,可能是在安装主板时螺丝钉拧得太紧导致主板变形。将主板拆下,仔细观察后发现主板已经发生了轻微变形,主板两端向上翘起,而中间相对下陷,这很可能是引起故障的原因。解决方法是将变形的主板矫正后,再装入机箱,通电后故障排除。

实例二 电容故障导致无法开机。

故障现象:一块使用两年多的主板指示灯突然不亮,表现为打开电源开关后,电源和 CPU 的散热风扇都在工作,但是光驱和硬盘没有反应,几分钟后计算机才能通电启动,启动后一切正常。重新启动也没有问题,但是再次关闭电源,重新启动后,又会重复以上情况。

故障分析处理:开始以为是电源问题,但是替换电源后故障仍然存在,更换主板后一切正常,说明是主板的问题。从故障现象分析,主板在通电后可以正常工作,说明主板芯片正常,问题可能出在主板的电源部分。但是电源和 CPU 的散热风扇运转正常,说明总供电正常。通电运行几分钟后断电,经闻无异味,用手摸电源部分的电子元器件(主要是电容、电感、电源稳压 IC),发现 CPU 旁的几个电容、电感温度极高。因为电解电容长期在高温下工作使得电解质变质,从而使电容发生变化,所以判断是这两个电容导致的故障。解决方法是仔细地将损坏的电容焊下,将新的电容重新焊上,焊好电容后,不要安装 CPU,先通电测试,几分钟后温度变得正常。再装上 CPU 后通电,屏幕正常显示。多试几次,并注意电容的温度,连续开机几小时也未出现问题,即表示故障排除。

实例三 CMOS 电压不足导致 BIOS 设置无法保存。

故障现象:一台计算机在添加了专业设备后,需要进入 BIOS 设置界面对一些参数进行修改,修改后保存退出。重新启动计算机,发现新增加的设备无法使用。随即又进入 BIOS 设置界面,发现已经修改的参数又恢复为初始值。再次修改这些参数,确认并保存操作后再退出 BIOS 设置界面,但修改的参数还是无法保存。

故障分析处理:可能是主板故障,仔细检查所有部件后也未发现问题。用万用表测量主板上的电池,发现电池电压不足,更换电池后重新启动计算机,进入 BIOS 设置界面进行一些改动后保存退出。开机后,新增的设备能够正常运行。

三、内存故障

实例一 内存接触不良引起死机。

故障现象:在一台计算机中,将两条 1 GB 内存升级为两条 2 GB 内存后,启动计算机时发出报警声,并且显示器黑屏。

故障分析处理:根据计算机发出的报警声可以判断出是内存引起的黑屏现象。关机后检查内存的安装情况,发现其中一条内存的插孔未与插槽的引脚完全接触,有单侧悬空的现象,重新将内存安装好后开机,故障排除。

实例二 “金手指”氧化导致文件丢失。

故障现象:在一台安装了 Windows 10 操作系统的计算机中,启动计算机的过程中提示 pci.sys 文件损坏或丢失。

故障分析处理:首先,可能会认为是操作系统损坏,利用 Windows 10 操作系统的故障恢复控制台来修复,但用 Windows 10 操作系统的安装光盘启动进入故障恢复控制台后操作系统死机。由于之前利用 Ghost 为操作系统做过镜像文件,所以用 U 盘启动进入 DOS,运行 Ghost,将之前保存的镜像文件恢复,重启后还是提示文件丢失。然后,只能格式化硬盘重新安装操作系统,但是在安装过程中,频繁地出现文件不能正常复制的提示,安装不能继续。最后,进入 BIOS,将其中的参数设置为默认值(此时内存测试方式为完全测试,即内存每兆容量都要进行测试)后重启准备再次安装,但是在进行内存测试时发出报警声,表明内存测试没有通过。将内存取下后发现内存上的“金手指”已有氧化的痕迹，用橡皮擦将其擦干净，重新插入主板的内存插槽，启动计算机自检通过，再恢复原来的 Ghost 镜像文件，重新启动，故障排除。

实例三 不同内存混插出错。

故障现象：一台装有一条 1 GB 内存的计算机，增加一条 2 GB 的内存后，经常出现死机现象。

故障分析处理：出现此现象的原因是内存混合使用，在添加内存前，应先进行检查要混合使用的内存的速度是否一致。不同速度的内存在混合使用时，最好把 CMOS 中有关内存速度的参数设置得低一些。如果还不能解决死机问题，可以试着交换内存的插槽。如果问题未解决，则将其中的 1 GB 内存取下，或者再用与增加的内存型号相同的内存替换原来的内存。

由于内存之间的兼容性问题导致计算机无法启动的故障不在少数，而不同容量和速度的内存在一起使用也会增加故障概率。因此，升级内存时选择的内存型号应与原来的内存型号一致。

四、硬盘故障

实例一 硬盘受潮不能使用。

故障现象：计算机正常自检完成后，读取硬盘时声音大而沉闷，并显示“1701 Error.Press F1 key to continue”提示信息，按 F1 键后出现“Boot disk failure type key to retry”提示信息，当按任意键重试时死机。用光盘启动时，也显示“1701 Error.Press F1 key to continue”提示信息，按 F1 键后光盘启动成功，却无法进入硬盘，并显示“Invalid drive specification”提示信息。

故障分析处理：操作系统提示“1701”错误代码，表示在通电自检过程中已经检测到硬盘存在故障，用高级诊断盘测试硬盘，但操作系统不承认已装入硬盘。根据上述情况，可初步判断故障是由硬盘引起的，拆开机箱，将连接硬盘驱动器的信号电缆线插头和控制卡等插紧，重新启动计算机，故障仍然存在。考虑到长时间未启动计算机，硬盘及硬盘适配器等部件受潮损坏的可能性比较大，于是关掉电源开关，用吹风机对各部件进行加热吹干，加热吹干后重新启动计算机，故障排除。

实例二 Command.com 损坏使计算机无法启动。

故障现象：计算机自检后引导操作系统时失败，操作系统显示“Bad or missing command interpreter”提示信息。

故障分析处理：此故障可能是 DOS 系统的“Command.com”文件丢失或出错引起的。如果该文件损坏，则不能解释相应的命令，会造成操作系统启动失败。解决方法是用 Windows 系统启动盘启动计算机后，在 DOS 环境下执行“sys c:”命令恢复该文件即可。

实例三 进行磁盘碎片整理时出错。

故障现象：在对硬盘进行磁盘碎片整理时提示错误信息。

故障分析处理：磁盘碎片整理实际上是把存储在硬盘中的文件通过移动、调整位置等操作,使操作系统在查找文件时更快速,以提升操作系统的性能。如果硬盘有坏簇或坏扇区,在进行磁盘碎片整理时就会提示出错。解决方法是先对硬盘进行一次完整的磁盘扫描,以修复硬盘的逻辑错误或标明硬盘的坏道。

五、显卡故障

实例一 显示器花屏。

故障现象:在使用计算机时,由显卡造成的故障主要表现为显示器花屏,任意按键无反应。

故障分析处理:产生花屏的原因包括 3 种,一是显示器或者显卡不支持高分辨率,显示器分辨率设置不当。解决方法是将启动模式切换到安全模式,重新设置显示器的显示模式。二是显卡的主控芯片散热效果不良。解决方法是改善显卡散热风扇的散热效能。三是显存损坏。解决方法是更换显存,或者直接更换显卡。

实例二 死机。

故障现象:计算机在启动或运行过程中突然死机。

故障分析处理:导致计算机突然死机的原因有很多,就显卡而言,常见的原因是和主板不兼容、接触不良,或者和其他扩展板卡不兼容,甚至是驱动程序的问题等。如果是在玩游戏、处理 3D 图像时出现死机,在排除散热问题后,可以先尝试更换显卡驱动程序(最好是通过微软 WHQL 认证的驱动程序)。如果一开机就死机,则需要先检查显卡的散热问题,用手触摸显存芯片的温度,检查显卡的散热风扇是否停转。再检查主板上的显卡插槽中是否有灰尘,“金手指”是否被氧化,然后根据具体情况清理灰尘,用橡皮擦擦拭“金手指”,把氧化部分擦亮。如果确定散热有问题,则需要更换散热风扇或在显存上加装散热装置。如果是长时间停顿或死机,一般是电源或主板插槽供电不足引起的,则应更换电源以排除故障。

实例三 开机无显示。

故障现象:计算机开机后无任何显示,显示器提示“未检测到信号”,并发出一长两短的蜂鸣声。

故障分析处理:此类故障一般是由显卡与主板接触不良或主板插槽有问题造成的。对于使用集成显卡的主板而言,如果显存共用主内存,则需注意内存条的位置,一般在第一个内存插槽上应插有内存条。解决方法是打开机箱,把显卡重新插好。另外,应检查显卡插槽中是否有异物,以免显卡不能插接到位。如果按以上方法处理后还报警,则可能是显卡的芯片损坏,需更换或修理显卡。如果开机后听到“嘀”一声自检通过,显示器正常但没有图像,可把该显卡插在其他主板上测试,如果使用正常,则是显卡与主板不兼容,需更换显卡。

六、鼠标故障

实例一 双击无效。

故障现象:计算机工作正常,但是双击鼠标没有效果,操作系统的反应和单击一样。

故障分析处理:根据现象分析,可能是双击速度太快。在“控制面板”窗口中选择“鼠标”选项,打开“鼠标 属性”对话框,在“双击速度”选区调整滑块的位置,并通过测试区域检查效果。调整完之后,再次使用,计算机反应正常。

实例二 无线鼠标失灵。

故障现象:无线鼠标反应不够灵敏。检测无线接收器,发现没有问题,其绿色指示灯正常,与鼠标之间没有障碍物,房间中只有一台计算机,不存在干扰现象,查看鼠标电量,显示50%,电池电量并没有耗尽。

故障分析处理:排除无线鼠标自身的硬件故障,如果使用过程中发现鼠标指针反应迟钝,则可能是无线鼠标的电量即将耗尽。鼠标电量有时是不准确的,尤其是在一些使用干电池作为电源的鼠标中,一般更换电池后故障现象会得到明显改善。

实例三 开机检测不到鼠标。

故障现象:计算机使用鼠标一直是正常的,某天开机时突然检测不到鼠标。

故障分析处理:首先怀疑鼠标有问题,但将鼠标连到其他计算机上时能正常使用,又怀疑计算机有问题,但将其他鼠标连到该计算机上也能正常使用。最终发现是因为拔插鼠标的次数太多了,使得鼠标接口发生松动,只需更换连接线即可。

七、键盘故障

实例 操作系统不能识别键盘。

故障现象:键盘的常见故障就是操作系统不能识别键盘,开机自检后系统显示“键盘没有检测到”或“没有安装键盘”的提示信息。

故障分析处理:这种故障可能是由接触不良、键盘模式设置错误、键盘的硬件故障、感染病毒或主板故障等引起的,可按照以下步骤逐步排除。

(1)用杀毒软件对操作系统进行杀毒,重新启动计算机后,检查键盘驱动程序是否完好。

(2)用替换法将另一个正常的、相同型号的键盘与主机连接,再开机启动查看。

(3)检查键盘是否有模式设置开关,如果有,则尝试改变其位置,再开机启动查看。如果没有解决问题,则把开关拨回原位。

(4)拔下键盘与主机的接口,检查接触是否良好,再开机启动查看。

(5)拔下键盘的接口,换一个接口插上去,并把 CMOS 中对接口的设置做相应的修改,再开机启动查看。

(6)如果还不能使用键盘,则说明是键盘的硬件故障引起的,检查键盘的接口和连接线有无问题。

(7)检查键盘内部的按键或无线接收电路系统有无问题。

(8)重新检测或安装键盘及驱动程序后再查看。

(9)检查 BIOS 是否被修改,如果被病毒修改,则应重新设置,再开机启动查看。

(10)若以上检查后故障仍存在,则可能是主板线路有问题,只能请专业人员维修。

八、操作系统故障

实例一 计算机无法启动。

故障现象：计算机无法启动，显示"No system disk or disk error"提示信息。

故障分析处理：提示信息表明引导盘为非系统盘，或者原引导盘的系统文件遭到破坏。首先确保启动计算机时硬盘的启动分区为系统分区，其次应注意硬盘的系统文件是否遭到破坏，一般可通过 Windows 10 操作系统自带的系统修复功能进行修复，如果无法成功修复，则只能重新安装操作系统。

实例二 关闭计算机时自动重启。

故障现象：在 Windows 10 操作系统中关闭计算机时，计算机出现重新启动的现象。

故障分析处理：此类故障的产生一般是由于用户在利用一些设置操作系统的软件时意外使用了快速关机功能。排除故障的具体操作步骤如下。

（1）按 Windows+R 组合键打开"运行"对话框，在"打开"下拉列表框中输入"gpedit.msc"，按 Enter 键打开"本地组策略编辑器"窗口。在左侧控制台中选择"计算机配置"→"管理模板"→"系统"→"关机选项"选项，如图 8-12 所示。在右侧窗格中双击"关闭会阻止或取消关机的应用程序的自动终止功能"选项，打开"关闭会阻止或取消关机的应用程序的自动终止功能"对话框。

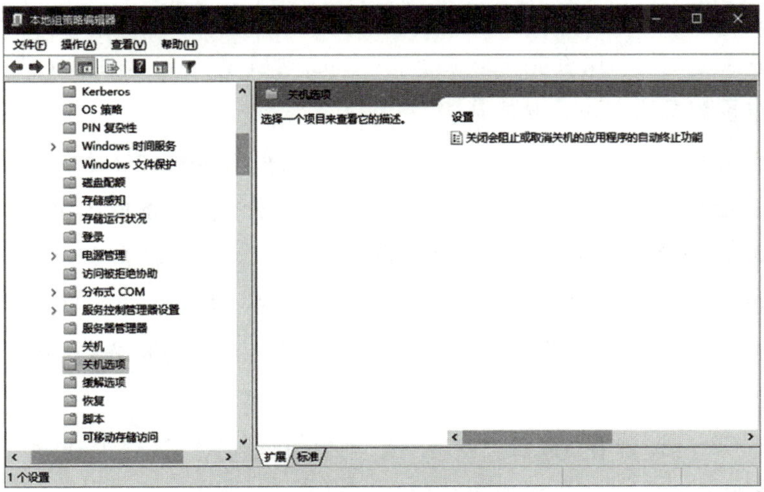

图 8-12 选择"计算机配置"→"管理模板"→"系统"→"关机选项"选项

（2）选中"已启用"单选按钮，如图 8-13 所示，然后单击"确定"按钮。此时，其他软件的快速关机功能已关闭，故障排除。

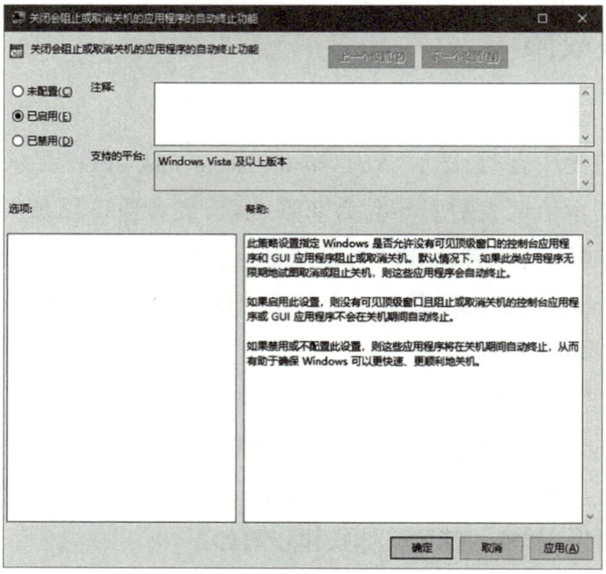
关闭会阻止或取消关机的应用程序的自动终止功能
关闭会阻止或取消关机的应用程序的自动终止功能
未配置(C)
已启用(E)
已禁用(D)
注释:
支持的平台:
Windows Vista 及以上版本
选项:
帮助:
此策略设置指定 Windows 是否允许没有可见顶级窗口的控制台应用程序和 GUI 应用程序阻止或取消关机。默认情况下，如果此类应用程序无限期地试图取消或阻止关机，则这些应用程序会自动终止。
如果启用此设置，则没有可见顶级窗口且阻止或取消关机的控制台应用程序或 GUI 应用程序不会在关机期间自动终止。
如果禁用或不配置此设置，则这些应用程序将在关机期间自动终止，从而有助于确保 Windows 可以更快速、更顺利地关机。
确定
取消
应用(A)

图 8-13　选中"已启用"单选按钮

拓展练习

一、选择题

1.下列(　　)不属于安全管理软件。

A.360 安全卫士　　B.百度安全卫士　　C.电脑管家　　D.Word

2.下列清洁显示器的方法正确的是(　　)。

A.用手直接擦拭　　B.用带有酒精的防静电抹布擦拭

C.用直尺直接剐蹭　　D.用蘸有少量水的防静电抹布擦拭

3.一般情况下,计算机机房的相对湿度应保持在(　　)是比较合适的。

A.10%~30%　　B.20%~50%　　C.30%~40%　　D.40%~60%

4.在使用显示器的过程中,为了保护眼睛,并延长显示器的使用寿命,对于亮度的设置不合适的是(　　)。

A.40%　　B.70%　　C.50%　　D.90%

5.下列关于防火墙的说法错误的是(　　)。

A.对于网络攻击,最主要的防御措施是设置防火墙

B.防火墙是由软件和硬件组合而成的

C.防火墙的主要作用是在内部网与外部网之间、专用网与公共网之间构成保护屏障

D.防火墙不能保护计算机免受非法用户的入侵

6.(　　)主要是通过拔插板卡后观察计算机的运行状态来判断故障产生的位置和原因的。

A.最小化系统　　B.测量法　　C.对比法　　D.拔插法

7.(　　)是通过使用相同或相近型号的板卡、内存、硬盘、显示器以及外围设备等部件替换原来的部件以分析和排除故障的。

A.替换法　　B.测量法　　C.对比法　　D.拔插法

8.(多选)(　　)即计算机的“假”故障。

A.电源未开　　B.数据线接触不良

C.操作和设置不当　　D.不注意信息的提示

9.(多选)直接观察法是指通过(　　)来判断产生故障的位置和原因。

A.看　　B.听　　C.闻　　D.摸

10.下列选择项中,(　　)不是引起硬件故障的原因。

A.计算机硬件不合格　　B.硬件兼容性差

C.计算机病毒感染　　D.计算机工作环境恶劣

11.下列选项中,(　　)不是常见的软件故障。

A.软件兼容故障　　B.系统配置故障

C.计算机病毒感染　　D.板卡接触不良

12.关于 CPU 的常见故障,下列说法中正确的是(　　)。

A.CPU 温度过高会导致黑屏、自动关机等

B.导热硅脂干枯不会导致 CPU 温度过高

C.CPU 与主板接触不良会导致蓝屏

D.CPU 工作参数设置错误不影响计算机开机

二、判断题

1.CPU 温度过高会导致计算机死机。(　　)

2.当操作系统无法正常启动时需要重新安装操作系统。(　　)

3.操作系统的文件被破坏或病毒感染都容易导致计算机重启。(　　)

4.BIOS 设置不当,不会导致计算机无法启动。(　　)

5.内存松动、虚焊或内存芯片质量差等原因,容易导致计算机死机。(　　)

6.灰尘附着在计算机的电子元器件上,可使其隔热,能够保护计算机的电子元器件。(　　)

7.在较强磁场的环境中工作,计算机显示器不容易被磁化。(　　)

三、思考与练习

1.简述排除计算机故障的基本原则和注意事项。

2.简述确认计算机故障的常用方法。

3.对计算机进行一次磁盘碎片整理操作,观察整理后计算机的速度是否有变化。

项目九 实训拓展

实训拓展一

【实训课题】

Windows 10 操作系统组策略的使用。

【实训目的】

深入了解、探索计算机的各种设置可以为以后的工作提供更多的便利。掌握组策略能够更灵活、更方便地管理计算机。

【实训步骤】

1.限制或隐藏磁盘分区

在日常工作中,人们难免要在公用计算机中存放隐私的数据资料,并且不想让其他人看到,这时就可以通过限制或隐藏磁盘分区来为数据资料提供保护。具体方法如下。

(1)按 Windows+R 组合键打开“运行”对话框,在“打开”下拉列表框中输入“gpedit.msc”,如图 9-1 所示,然后按 Enter 键。

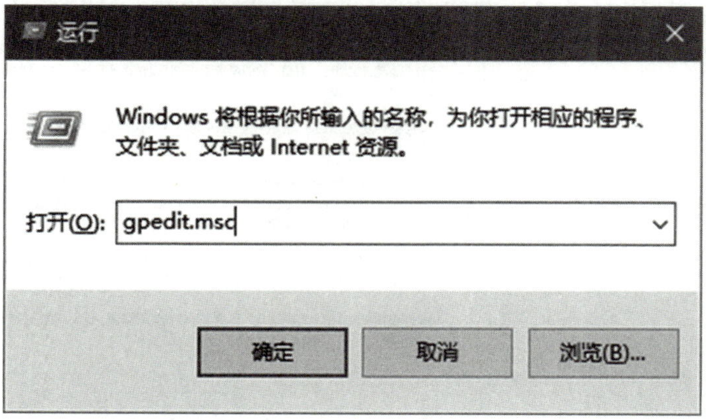

图 9-1 输入“gpedit.msc”

(2)打开“本地组策略编辑器”窗口,在左侧控制台中选择“用户配置”→“管理模板”→“Windows 组件”→“文件资源管理器”选项,打开“文件资源管理器”窗格,如图 9-2 所示。

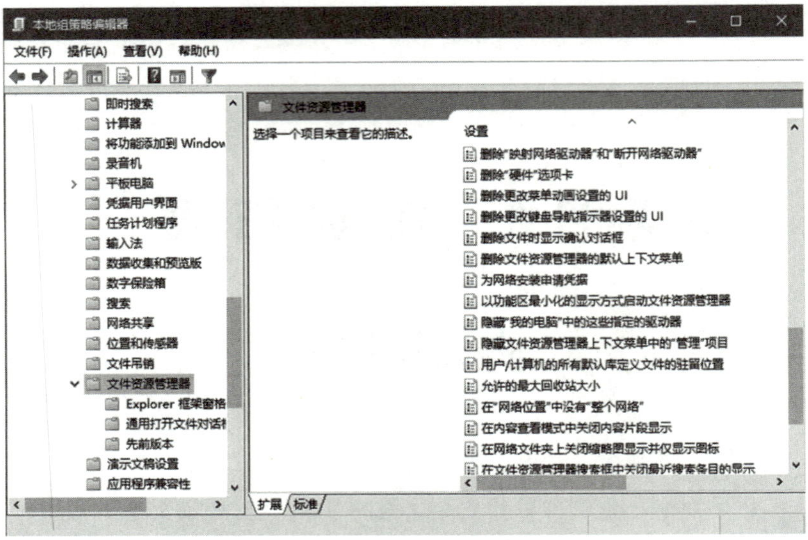

图 9-2 “文件资源管理器”窗格

(3)在右侧窗格中双击“隐藏‘我的电脑’中的这些指定的驱动器”选项,打开“隐藏‘我的电脑’中的这些指定的驱动器”窗口。选中“已启用”单选按钮,如图 9-3 所示。在“选项”选区的“选择下列组合中的一个”下拉列表中选择想要限制的驱动器,最后单击“确定”按钮。

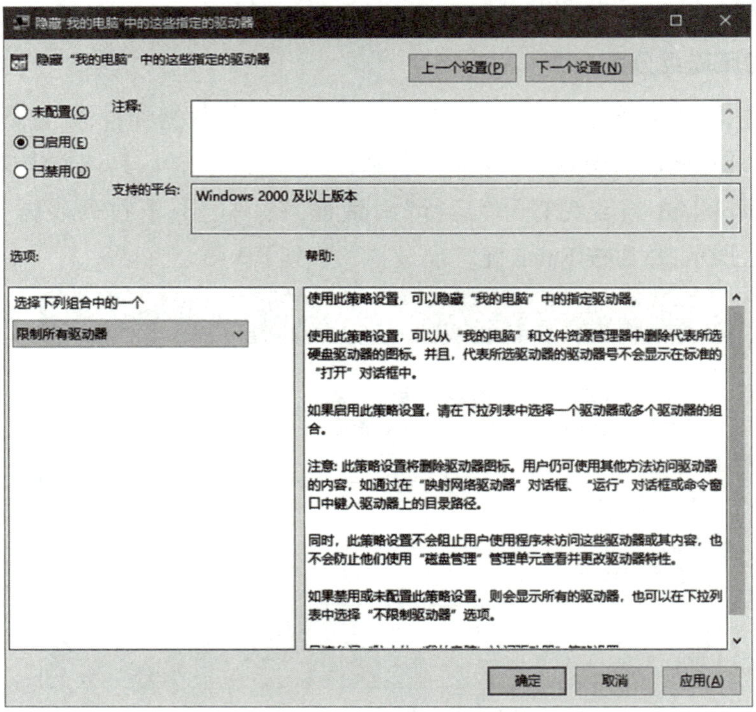

图 9-3 选中“已启用”单选按钮

2.关闭气球通知

当人们正在工作时,计算机屏幕上突然弹出一个气球通知,如果不关闭它,则无法继续工作,使人非常困扰,而使用组策略可以解决这个问题。具体方法如下。

(1)打开“本地组策略编辑器”窗口,在左侧控制台中选择“用户配置”→“管理模板”→“‘开始’菜单和任务栏”选项,打开“‘开始’菜单和任务栏”窗格,在右侧窗格中双击“关闭所有气球通知”选项,如图 9-4 所示。

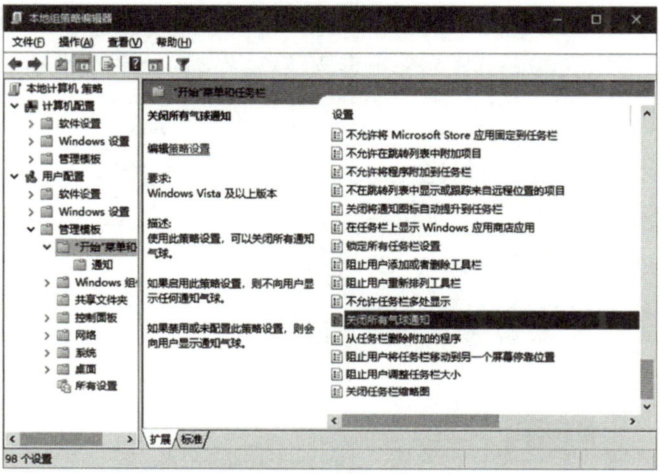

图 9-4 双击“关闭所有气球通知”选项

(2)打开“关闭所有气球通知”窗口,选中“已启用”单选按钮,如图 9-5 所示,然后单击“确定”按钮。

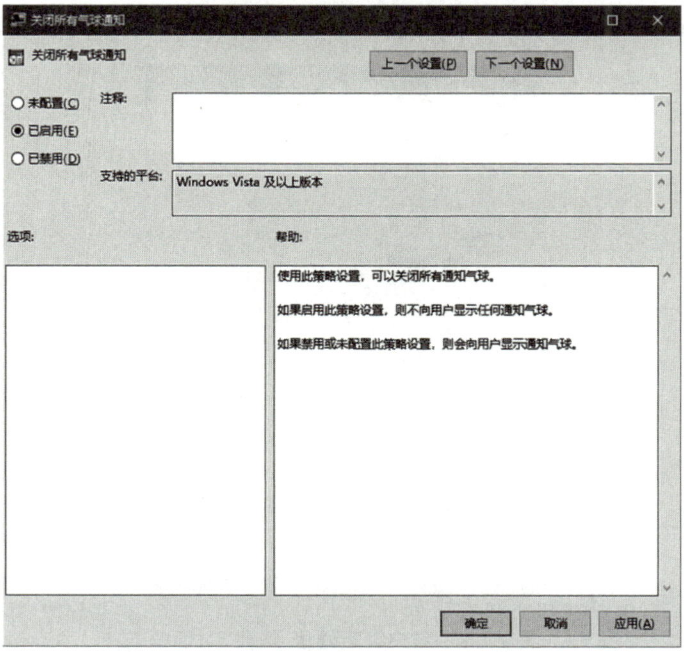

图 9-5 选中“已启用”单选按钮

3.防止密码泄露

当人们的密码设置得比较简单时,其他人可能会通过反复尝试猜中密码,这种问题可以通过限制“猜”的次数来解决。也就是说,当输入错误密码的次数达到一定阈值时,账户会被自动锁定,在锁定期满之前,此账户将不可使用,除非由管理员手动解除锁定。具体方法如下。

(1)打开“本地组策略编辑器”窗口,在左侧控制台中选择“计算机配置”→“Windows 设置”→“安全设置”→“账户策略”→“账户锁定策略”选项,打开“策略”窗格,如图 9-6 所示。

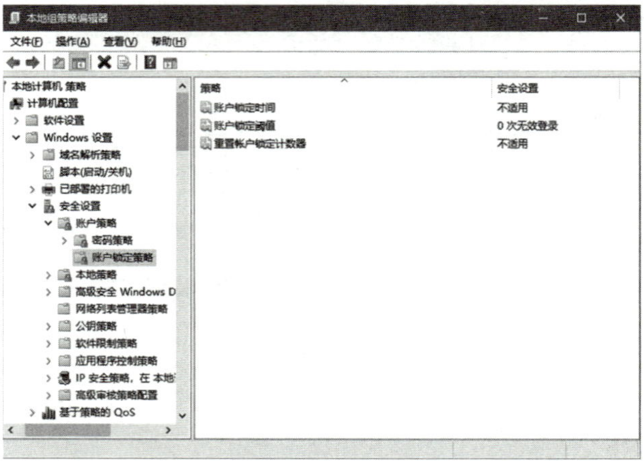

图 9-6 “策略”窗格

(2)在右侧窗格中双击“账户锁定阈值”选项,打开“账户锁定阈值 属性”对话框,如图 9-7 所示。选择“本地安全设置”选项卡,在“账户不锁定”数值框中输入的数值可以限制账户登录失败的次数。该值为 0~999,默认为 0,表示登录次数不受限制。

图 9-7 “账户锁定阈值 属性”对话框

4.取消“开始”菜单中的“注销”选项

在人们使用计算机时，“注销”选项基本用不到，所以为防止误选，可以将其暂时取消。如果想要恢复“注销”选项，则可以按 Ctrl+Alt+Del 组合键。取消“开始”菜单中的“注销”选项具体方法如下。

(1)打开“本地组策略编辑器”窗口，在左侧控制台中选择“用户配置”→“管理模板”→“‘开始’菜单和任务栏”选项。

(2)在右侧窗格中双击“删除‘开始’菜单上的‘注销’”选项，在打开的对话框中选中“已启用”单选按钮，最后单击“确定”按钮关闭对话框。

5.记录登录操作系统的时间

计算机可以显示上次登录账户的时间，这对于私密性要求较高的用户而言极为重要，用户可以通过查看登录时间来了解是否有其他人登录过计算机。具体方法如下。

(1)打开“本地组策略编辑器”窗口，在左侧控制台中选择“计算机配置”→“管理模板”→“Windows 组件”→“Windows 登录选项”选项，打开“Windows 登录选项”窗格，如图 9-8 所示。

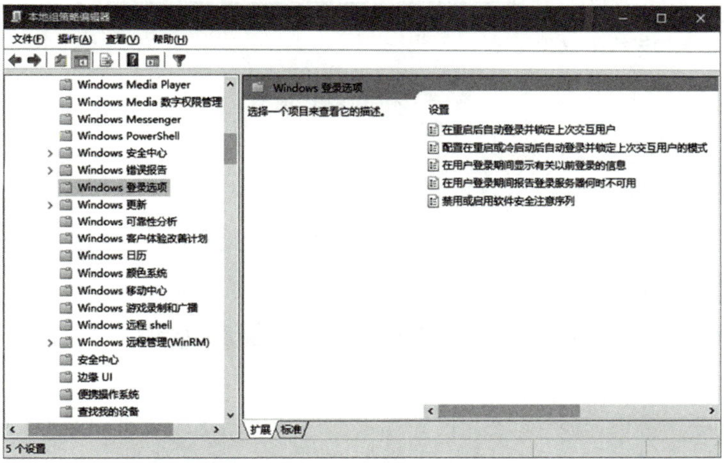

图 9-8 “Windows 登录选项”窗格

(2)在右侧窗格中双击“在用户登录期间显示有关以前登录的信息”选项，打开“在用户登录期间显示有关以前登录的信息”窗口。选中“已启用”单选按钮，如图 9-9 所示，最后单击“确定”按钮关闭对话框。

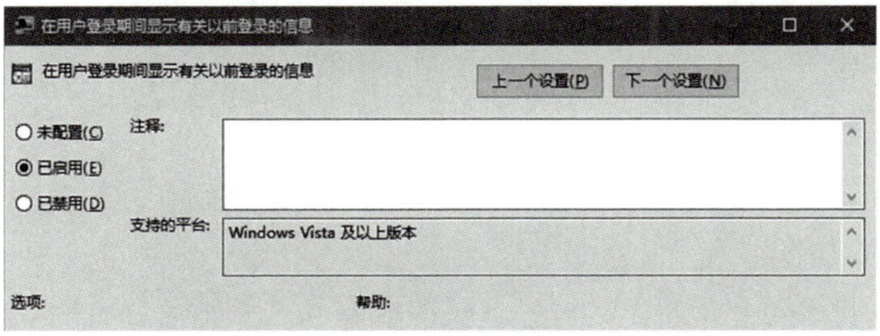

图 9-9 选中“已启用”单选按钮

6.重命名系统管理员

由于系统管理员账户拥有最高权限,因此一些病毒和木马程序总是利用这个原始的账户名来制造事端,而为系统管理员账户重命名可以有效地解决这个问题。具体方法如下。

(1)打开“本地组策略编辑器”窗口,在左侧控制台中选择“计算机配置”→“Windows 设置”→“安全设置”→“本地策略”→“安全选项”选项,打开“策略”窗格,如图 9-10 所示。

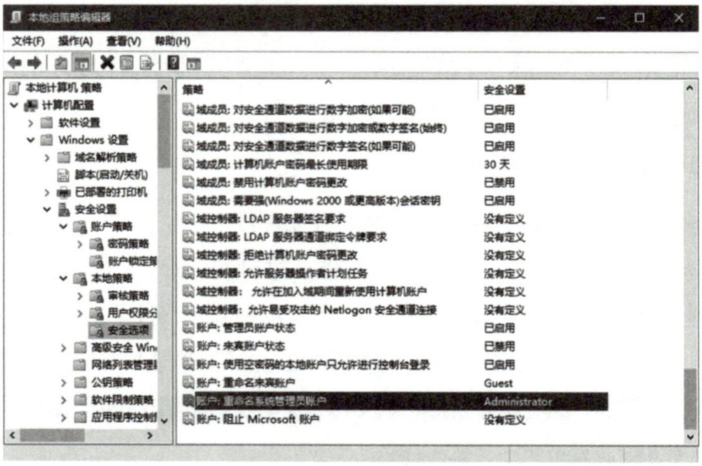

图 9-10 “策略”窗格

(2)在右侧窗格中双击“账户:重命名系统管理员账户”选项,打开“账户:重命名系统管理员账户 属性”对话框,如图 9-11 所示。在打开的“本地安全设置”选项卡下的文本框中输入系统管理员的新名称,然后单击“确定”按钮关闭对话框。

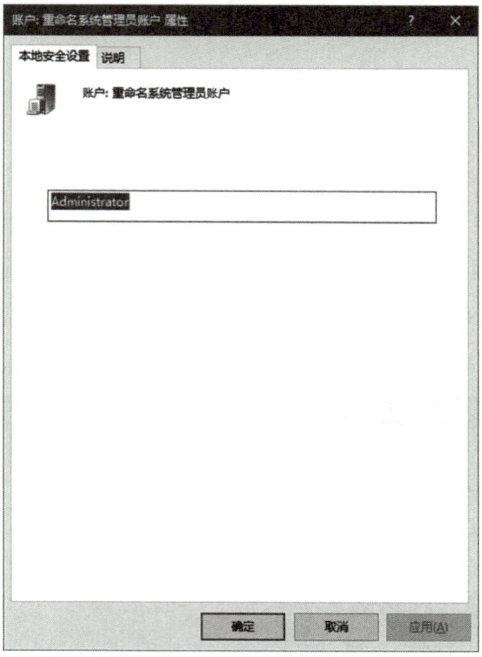

图 9-11 “账户:重命名系统管理员账户 属性”对话框

【实训评价表】

评价范围	要求		自我评价	教师评价
1	完成情况	按时按要求完成实训任务		
2	掌握程度	掌握计算机的管理技巧		
3	实训记录	记录规范完整		
4	实训纪律	遵守课堂纪律		

实训拓展二

【实训课题】

无线网络的搭建。

【实训目的】

无论家庭、办公场所还是公共场所，都离不开网络。人们通常会搭建无线网络，以使计算机、笔记本电脑、手机等设备连接到网络。

【实训步骤】

1.工具准备

搭建无线网络一般需要准备网线、无线路由器等，如果要使台式机连接无线网络，那么还需要准备一块无线网卡。

(1)无线路由器。无线路由器是指带有无线覆盖功能的路由器，它可以将网络信号转发给无线设备，如手机、笔记本电脑等。常见的无线路由器如图 9-12 所示。

图 9-12　常见的无线路由器

无线路由器的 WAN(Wide Area Network，广域网)接口用于连接外部网线，它能连接多个地区、城市和国家，或横跨几个洲提供远距离通信，形成国际性的远程网络。LAN(Local Area Network，局域网)接口用于连接住宅、学校、实验室、办公大楼等有限区域中的计算机网络。

(2)网线。在局域网中，常用的网线是双绞线，它是由两条相互绝缘的导线按照一定的规格相互缠绕在一起而制成的，如图 9-13 所示。

双绞线的两端必须安装 RJ-45 连接器(水晶头)，才能与计算机、路由器等设备的相应接口连接。

图 9-13　双绞线

(3)无线网卡。对于台式机而言,无法直接连接无线网络,如果要将它连接到无线网络中,则需要安装无线网卡。无线网卡与普通网卡的功能相同,但是无线网卡带有小天线,采用无线信号连接局域网,无线网卡有 PCI 接口和 USB 接口两种,如图 9-14 所示。

(a) PCI接口的无线网卡　　(b) USB接口的无线网卡

图 9-14　PCI 接口和 USB 接口的无线网卡

PCI 接口的无线网卡需要插入对应的主板插槽才可以使用,它的稳定性较好,信号接收和传输范围较广,传输速度快且使用寿命长;USB 接口的无线网卡即插即用,比较方便,而且与 PCI 接口的无线网卡相比,USB 接口的无线网卡更便宜。用户可以根据自己的需求选择相应的无线网卡。

2.设置无线路由器

(1)在搭建无线网络时,需要使用网线将家庭宽带的 LAN 接口与无线路由器的 WAN 接口连接,再将无线路由器的电源接通,如图 9-15 所示。

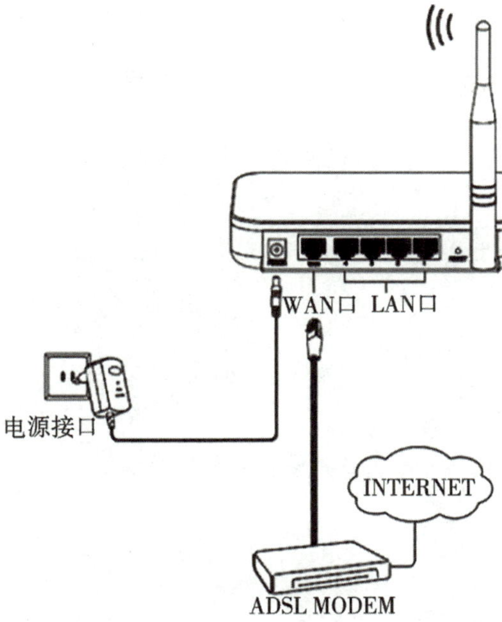

图 9-15　搭建无线网络

(2)连接完成后,需要按照无线路由器的说明书对无线路由器进行设置。打开浏览器,在地址栏中输入无线路由器的 IP 地址(见路由器说明书),按 Enter 键进入无线路由器的管理界面,首次登录需要设置管理员密码。

(3)然后切换到“上网设置”界面,如图 9-16 所示。在此界面中,在“上网方式”下拉列表中选择“宽带拨号上网”选项,在“宽带账号”和“宽带密码”文本框中分别输入宽带账号和密码(由运营商提供),然后单击“下一步”按钮。

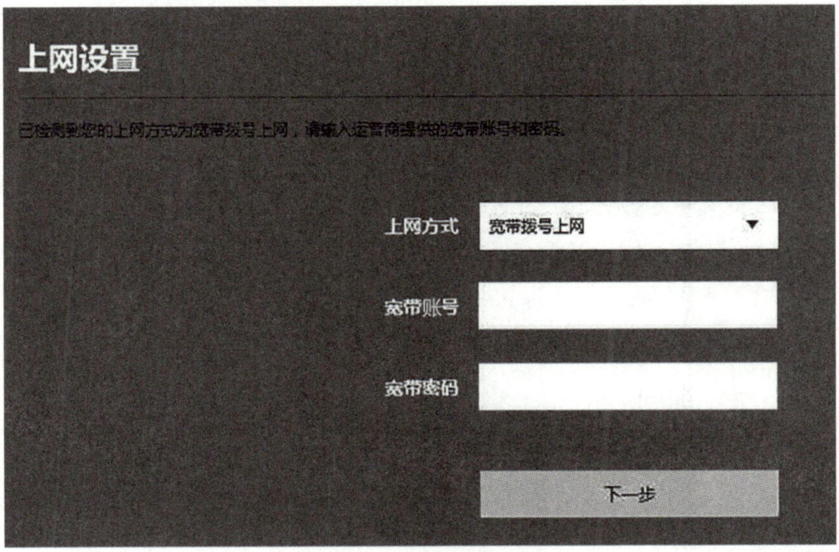

图 9-16　“上网设置”界面

（4）切换到“无线设置”界面，如图 9-17 所示。在“无线名称”和“无线密码”文本框中输入无线网络的名称和密码。单击“确定”按钮，无线路由器设置完成，用户可以使用手机等设备连接网络。

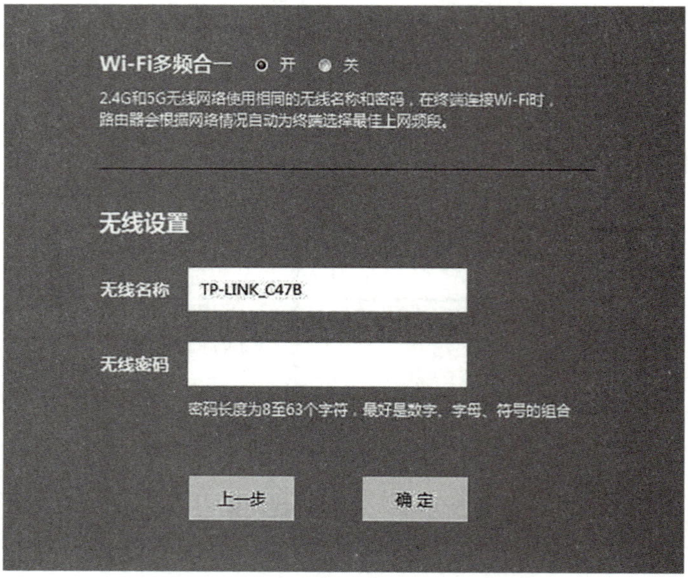

图 9-17 “无线设置”界面

3.连接无线网络

（1）在任务栏中单击“网络”图标，在打开的列表中会列出能搜索到的所有无线网络，如图 9-18 所示。单击之前设置的无线网络的名称，连接无线网络。

图 9-18 无线网络列表

(2)打开“键入网络安全密钥”对话框,如图 9-19 所示。在“安全密钥”文本框中输入无线网络的密码,然后单击“确定”按钮。

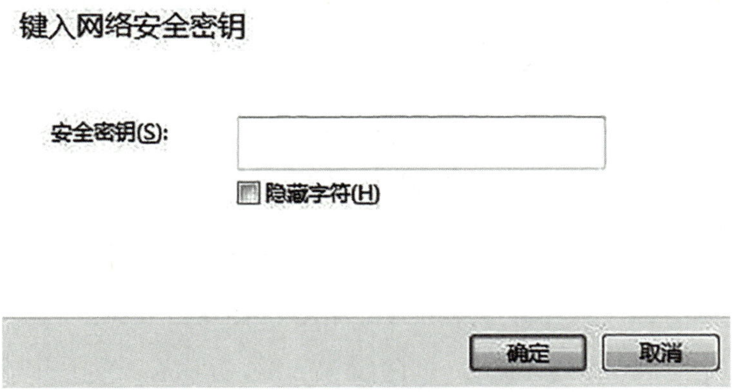

图 9-19　“键入网络安全密钥”对话框

(3)无线网络连接成功,如图 9-20 所示。

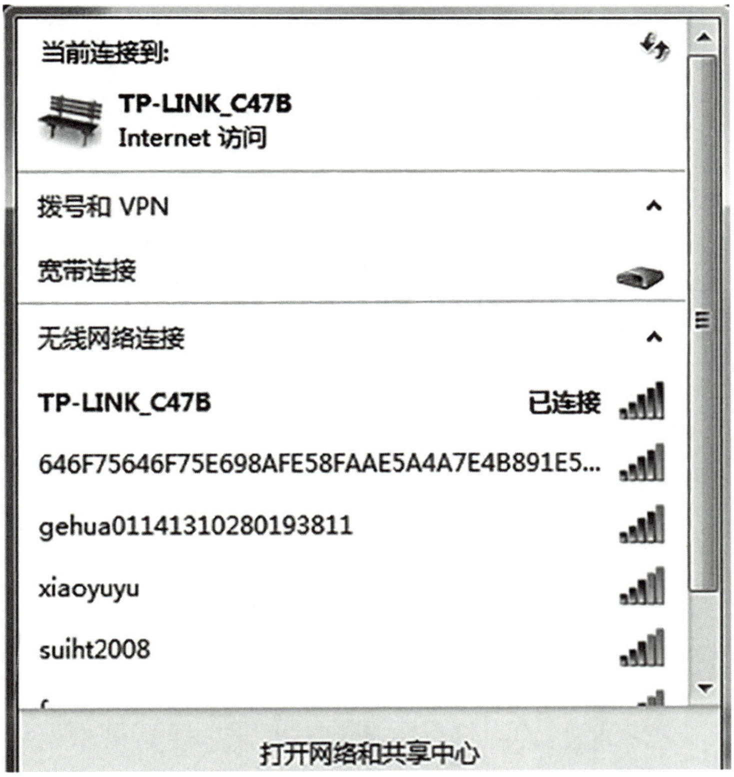

图 9-20　无线网络连接成功

【实训评价表】

评价范围	要求		自我评价	教师评价
1	完成情况	按时按要求完成实训任务		
2	掌握程度	掌握家庭无线网络的设置方法		
3	实训记录	记录规范完整		
4	实训纪律	遵守课堂纪律		

实训拓展三

【实训课题】

安装 VMware 虚拟机。

【实训目的】

虚拟机是指通过软件模拟的、具有完整硬件系统的、运行在一个隔离环境中的完整计算机系统。在很多计算机的相关职业中,虚拟机扮演了非常重要的角色。在学习虚拟机之前,首先需要安装虚拟机。

【实训步骤】

(1)从搜索引擎中下载 VMware 虚拟机的安装程序,用鼠标右键单击 VMware 虚拟机的安装程序,在弹出的快捷菜单中选择“以管理员方式运行”选项,打开“VMware Workstation Pro 安装”窗口,如图 9-21 所示,然后单击“下一步”按钮。

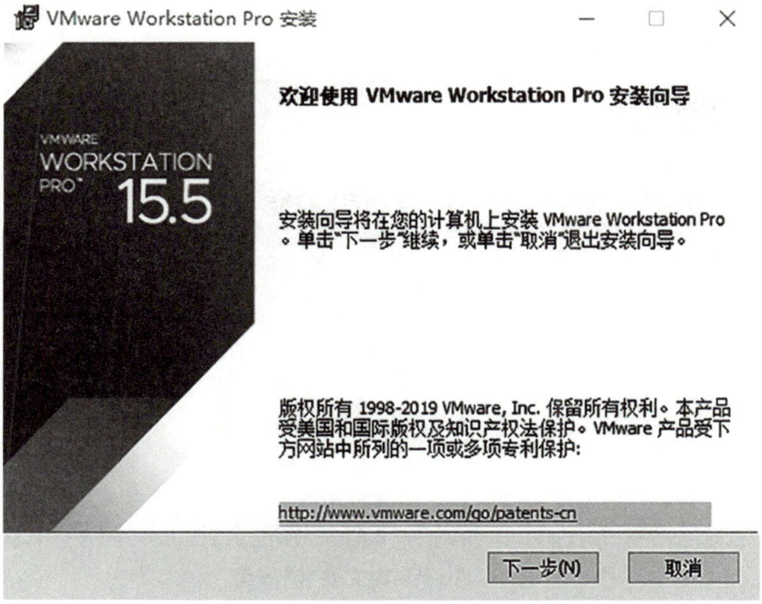
VMware Workstation Pro 安装
VMWARE
WORKSTATION
PRO
15.5
欢迎使用 VMware Workstation Pro 安装向导
安装向导将在您的计算机上安装 VMware Workstation Pro。单击“下一步”继续，或单击“取消”退出安装向导。
版权所有 1998-2019 VMware, Inc. 保留所有权利。本产品受美国和国际版权及知识产权法保护。VMware 产品受下方网站中所列的一项或多项专利保护:
http://www.vmware.com/go/patents-cn
下一步(N)
取消

图 9-21 “VMware Workstation Pro 安装”窗口

(2)切换到“最终用户许可协议”界面,勾选“我接受许可协议中的条款”复选框,如图 9-22 所示,然后单击“下一步”按钮。

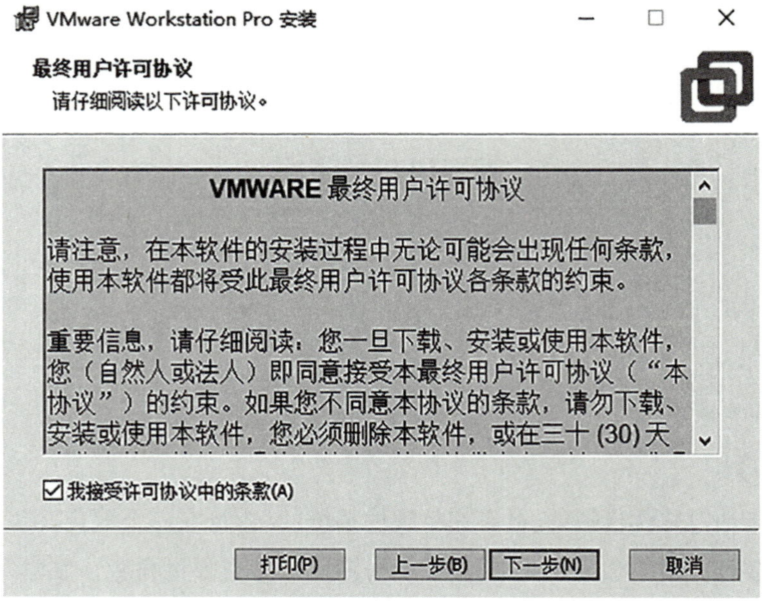
VMware Workstation Pro 安装
最终用户许可协议
请仔细阅读以下许可协议。
VMWARE 最终用户许可协议
请注意，在本软件的安装过程中无论可能会出现任何条款，使用本软件都将受此最终用户许可协议各条款的约束。
重要信息，请仔细阅读：您一旦下载、安装或使用本软件，您（自然人或法人）即同意接受本最终用户许可协议（“本协议”）的约束。如果您不同意本协议的条款，请勿下载、安装或使用本软件，您必须删除本软件，或在三十 (30) 天
我接受许可协议中的条款(A)
打印(P)
上一步(B)
下一步(N)
取消

图 9-22　勾选“我接受许可协议中的条款”复选框

（3）切换到“自定义安装”界面，如图 9-23 所示。在“安装位置”选区单击“更改”按钮设置虚拟机的安装位置，设置完成后，单击“下一步”按钮。

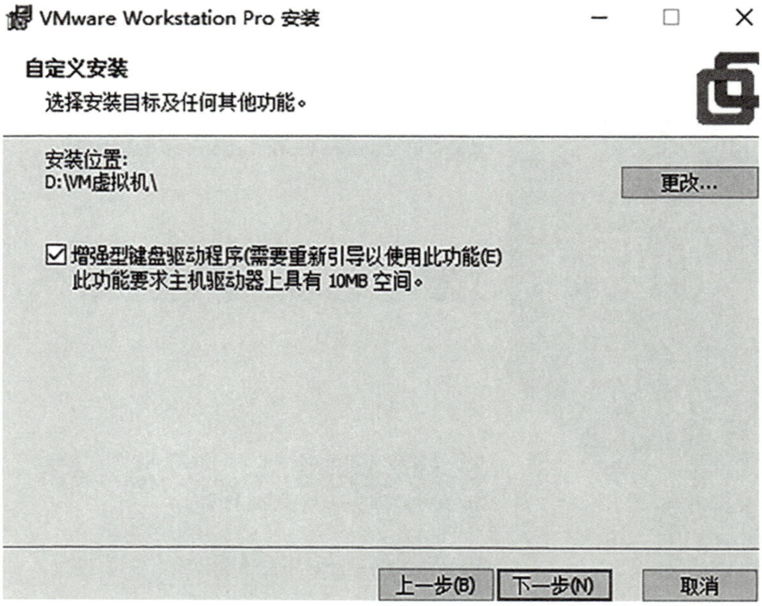
VMware Workstation Pro 安装
自定义安装
选择安装目标及任何其他功能。
安装位置:
D:\VM虚拟机\
更改...
增强型键盘驱动程序(需要重新引导以使用此功能(E)
此功能要求主机驱动器上具有 10MB 空间。
上一步(B)
下一步(N)
取消

图 9-23　“自定义安装”界面

（4）切换到“用户体验设置”界面，如图 9-24 所示。根据用户需要勾选相应的复选框，然后单击“下一步”按钮。

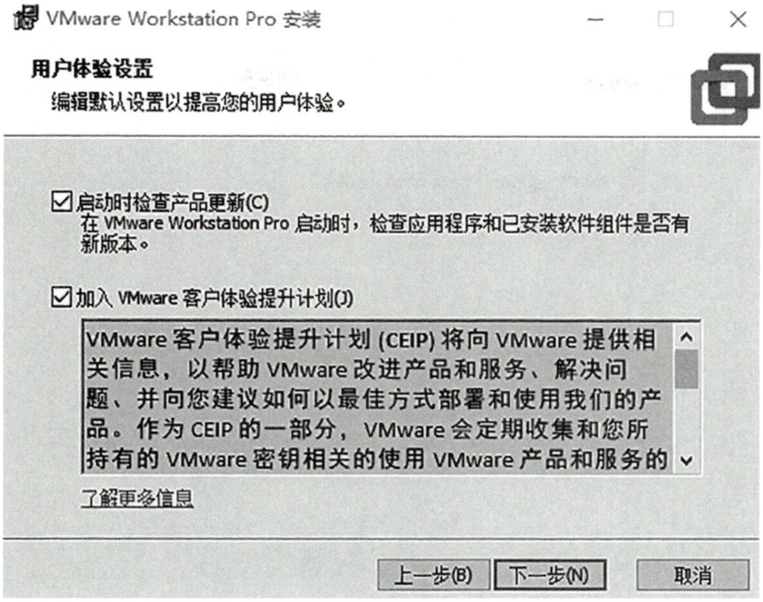
VMware Workstation Pro 安装
用户体验设置
编辑默认设置以提高您的用户体验。
启动时检查产品更新(C)
在 VMware Workstation Pro 启动时，检查应用程序和已安装软件组件是否有新版本。
加入 VMware 客户体验提升计划(J)
VMware 客户体验提升计划 (CEIP) 将向 VMware 提供相关信息，以帮助 VMware 改进产品和服务、解决问题、并向您建议如何以最佳方式部署和使用我们的产品。作为 CEIP 的一部分，VMware 会定期收集和您所持有的 VMware 密钥相关的使用 VMware 产品和服务的
了解更多信息
上一步(B)
下一步(N)
取消

图 9-24 “用户体验设置”界面

（5）切换到“快捷方式”界面，如图 9-25 所示，然后单击“下一步”按钮。

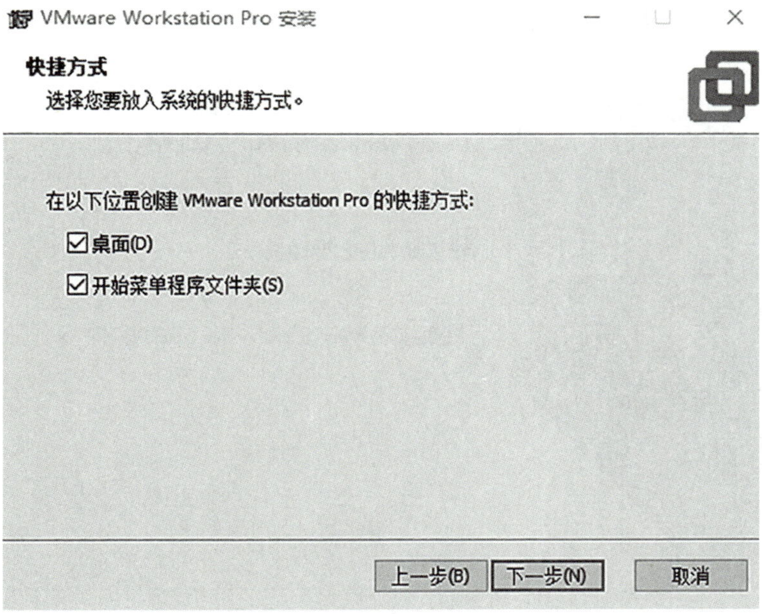
VMware Workstation Pro 安装
快捷方式
选择您要放入系统的快捷方式。
在以下位置创建 VMware Workstation Pro 的快捷方式:
桌面(D)
开始菜单程序文件夹(S)
上一步(B)
下一步(N)
取消

图 9-25 “快捷方式”界面

（6）切换到“已准备好安装 VMware Workstation Pro”界面，单击“安装”按钮。切换到“正在安装 VMware Workstation Pro”界面，如图 9-26 所示，表示正在安装 VMware 虚拟机。

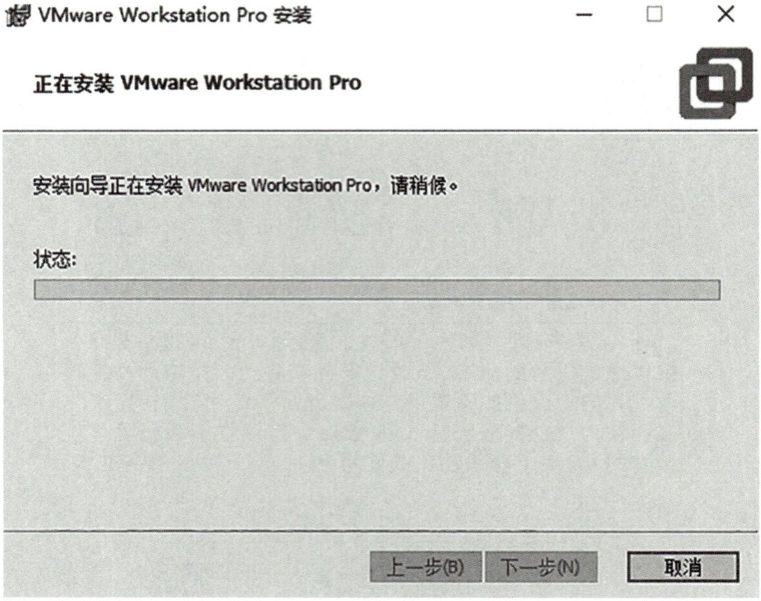

图 9-26 “正在安装 VMware Workstation Pro”界面

(7)切换到“VMware Workstation Pro 安装向导已完成”界面,如图 9-27 所示。单击“完成”按钮,VMware 虚拟机安装完成。

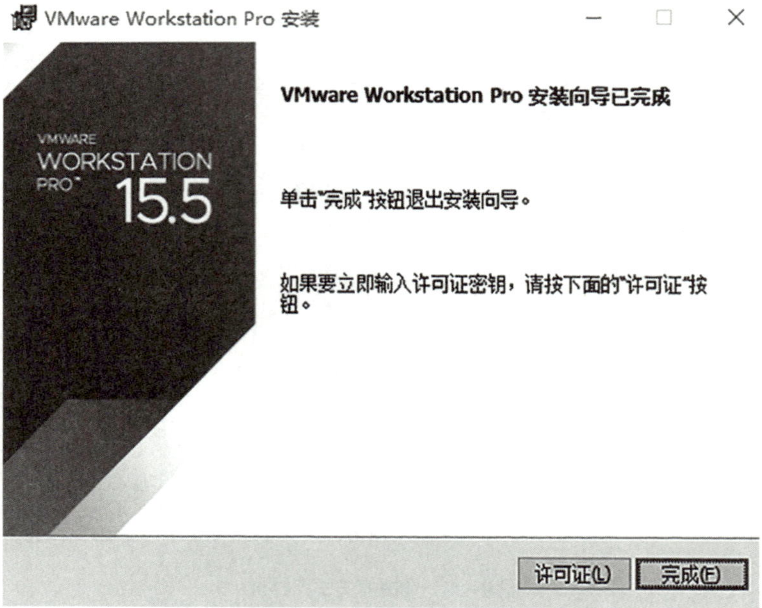

图 9-27 “VMware Workstation Pro 安装向导已完成”界面

【实训评价表】

评价范围	要求		自我评价	教师评价
1	完成情况	按时按要求完成实训任务		
2	掌握程度	掌握 VMware 虚拟机的安装方法		
3	实训记录	记录规范完整		
4	实训纪律	遵守课堂纪律		

实训拓展四

【实训课题】

在 VMware 虚拟机中安装 Windows 10 操作系统。

【实训目的】

当需要在计算机中进行一些可能损坏硬件的操作时,如重新安装操作系统、安装多个操作系统或 BIOS 升级等,可以在 VMware 虚拟机中模拟操作。

【实训步骤】

(1)打开 VMware 虚拟机,单击"创建新的虚拟机"按钮,如图 9-28 所示。

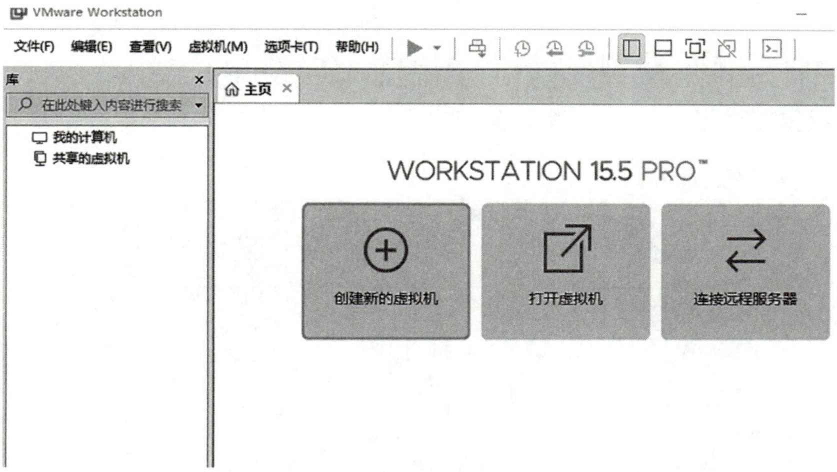

图 9-28 单击"创建新的虚拟机"按钮

(2)打开"新建虚拟机向导"对话框,选中"自定义(高级)"单选按钮,如图 9-29 所示,然后单击"下一步"按钮。

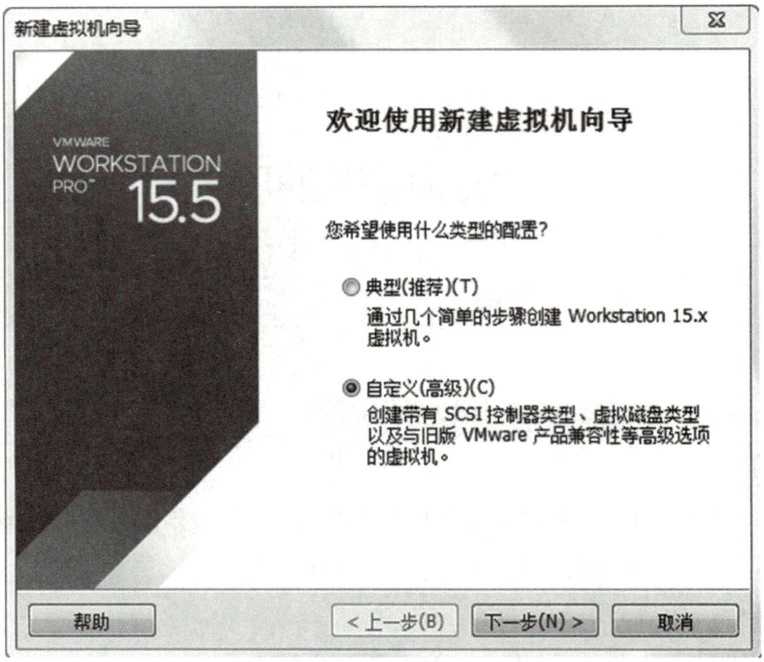

图 9-29　选中“自定义(高级)”单选按钮

(3)切换到“选择虚拟机硬件兼容性”界面,选择默认的虚拟机硬件兼容性,不做修改,如图 9-30 所示,然后单击“下一步”按钮。

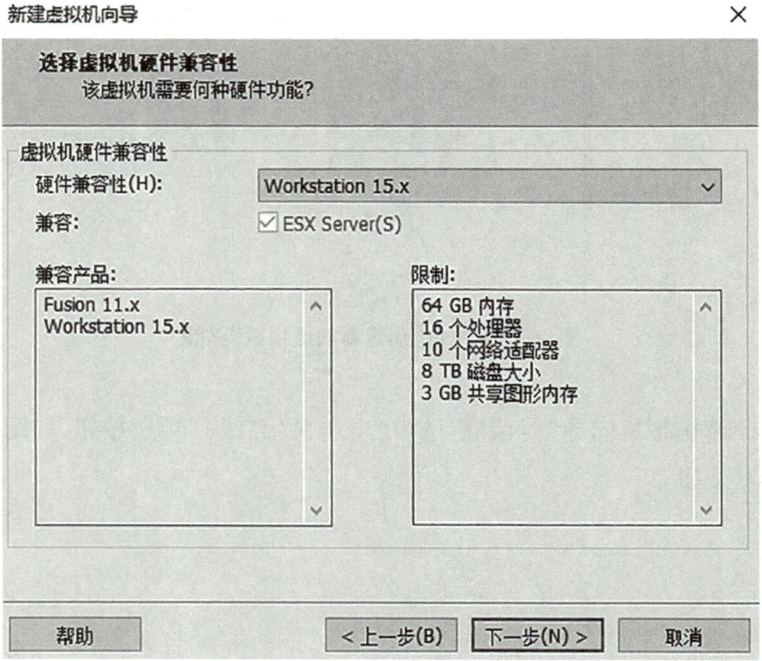

图 9-30　选择默认的虚拟机硬件兼容性

(4) 切换到“安装客户机操作系统”界面,选中“稍后安装操作系统”单选按钮,如

图 9-31 所示，然后单击“下一步”按钮。

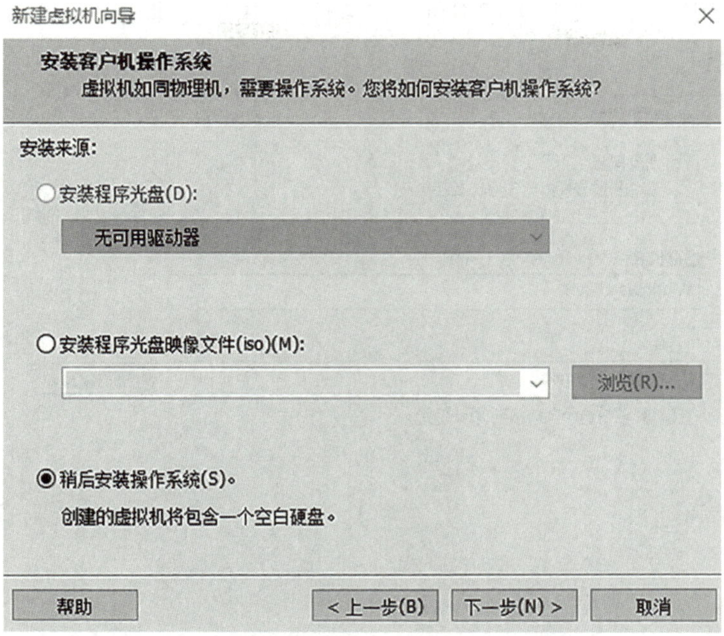

图 9-31　选中“稍后安装操作系统”单选按钮

（5）切换到“选择客户机操作系统”界面，在“客户机操作系统”选项组中选中“Microsoft Windows”单选按钮，在“版本”下拉列表中选择“Windows 10 x64”选项，如图 9-32 所示，然后单击“下一步”按钮。

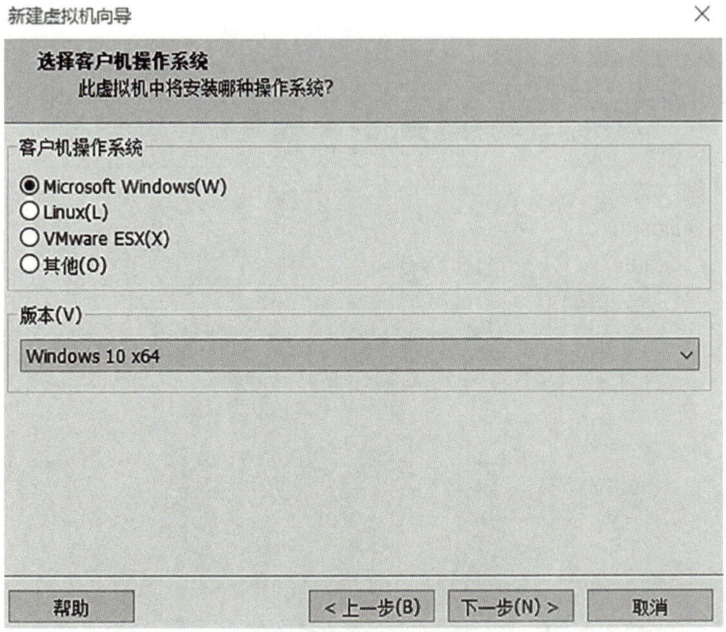

图 9-32　选择“Windows 10 x64”选项

(6)切换到“命名虚拟机”界面，如图 9-33 所示。在“虚拟机名称”文本框中输入虚拟机的名称，在“位置”文本框中设置虚拟机的安装位置，建议安装在 C 盘之外的盘符中，然后单击“下一步”按钮。

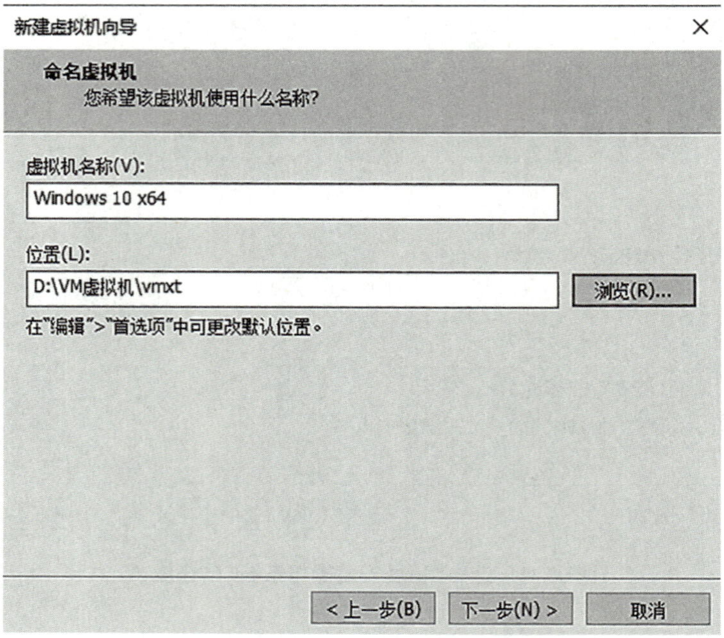

图 9-33 “命名虚拟机”界面

(7)切换到“固件类型” 界面，在“固件类型”选项组中选中“BIOS”单选按钮，如图 9-34 所示，然后单击“下一步”按钮。

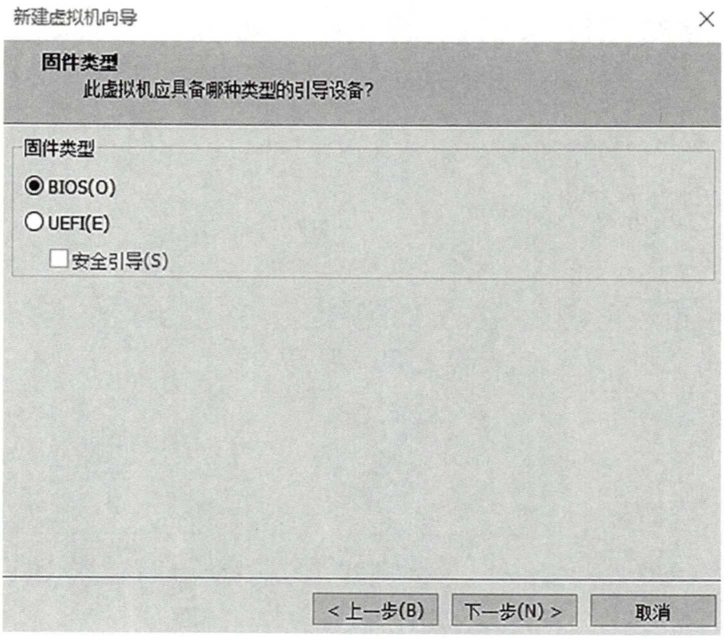

图 9-34 选中“BIOS”单选按钮

(8) 切换到“处理器配置”界面，在“处理器”选项组的“处理器数量”下拉列表中选择“1”选项，在“每个处理器的内核数量”下拉列表中选择“2”选项。处理器配置过程如图 9-35 所示，然后单击“下一步”按钮。

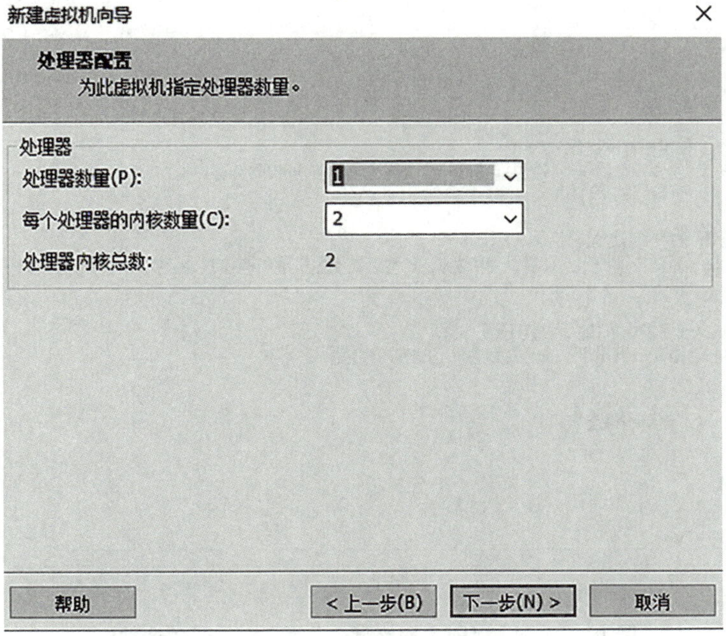

图 9-35　处理器配置过程

(9) 切换到“此虚拟机的内存”界面，在“此虚拟机的内存”数值框中输入“1024”，即将虚拟机的内存设置为 1 GB，如图 9-36 所示，然后单击“下一步”按钮。

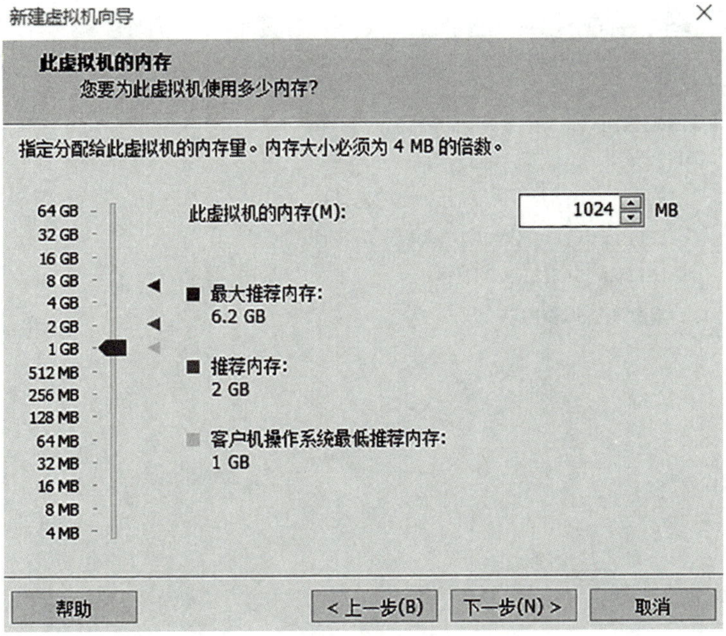

图 9-36　将虚拟机的内存设置为 1 GB

(10)切换到“网络类型”界面,选中“使用网络地址转换(NAT)”单选按钮,如图 9-37 所示,然后单击“下一步”按钮。

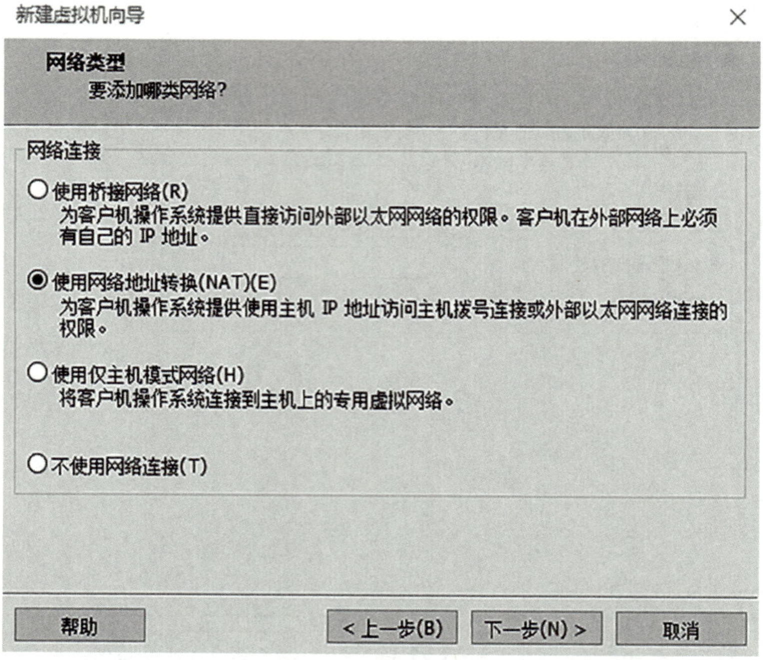

图 9-37　选中“使用网络地址转换(NAT)”单选按钮

(11)切换到“选择 I/O 控制器类型”界面,在“I/O 控制器类型”选项组中选中“LSI Logic SAS”单选按钮,如图 9-38 所示,然后单击“下一步”按钮。

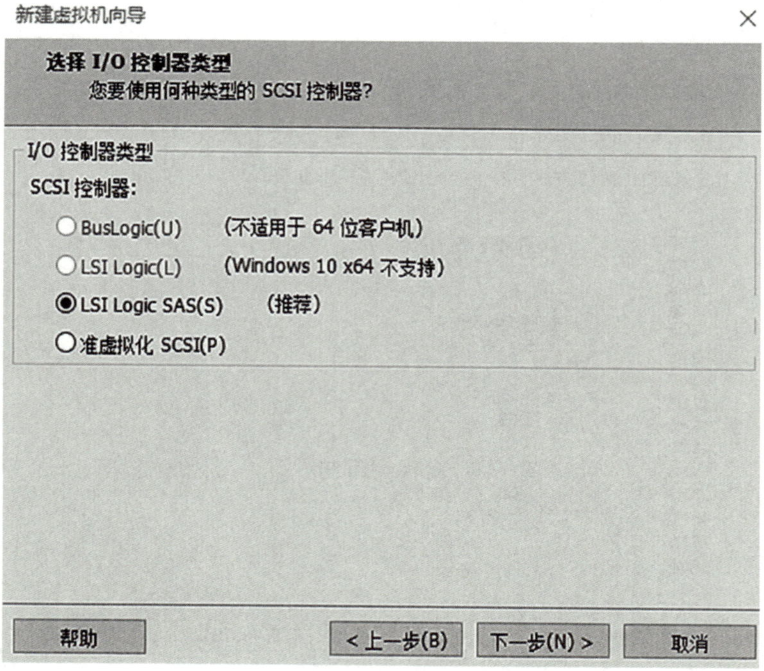

图 9-38　选中“LSI Logic SAS”单选按钮

(12)切换到“选择磁盘类型”界面,在“虚拟磁盘类型”选项组中选中“SCSI”单选按钮,如图 9-39 所示,然后单击“下一步”按钮。

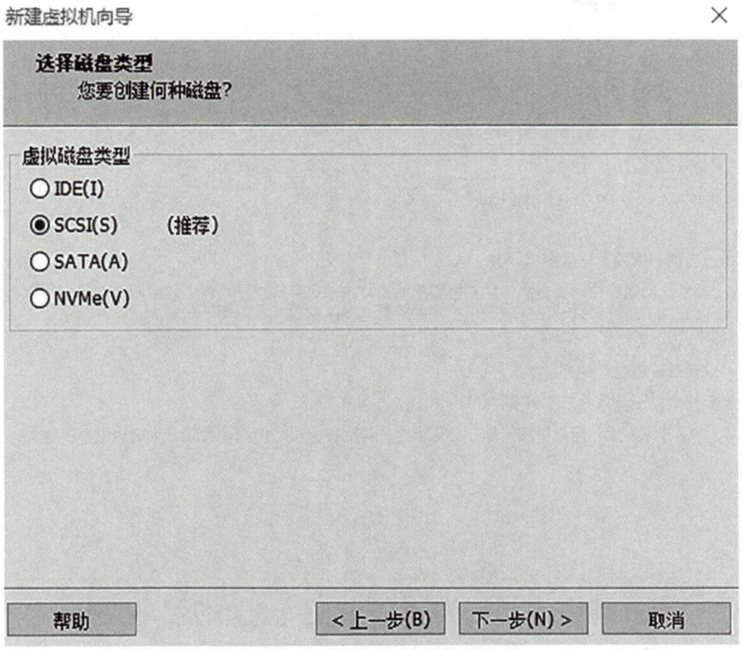

图 9-39　选中“SCSI”单选按钮

(13)切换到“选择磁盘”界面,在“磁盘”选项组中选中“创建新虚拟磁盘”单选按钮,如图 9-40 所示,然后单击“下一步”按钮,

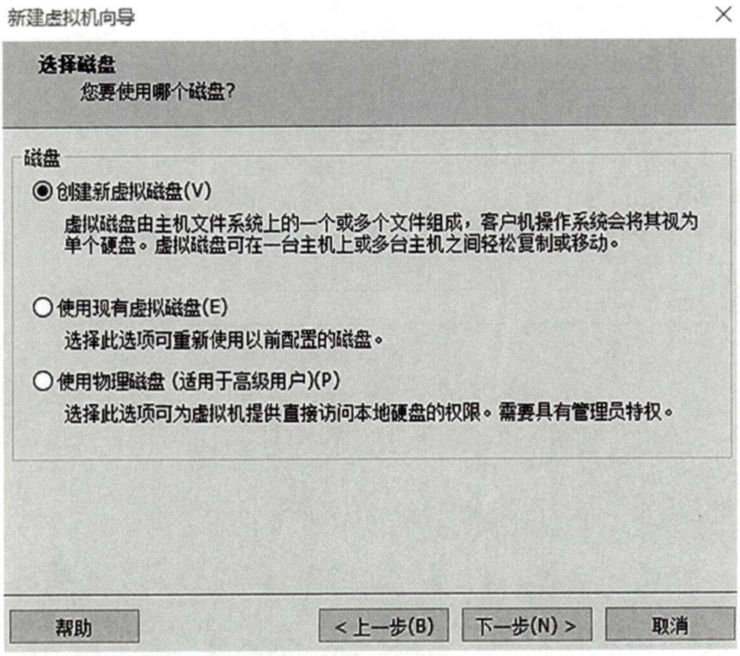

图 9-40　选中“创建新虚拟磁盘”单选按钮

(14)切换到“指定磁盘容量”界面,在“最大磁盘大小”数值框中输入“60.0”,选中“将虚拟磁盘拆分成多个文件”单选按钮,如图 9-41 所示,然后单击“下一步” 按钮。

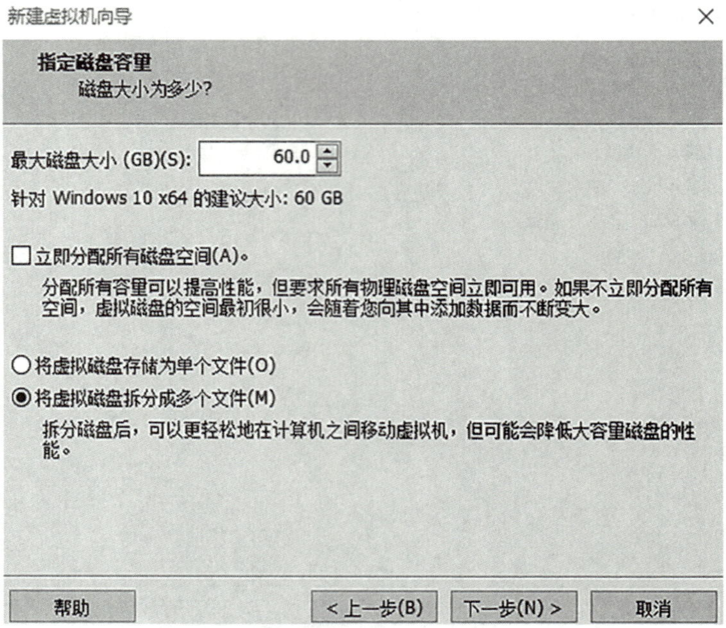
新建虚拟机向导
指定磁盘容量
磁盘大小为多少?
最大磁盘大小 (GB)(S):
60.0
针对 Windows 10 x64 的建议大小: 60 GB
立即分配所有磁盘空间(A)。
分配所有容量可以提高性能，但要求所有物理磁盘空间立即可用。如果不立即分配所有空间，虚拟磁盘的空间最初很小，会随着您向其中添加数据而不断变大。
将虚拟磁盘存储为单个文件(O)
将虚拟磁盘拆分成多个文件(M)
拆分磁盘后，可以更轻松地在计算机之间移动虚拟机，但可能会降低大容量磁盘的性能。
帮助
< 上一步(B)
下一步(N) >
取消

图 9-41　选中“将虚拟磁盘拆分成多个文件”单选按钮

(15)切换到“指定磁盘文件”界面,磁盘文件默认存储在安装虚拟机的位置,如图 9-42 所示。如果想要更改磁盘文件的存储位置,则可以单击“浏览”按钮,指定存储位置,并为磁盘文件命名,然后单击“下一步”按钮。

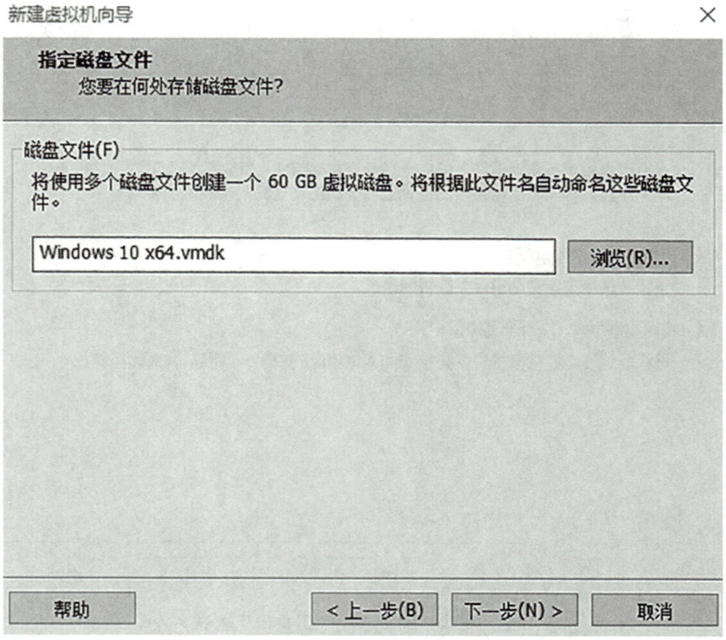
新建虚拟机向导
指定磁盘文件
您要在何处存储磁盘文件?
磁盘文件(F)
将使用多个磁盘文件创建一个 60 GB 虚拟磁盘。将根据此文件名自动命名这些磁盘文件。
Windows 10 x64.vmdk
浏览(R)...
帮助
< 上一步(B)
下一步(N) >
取消

图 9-42　磁盘文件默认存储在安装虚拟机的位置

（16）切换到“已准备好创建虚拟机”界面，如图 9-43 所示，然后单击“自定义硬件”按钮。

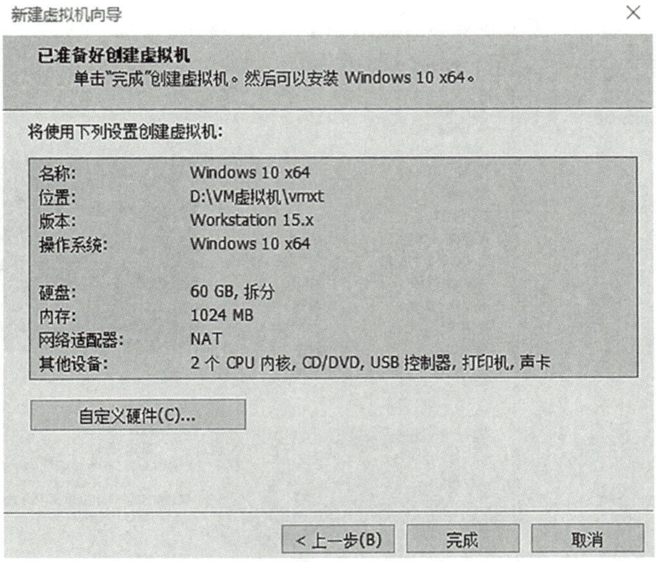

图 9-43 “已准备好创建虚拟机”界面

（17）打开“硬件”对话框，如图 9-44 所示。首先在左侧列表框中选择“新 CD/DVD（SATA）”选项，在右侧的“设备状态”选项组中勾选“启动时连接”复选框，在“连接”选项组中选中“使用 ISO 镜像文件”单选按钮。然后单击“浏览”按钮，选择之前下载好的 ISO 镜像文件。最后单击“关闭”按钮，将返回如图 9-43 所示的界面，单击“完成”按钮即可。

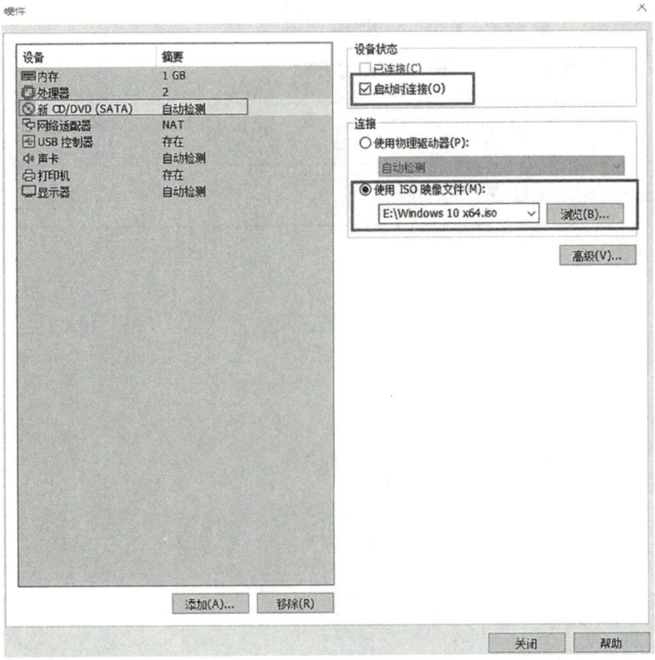

图 9-44 “硬件”对话框

(18)至此,Windows 10 操作系统就安装成功,如图 9-45 所示。

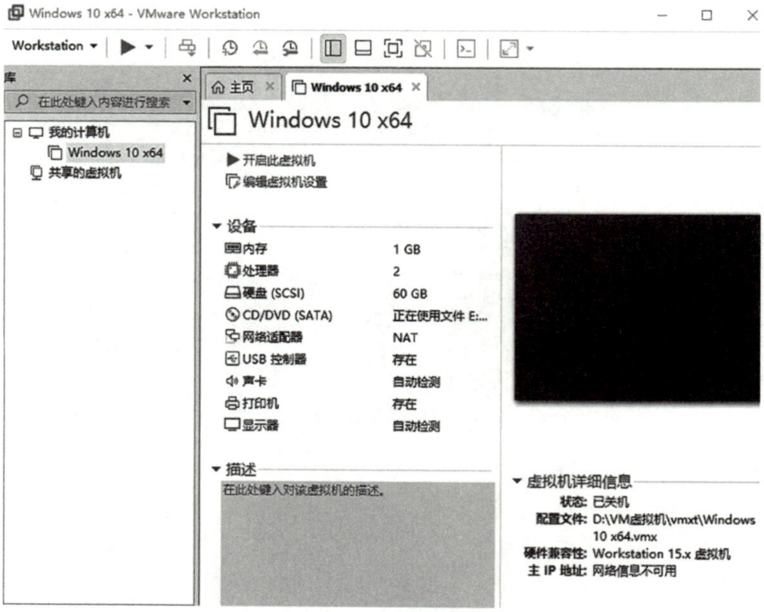

图 9-45　Windows 10 操作系统安装成功

【实训评价表】

评价范围	要求		自我评价	教师评价
1	完成情况	按时按要求完成实训任务		
2	掌握程度	掌握在 VMware 虚拟机中安装 Windows 10 操作系统的方法		
3	实训记录	记录规范完整		
4	实训纪律	遵守课堂纪律		

实训拓展五

【实训课题】

借助第三方软件重新安装操作系统。

【实训目的】

在使用计算机的过程中，可能会由于操作不规范，而产生一些问题，使操作系统崩溃，这时就需要重新安装操作系统。通过第三方软件可以方便、快速地安装操作系统。

【实训步骤】

(1)首先下载需要安装的操作系统的镜像文件，注意不要将镜像文件放在C盘中(不利于之后操作系统的安装)。

(2)在胖爪官方网站下载胖爪装机大师的安装文件。

(3)下载完成后，解压缩胖爪装机大师的安装文件，双击解压缩后的文件夹，用鼠标右键单击“pzupxr”选项，在弹出的快捷菜单中选择“以管理员身份运行”选项，如图9-46所示。

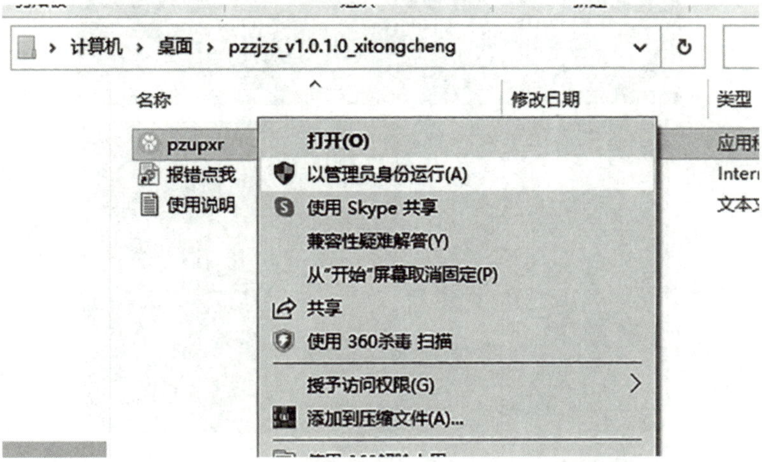

图9-46 选择“以管理员身份运行”选项

(4)打开“胖爪装机大师”界面，选择“一键装机”选项卡，如图9-47所示。

图 9-47　选择“一键装机”选项卡

(5)切换到“重装系统”界面,单击“自定义安装”按钮,如图 9-48 所示。

图 9-48　单击“自定义安装”按钮

(6)此时,胖爪装机大师会自动搜索之前下载好的镜像文件,选择“windows.gho”选项,如图 9-49 所示,然后单击“下一步”按钮。

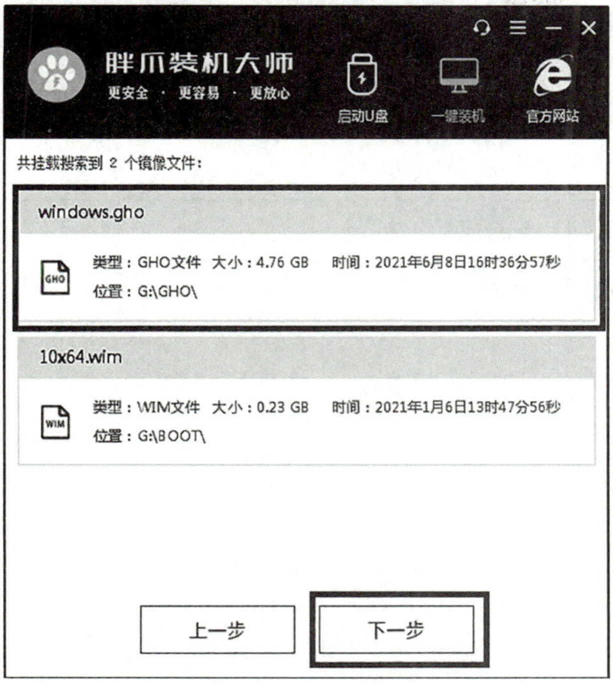

图 9-49 选择“windows.gho”选项

(7)此时,胖爪装机大师会自动加载本地 PE 模块,加载结束以后,计算机将自动重启,如图 9-50 所示。注意:如果有需要备份的资料,则一定要提前做好备份。

图 9-50 计算机自动重启

【实训评价表】

评价范围		要求	自我评价	教师评价
1	完成情况	按时按要求完成实训任务		
2	掌握程度	掌握借助第三方软件重新安装操作系统的方法		
3	实训记录	记录规范完整		
4	实训纪律	遵守课堂纪律		

实训拓展六

【实训课题】

借助第三方软件查杀计算机病毒和木马程序。

【实训目的】

计算机病毒具有繁殖性、破坏性、传染性和潜伏性。计算机一旦感染计算机病毒，轻则造成个人资料和财产的损失，重则造成社会性灾难。因此，学会借助第三方软件对计算机进行维护很有必要。常用的第三方软件有 360 杀毒、金山毒霸等。

【实训步骤】

1.查杀计算机病毒

(1)打开“360 杀毒”界面，如图 9-51 所示。单击状态栏中的“检查更新”超链接，打开“360 杀毒-升级”窗口，如图 9-52 所示，更新病毒库。

图 9-51 “360 杀毒”界面

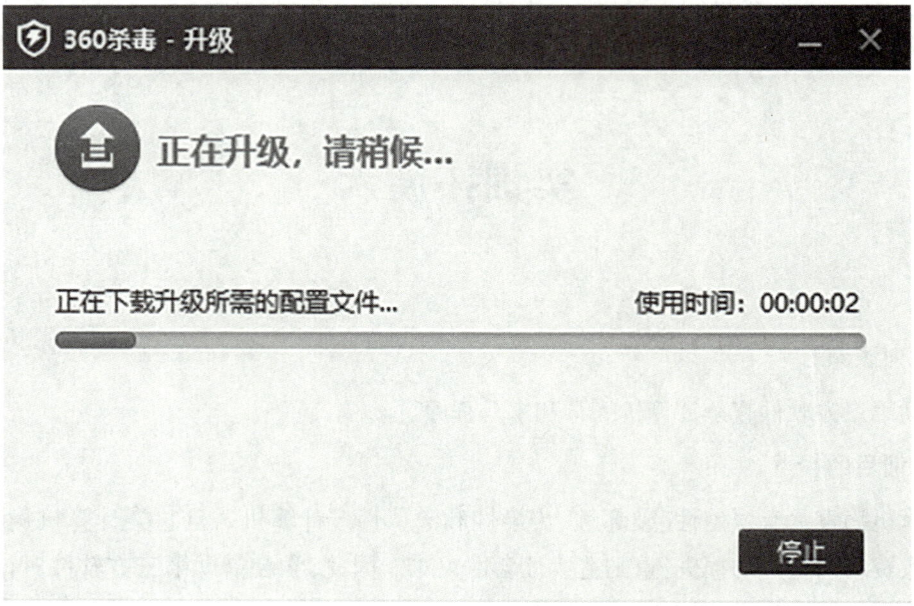

图 9-52 “360 杀毒-升级”窗口

（2）升级完成后，单击“关闭”按钮，如图 9-53 所示，返回“360 杀毒”窗口。

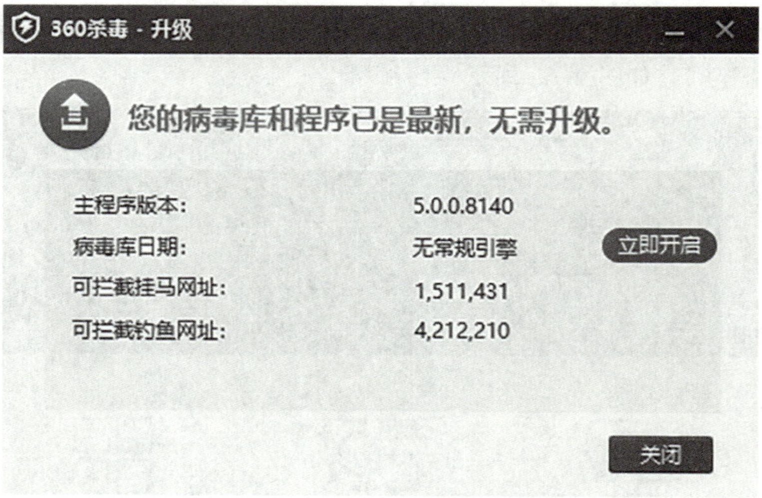

图 9-53 单击“关闭”按钮

（3）单击“快速扫描”按钮，切换到“360 杀毒-快速扫描”界面，如图 9-54 所示。360 杀毒软件开始对“系统设置”“常用软件”“内存活跃程序”“开机启动项”“系统关键位置”选项进行查杀。

图 9-54 “360 杀毒-快速扫描”界面

(4)查杀结束后,如果发现了安全威胁,则首先勾选安全威胁前面的复选框,然后单击“立即处理”按钮,360 杀毒软件将自动处理安全威胁。计算机病毒查杀结束后,切换到如图 9-55 所示的界面。

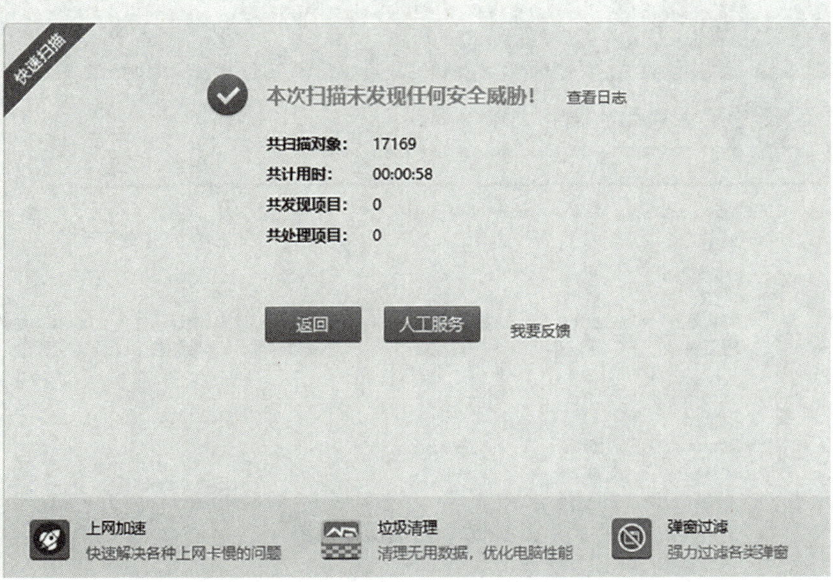

图 9-55 计算机病毒查杀结束后的界面

2.查杀木马程序

对于木马程序而言,360 杀毒软件可以进行检测,但不能彻底地查杀。如果想要彻底查杀木马程序,则需要使用专用的木马程序查杀软件,如木马克星、360 安全卫士等。

(1)打开“360 安全卫士”界面,选择“木马查杀”选项卡,切换到“木马查杀”界面,如图 9-56 所示。

图 9-56 “木马查杀”界面

(2)单击“快速查杀” 按钮,360 安全卫士开始扫描操作系统,如图 9-57 所示。

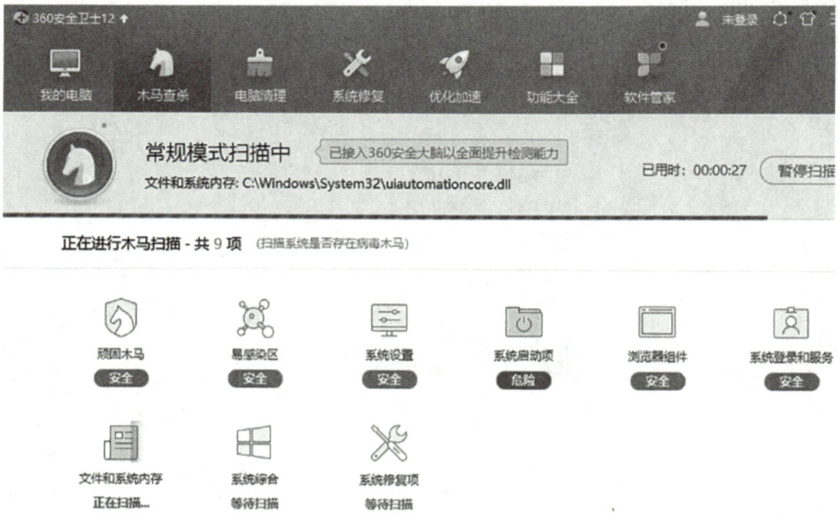

图 9-57 扫描操作系统

(3)如果计算机中存在木马程序,则该软件会列出扫描到的木马程序或危险项,如图 9-58 所示。单击“一键处理”按钮, 360 安全卫士开始处理危险项。处理完成后,单击“完成”按钮即可。如果未发现木马病毒,则该软件会显示“扫描完成,未发现木马病毒”,如图 9-59 所示。

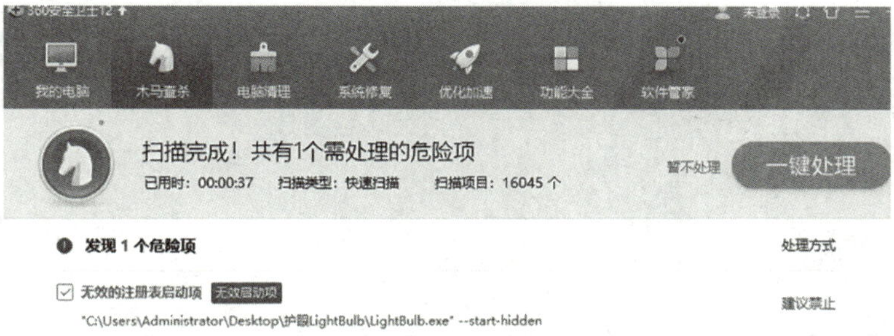

图 9-58　木马程序或危险项列表

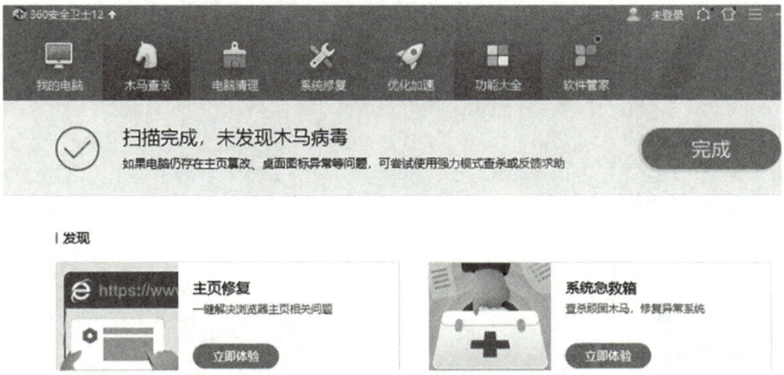

图 9-59　显示“扫描完成，未发现木马病毒”

【实训评价表】

评价范围	要求		自我评价	教师评价
1	完成情况	按时按要求完成实训任务		
2	掌握程度	掌握借助第三方软件查杀计算机病毒和木马程序的方法		
3	实训记录	记录规范完整		
4	实训纪律	遵守课堂纪律		

实训拓展七

【实训课题】

网络连接故障的检测与处理。

【实训目的】

计算机在使用过程中常会出现一些网络方面的故障，包括网络连接故障、上网故障等，掌握常见的网络连接故障的检测与处理方法，有助于用户更好地使用计算机。

【实训步骤】

网络连接故障是指由于各种原因导致网络连接不成功或连接成功后，网络速度非常慢。网络连接故障可能是由网卡、网线、网络协议等引起的。

1.未发现网卡

在连接计算机网络时，操作系统会提示未发现网卡之类的信息，该故障主要是由未安装网卡驱动程序和网卡接触不良两种原因导致的。

(1)未安装网卡驱动程序。如果未安装网卡驱动程序，则计算机无法检测到网卡。当出现无法检测到网卡的错误提示时，应先检查是否安装了网卡驱动程序，检测方法如下。

①用鼠标右键单击桌面上的“此电脑”图标，在弹出的快捷菜单中选择“属性”选项，打开“系统”窗口，如图 9-60 所示。

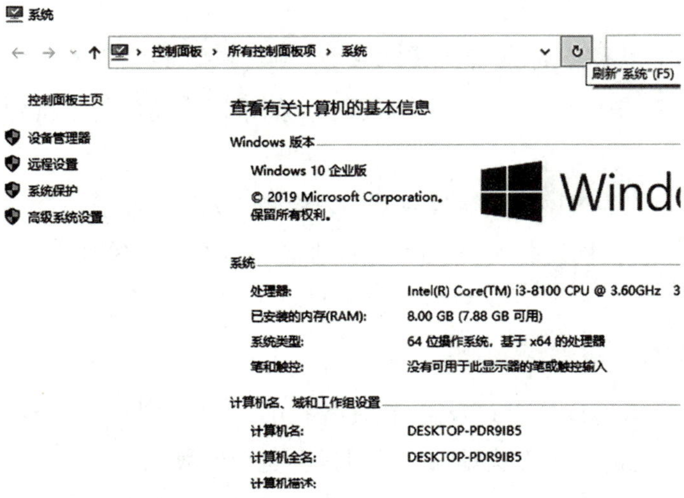

图 9-60 “系统”窗口

②在左侧控制台中单击“设备管理器”选项，打开“设备管理器” 窗口，如图 9-61 所示。双击“网络适配器”选项，弹出网卡驱动程序列表。

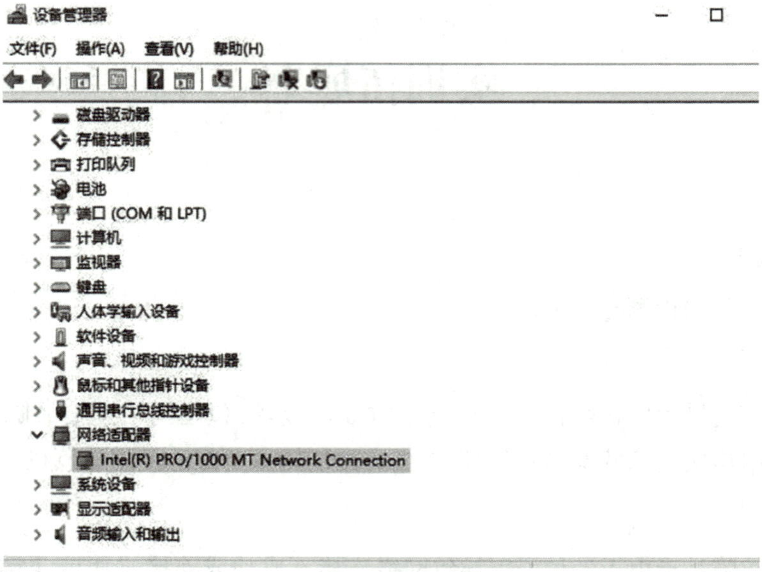

图 9-61 “设备管理器”窗口

由图 9-61 可知，计算机安装了网卡驱动程序。如果没有安装网卡驱动程序，则可以到相应的网卡官网下载最新的网卡驱动程序，或者使用驱动精灵安装。

(2)网卡接触不良。如果计算机安装了网卡驱动程序，但计算机仍无法检测到网卡，则需要检查网卡的安装是否正确。网卡有松动或堆积灰尘过多均会造成网卡接触不良，导致网卡无法被检测到。网卡接触不良比较容易解决，将网卡拆卸下来，清理灰尘之后重新安装即可消除故障。

2.网线故障

如果计算机在连接网络后，网络速度非常慢，则用户需要按照以下方法依次检测：

(1)重启网络、查杀计算机病毒、重启计算机。如果网络速度仍未得到改善，则需要考虑网线故障。

(2)网线故障可以通过网线测试仪或万用表检测。如果网线有故障，则更换一条新的网线即可解决。除此之外，网线断线、质量太差或水晶头没有压实等都会造成网络无法连接或网络速度缓慢。

3.网络协议故障

有时，计算机网络连接会受到限制，在任务栏的“网络”图标处会显示一个黄色的感叹号，网络重新连接后，故障仍无法排除。针对这种类型的故障，用户需要检测连接网络的用户名和密码是否正确，如果用户名和密码均正确，就需要检测网络协议是否发生故障。

网络协议故障包括没有安装网络协议和网络协议配置错误两种情况。网络协议配置包括 IP 地址、子网掩码、默认网关和 DNS 服务器等。网络协议故障会导致计算机无法访问其他网络。

想要解决网络协议故障，首先需要检查是否安装了网络协议，然后检查网络协议配置是否正确，具体步骤如下。

(1)用鼠标右键单击桌面上的“此电脑”图标，在弹出的快捷菜单中选择“属性”选项，打开“系统”窗口。在左侧控制台中选择“控制面板主页”选项，打开“控制面板”窗口，如图 9-62 所示。选择“网络和 Internet”选项，打开“网络和 Internet”窗口，如图 9-63 所示。

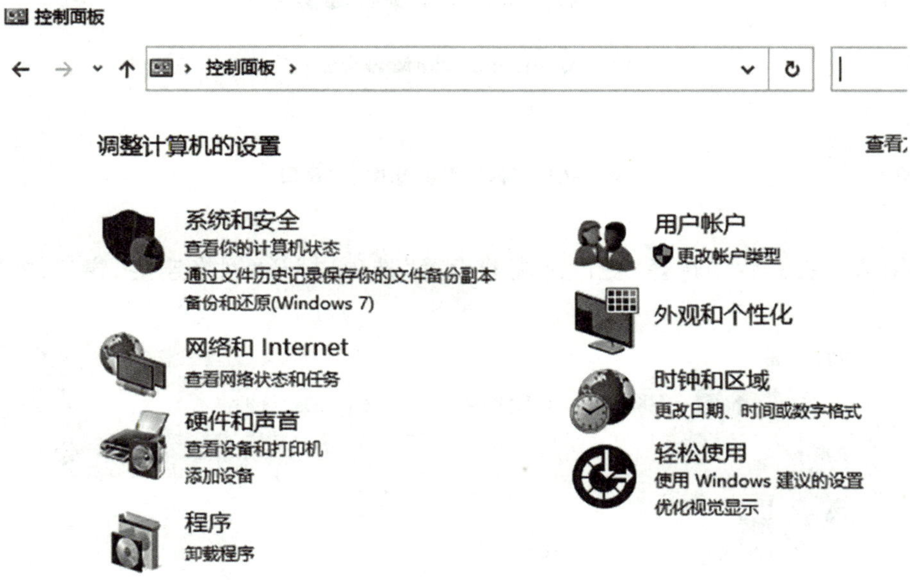

图 9-62 “控制面板”窗口

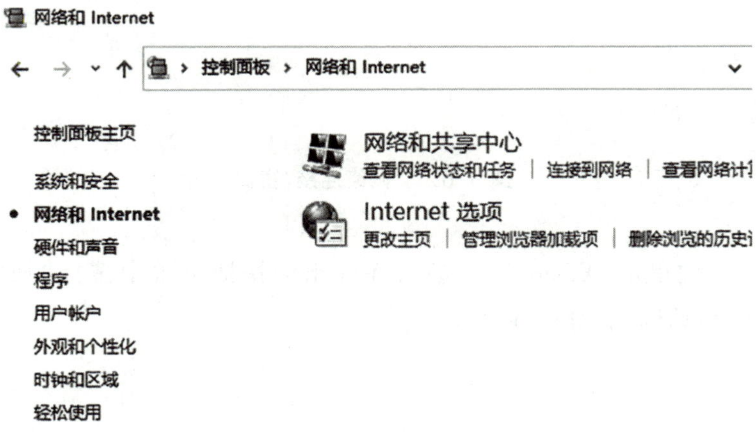

图 9-63 “网络和 Internet”窗口

(2)选择“网络和共享中心”选项,打开“网络和共享中心”窗口, 如图 9-64 所示。

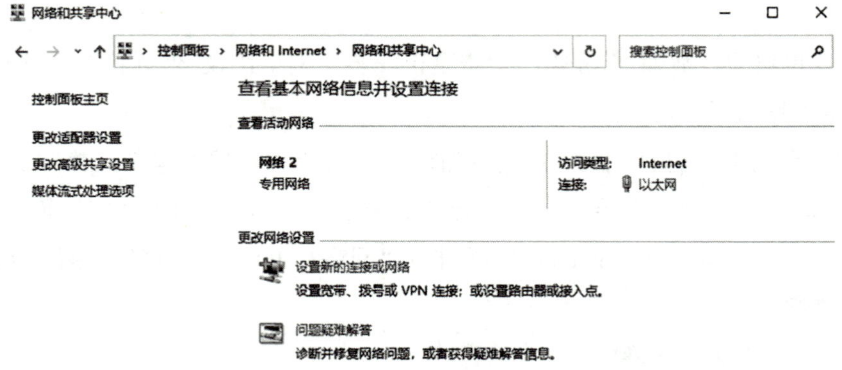

图 9-64 “网络和共享中心”窗口

(3)在左侧控制台中选择“更改适配器设置”选项,打开“网络连接”窗口,如图 9-65 所示。

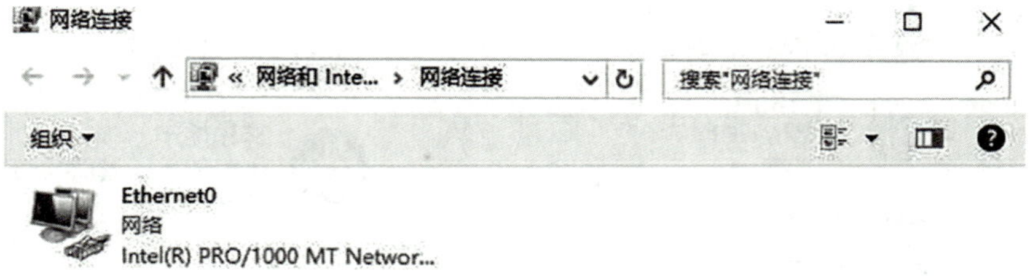

图 9-65 “网络连接”窗口

(4)用鼠标右键单击“Ethernet0”选项,在弹出的快捷菜单中选择“属性”选项,打开“Ethernet0 属性”对话框,如图 9-66 所示。

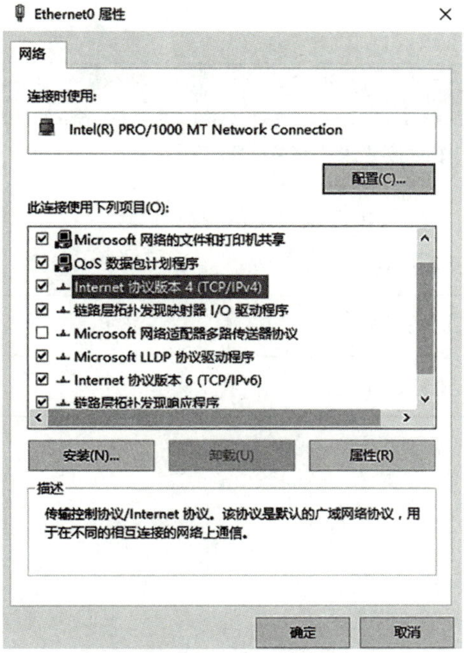

图 9-66 “Ethernet0 属性”对话框

(5)目前,使用较多的网络协议为 IPv4,因此在图 9-66 中,首先勾选“ Internet 协议版本 4(TCP/IPv4)”复选框,然后双击“ Internet 协议版本 4(TCP/IPv4)” 选项,打开“ Internet 协议版本 4(TCP/IPv4)属性”对话框,如图 9-67 所示。选择“常规”选项卡,选中“自动获取 IP 地址”单选按钮与“自动获得 DNS 服务器地址”单选按钮。单击“确定”按钮,即可完成 TCP/IP协议的添加与参数设置。

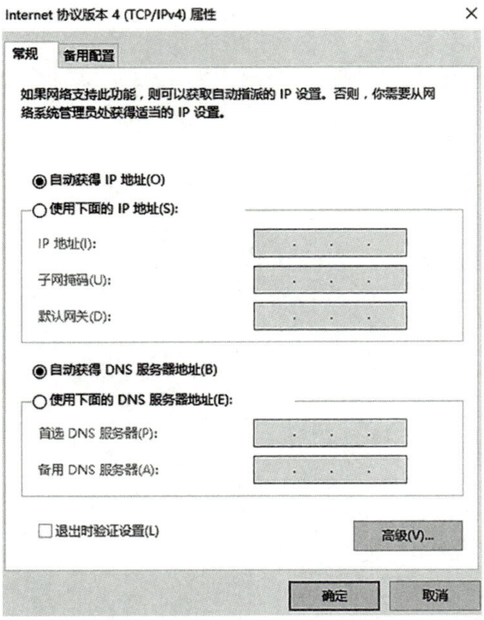

图 9-67 “Internet 协议版本 4(TCP/IPv4)属性”对话框

【实训评价表】

评价范围	要求		自我评价	教师评价
1	完成情况	按时按要求完成实训任务		
2	掌握程度	掌握网络连接故障的检测与处理的方法		
3	实训记录	记录规范完整		
4	实训纪律	遵守课堂纪律		

实训拓展八

【实训课题】

计算机系统与数据安全设置。

【实训目的】

在使用操作系统进行学习或完成工作任务时，常会出现不规范的操作，从而易产生计算机系统和数据安全隐患。为了保证操作系统的安全性，就需要为操作系统设置密码，禁用来宾账户以保护操作系统的安全。同时，为了保护系统中存储的重要文件或文件夹，可以使用“加密”功能来实现对数据文件的保护，以便消除此类安全隐患。

【实训步骤】

1.修改系统密码

(1)单击“开始”按钮，在“开始”菜单中选择“Windows 系统”→“控制面板”选项。

(2)打开“控制面板”窗口，单击“用户账户”图标。

(3)进入“用户账户”窗口，单击“管理其他账户”链接，如图 9-68 所示。

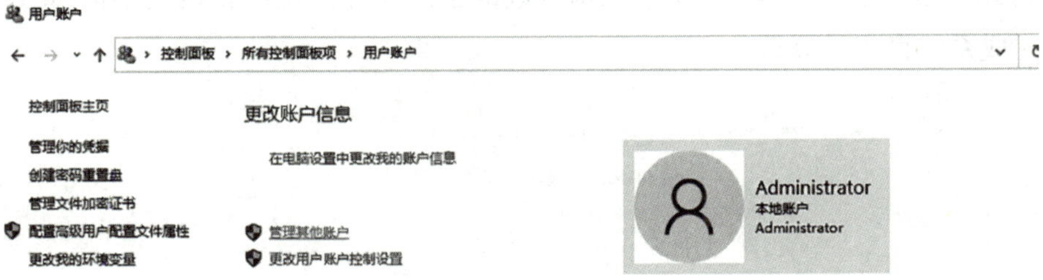

图 9-68 单击“管理其他账户”链接

(4)进入“管理账户”窗口，单击账户图标，如图 9-69 所示。

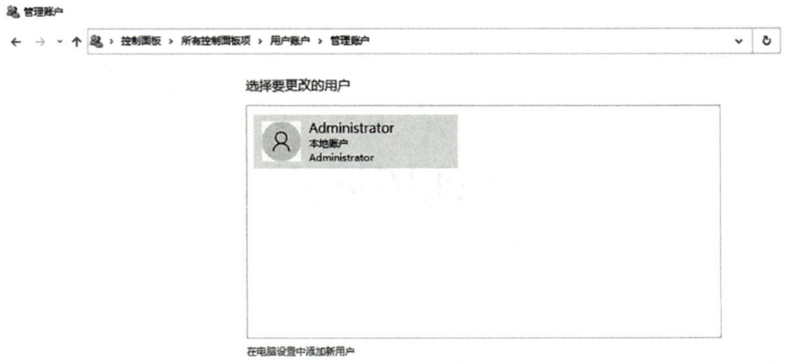

图 9-69　单击账户图标

(5)进入“更改账户”窗口,单击“更改密码”链接,如图 9-70 所示。

图 9-70　单击“更改密码”链接

(6)进入“更改密码”窗口,依次输入新修改的密码,单击“更改密码”按钮,如图 9-71 所示,即可完成系统密码的修改。

图 9-71　依次输入新修改的密码

2.关闭来宾账户

(1)用鼠标右键单击桌面上的“此电脑”图标,在弹出的快捷菜单中选择“管理”选项。

(2)打开“计算机管理”窗口,在左侧列表框中依次选择“系统工具”→“本地用户和组”→“用户”选项，在右侧列表框中选择“Guest”选项，如图 9-72 所示。

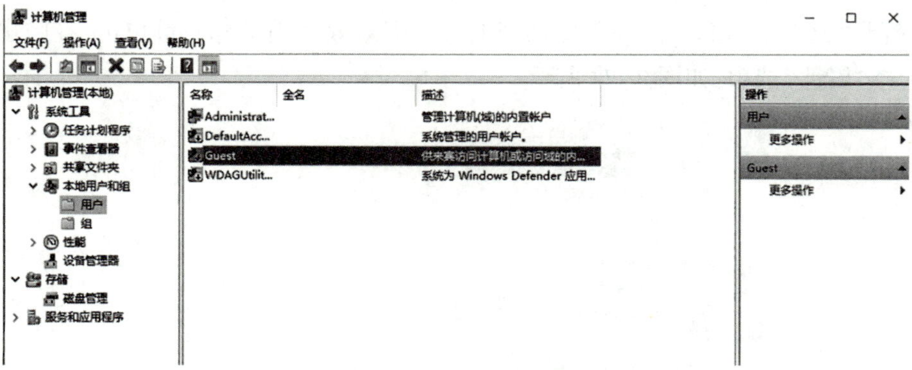

图 9-72　选择“Guest”选项

(3)双击选择的选项，打开“Guest 属性”对话框，如图 9-73 所示，选中“账户已禁用”复选框，单击“确定”按钮，即可关闭来宾账户。

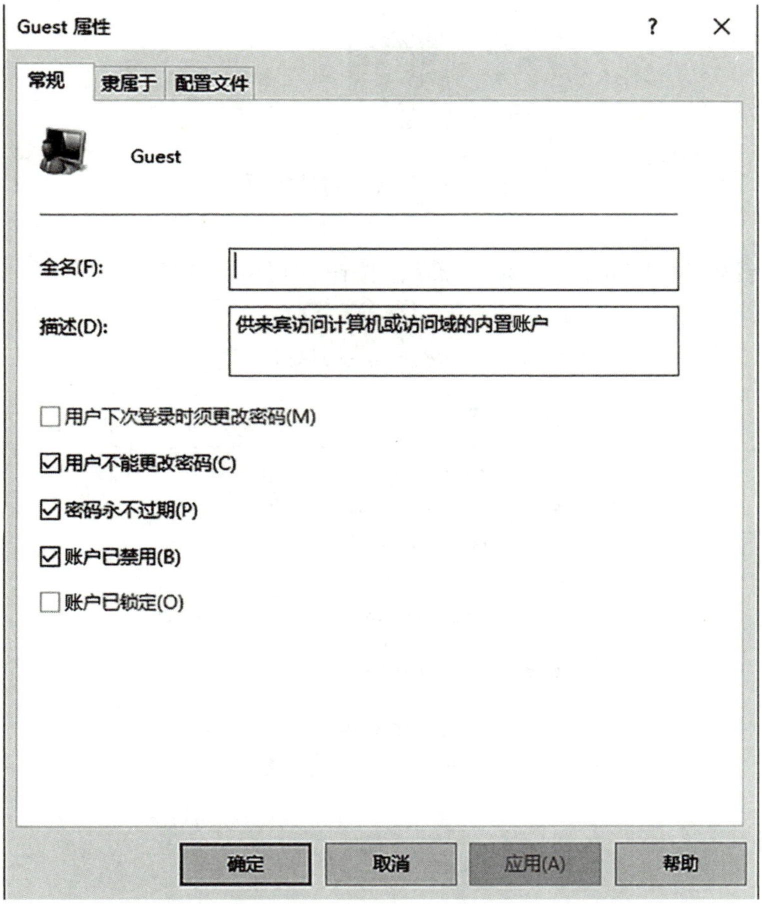

图 9-73　“Guest 属性”对话框

3.数据文件夹加密

(1)打开“此电脑”窗口,选择需要加密的文件夹对象并用鼠标右键单击,在弹出的快捷菜单中选择“属性”选项,如图 9-74 所示。

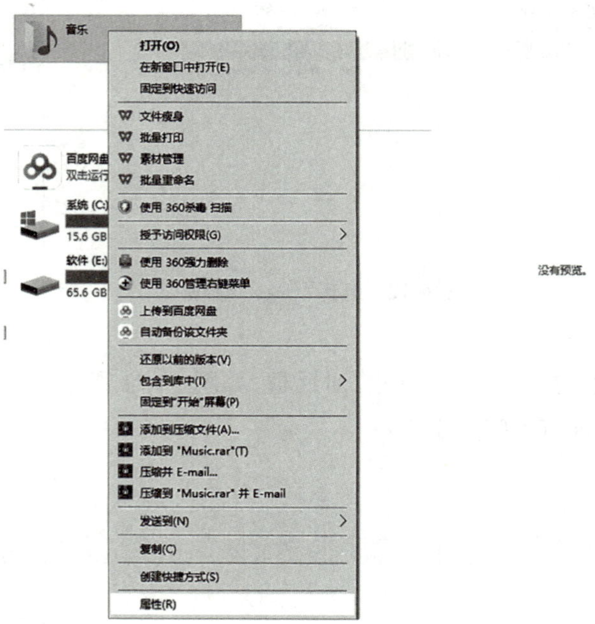

图 9-74 选择“属性”选项

(2)打开“音乐 属性”对话框,单击“高级”按钮,如图 9-75 所示。

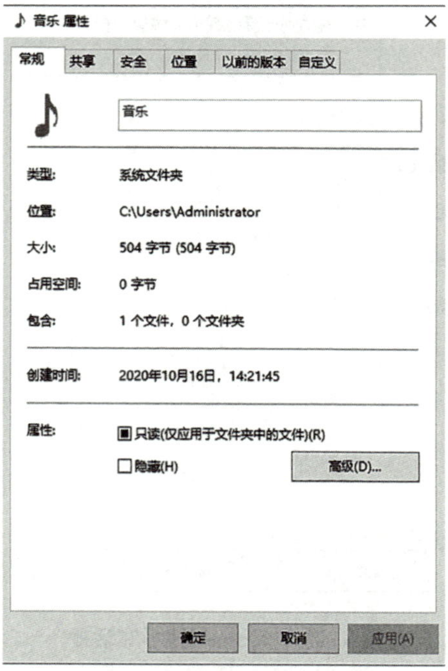

图 9-75 单击“高级”按钮

(3)打开“高级属性”对话框,在“压缩或加密属性”选项组中勾选“加密内容以便保护数据”复选框,然后单击“确定”按钮,如图 9-76 所示。

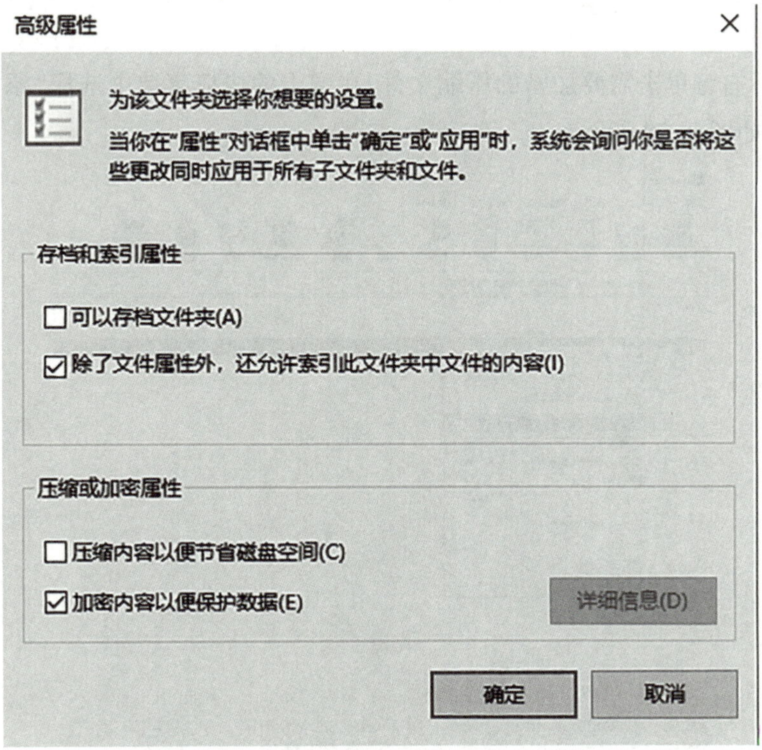

图 9-76　勾选“加密内容以便保护数据”复选框

(4)返回“音乐 属性”对话框,单击“确定”按钮,打开“确认属性更改”对话框,选中“将更改应用于此文件夹、子文件夹和文件”单选按钮,依次单击“确定”按钮,即可完成对数据文件夹的加密操作。加密数据文件夹操作如图 9-77 所示。

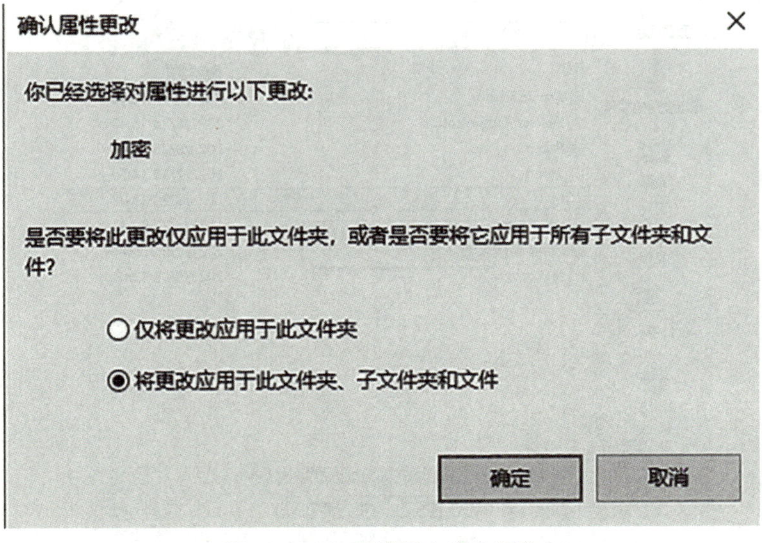

图 9-77　加密数据文件夹操作

4.加密压缩文件

(1)在“此电脑”窗口的对应文件夹中，双击需要解压缩的.rar格式的文件，打开RAR压缩窗口。

(2)用鼠标右键单击需要加密的压缩文件，在弹出的快捷菜单中选择“添加文件到压缩文件中”选项，如图9-78所示。

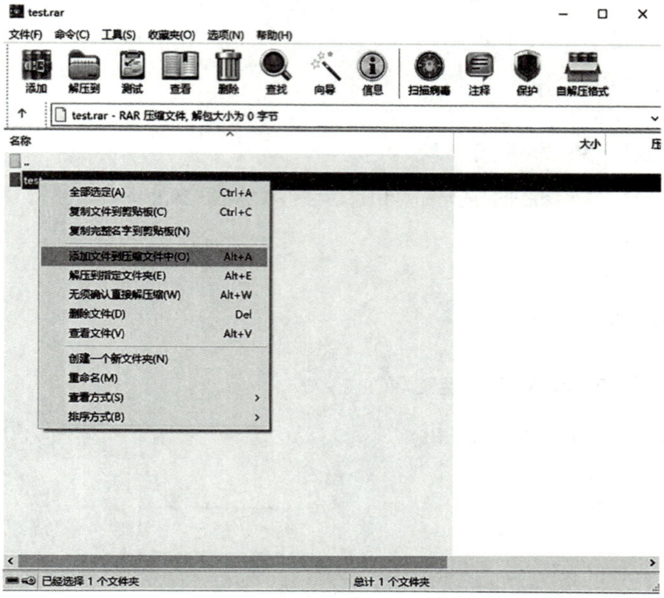

图9-78 选择“添加文件到压缩文件中”选项

(3)打开“请选择要添加的文件”对话框，选择需要加密压缩的文件夹，然后单击“确定”按钮，如图9-79所示。

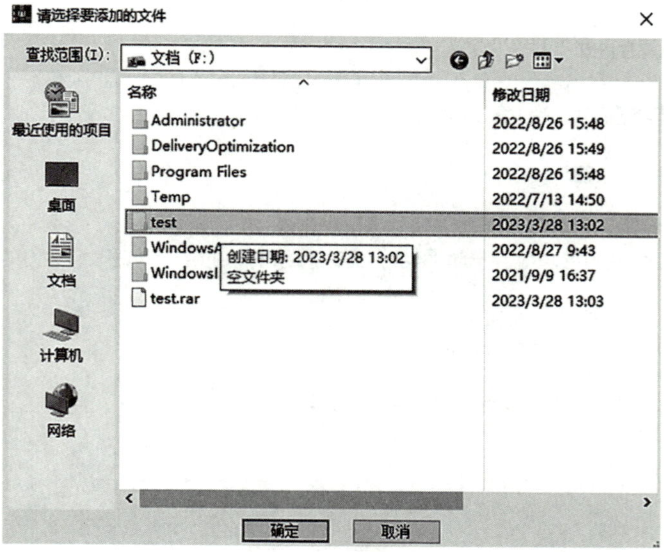

图9-79 选择需要加密压缩的文件夹

(4)返回“压缩文件名和参数”对话框,在“常规”选项卡中单击“设置密码”按钮,如图 9-80 所示。

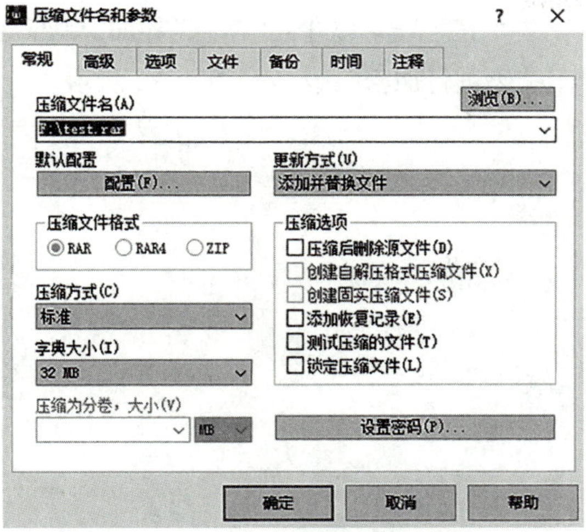

图 9-80　单击“设置密码”按钮

(5)打开“输入密码”对话框,在“输入密码”和“再次输入密码以确认”文本框中输入相同的密码,如图 9-81 所示。

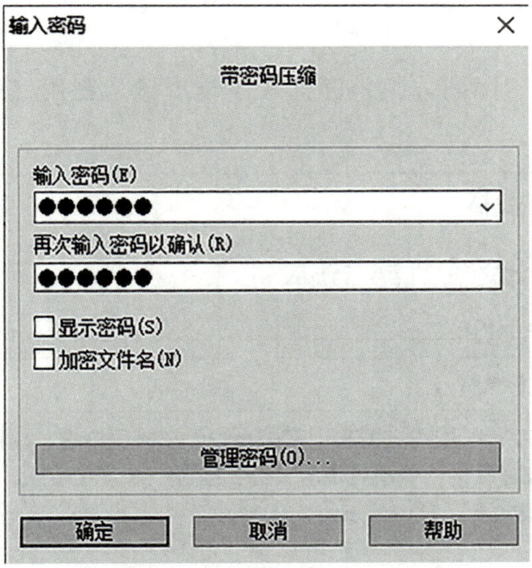

图 9-81　输入密码

(6)单击“确定”按钮,即可加密压缩文件。

注意:在“输入密码”对话框中,若勾选“显示密码”复选框,则“输入密码”和“再次输入密码以确认”文本框中的内容将以明文形式显示。若勾选“加密文件名”复选框,则当双击打开 RAR 文件浏览文件时,需要输入密码;若取消勾选该复选框,则只有在解压文件时要输入密码。

5.加密 Word 文档

(1)打开一个需要加密的 Word 文档，切换到“文件”选项卡，进入“文件”界面。

(2)在“文件”界面中选择“信息”选项，进入“信息”界面，单击“保护文档”下拉按钮，在弹出的下拉列表中选择“用密码进行加密”选项，如图 9-82 所示。

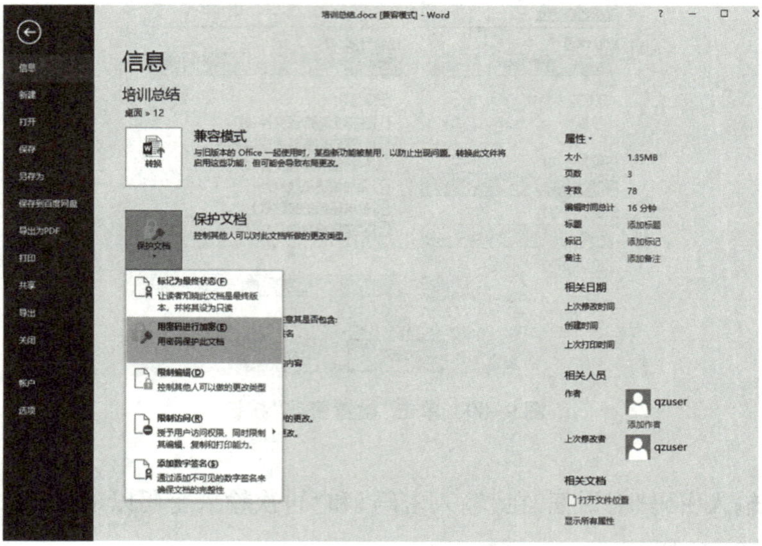

图 9-82 选择“用密码进行加密”选项

(3)打开“加密文档”对话框，在“密码”文本框中输入密码，然后单击“确定”按钮，如图 9-83 所示。

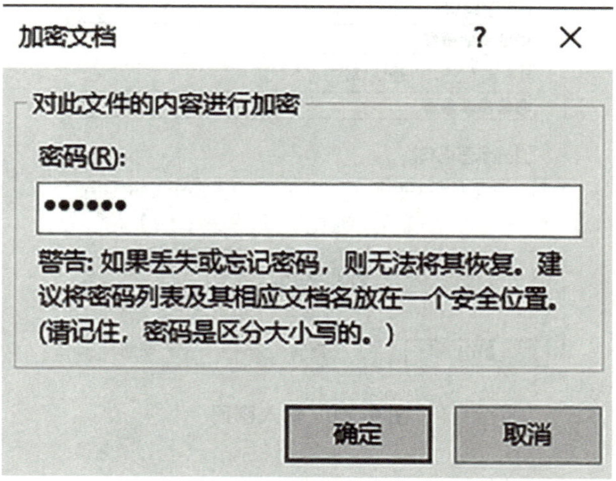

图 9-83 输入密码

(4)打开“确认密码”对话框，再次输入相同的密码，单击“确定”按钮，即可使用密码加密 Word 文档。

6.保护工作簿的结构

（1）打开一个需要加密的 Excel 工作簿，然后切换到“文件”选项卡，进入“文件”界面。

（2）在“文件”界面中选择“信息”选项，进入“信息”界面，单击“保护工作簿”下拉按钮，在弹出的下拉列表中选择“保护工作簿结构”选项，如图 9-84 所示。

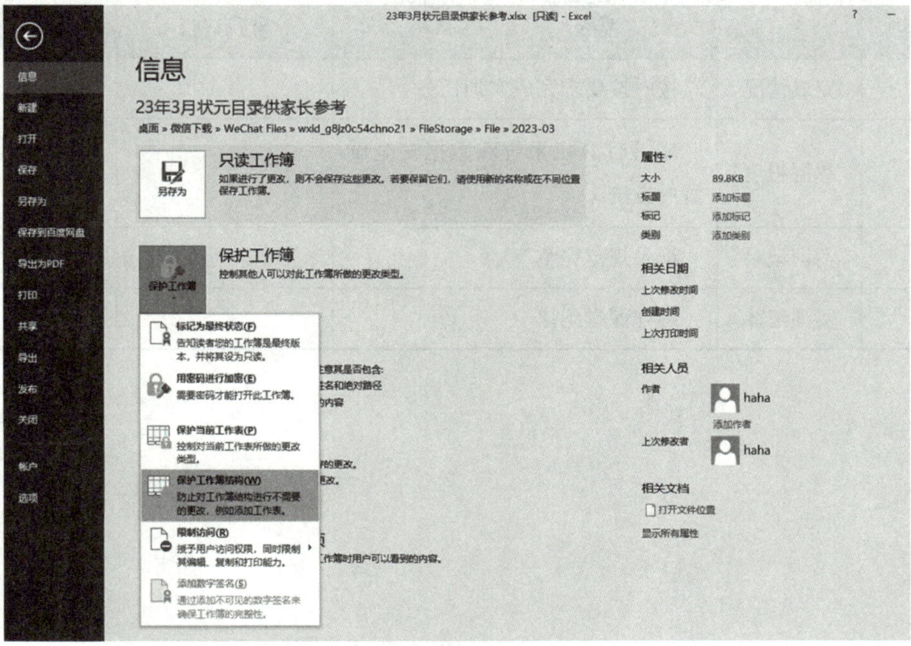

图 9-84　选择“保护工作簿结构”选项

（3）打开“保护结构和窗口”对话框，在“密码（可选）”文本框中输入密码，然后单击“确定”按钮，如图 9-85 所示。

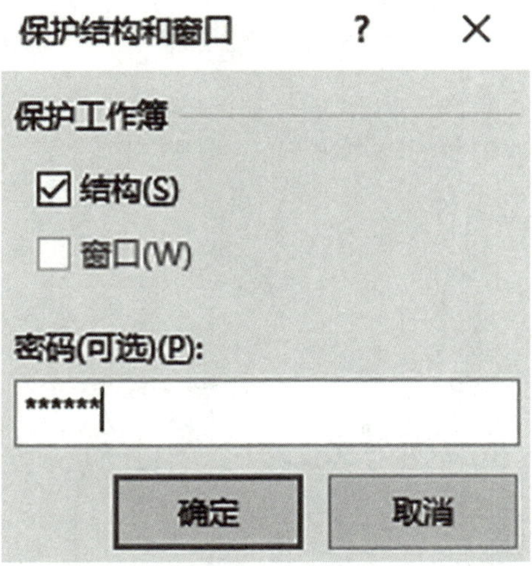

图 9-85　输入密码

(4)打开“确认密码”对话框，重新输入相同的密码，再次单击“确定”按钮，即可保护工作簿的结构。

【实训评价表】

评价范围		要求	自我评价	教师评价
1	完成情况	按时按要求完成实训任务		
2	掌握程度	掌握计算机系统和数据安全设置的方法		
3	实训记录	记录规范完整		
4	实训纪律	遵守课堂纪律		

参考文献

[1]高海波,韩桂林. 计算机组装与维护[M].北京:北京理工大学出版社,2019.

[2]赖作华,边振兴.计算机组装与维护立体化教程:微课版[M].3 版.北京:人民邮电出版社,2021.

[3]冯辉,黄敏,李刚.计算机组装与维护[M].3 版.北京:高等教育出版社,2021.

[4]何新洲,王公儒.计算机组装与维护[M].北京:中国铁道出版社,2021.

[5]雷鸣,李明辉,赵晓东.计算机组装与维护项目教程[M].北京:航空工业出版社,2015.

[6]孙承庭,陈军.计算机组装与维护项目化教程[M].2 版.北京:化学工业出版社,2019.

反侵权盗版声明

电子工业出版社依法对本作品享有专有出版权。任何未经权利人书面许可，复制、销售或通过信息网络传播本作品的行为；歪曲、篡改、剽窃本作品的行为，均违反《中华人民共和国著作权法》，其行为人应承担相应的民事责任和行政责任，构成犯罪的，将被依法追究刑事责任。

为了维护市场秩序，保护权利人的合法权益，我社将依法查处和打击侵权盗版的单位和个人。欢迎社会各界人士积极举报侵权盗版行为，本社将奖励举报有功人员，并保证举报人的信息不被泄露。

举报电话：(010)88254396；(010)88258888

传　　真：(010)88254397

E-mail：dbqq@phei.com.cn

通信地址：北京市万寿路南口金家村288号华信大厦

电子工业出版社总编办公室

邮　　编：100036